普通高等教育计算机系列教材

大学计算机基础实践教程（微课版）

主　编：田崇瑞　刘　芳
副主编：宋长奇　李向明　修建新
参　编：赵　健　崔　然　尹奇龙

電子工業出版社
Publishing House of Electronics Industry
北京 · BEIJING

内 容 简 介

本书作为《大学计算机应用基础》的配套实践教材，主要讲授 Office 2019 操作案例和全国计算机等级考试（二级）的相关内容。全书以案例和任务驱动，配合微视频，通过扫描书中的二维码，读者可在线观看案例操作视频。全书分为四篇：第一篇 Word 2019，主要讲授 Word 2019 的 10 个案例，基本涵盖 Word 的常用操作；第二篇 Excel 2019，主要讲授 Excel 2019 的 10 个案例；第三篇 PowerPoint 2019，主要讲授 PowerPoint 2019 的 10 个案例；第四篇全国计算机等级考试（二级）练习题，主要讲授近几年的全国计算机等级考试（二级）真题。

本书适合作为高等院校计算机应用基础课程的配套实践教材，也可供参加全国计算机等级考试的考生阅读和参考。

未经许可，不得以任何方式复制或抄袭本书之部分或全部内容。
版权所有，侵权必究。

图书在版编目（CIP）数据

大学计算机基础实践教程：微课版 / 田崇瑞，刘芳主编. —北京：电子工业出版社，2021.7
ISBN 978-7-121-41230-1

Ⅰ. ①大… Ⅱ. ①田… ②刘… Ⅲ. ①电子计算机－高等学校－教材 Ⅳ. ①TP3

中国版本图书馆 CIP 数据核字（2021）第 097852 号

责任编辑：程超群　　文字编辑：陈洪飞
印　　刷：北京七彩京通数码快印有限公司
装　　订：北京七彩京通数码快印有限公司
出版发行：电子工业出版社
　　　　　北京市海淀区万寿路 173 信箱　邮编 100036
开　　本：787×1 092　1/16　印张：12.75　字数：326 千字
版　　次：2021 年 7 月第 1 版
印　　次：2023 年 8 月第 5 次印刷
定　　价：42.00 元

凡所购买电子工业出版社图书有缺损问题，请向购买书店调换。若书店售缺，请与本社发行部联系，联系及邮购电话：（010）88254888，88258888。

质量投诉请发邮件至 zlts@phei.com.cn，盗版侵权举报请发邮件至 dbqq@phei.com.cn。

本书咨询联系方式：（010）88254577，ccq@phei.com.cn。

前　言

高校计算机基础课应以提高学生的计算机操作和常用办公软件实际使用技能为目标，重点是提高学生的计算机操作能力。

本书作为《大学计算机应用基础》的配套实践教材，主要讲授 Office 2019 操作案例和全国计算机等级考试（二级）的相关内容。全书以案例和任务驱动，配合微视频，通过扫描书中的二维码，读者可在线观看案例操作视频。

全书分为四篇：第一篇 Word 2019，主要讲授 Word 2019 的 10 个案例，基本涵盖 Word 的常用操作；第二篇 Excel 2019，主要讲授 Excel 2019 的 10 个案例；第三篇 PowerPoint 2019，主要讲授 PowerPoint 2019 的 10 个案例；第四篇全国计算机等级考试（二级）练习题，主要讲授近几年的全国计算机等级考试（二级）真题。

田崇瑞老师担任本书第一主编，负责全书统稿并编写了案例 1.1～案例 1.6；刘芳老师编写了案例 2.1～案例 2.6；尹奇龙老师编写了案例 3.7～案例 3.10 的部分内容，以及第四篇的练习题 1 和练习题 2；修建新老师编写了案例 1.7～案例 1.10；李向明老师编写了案例 2.7、案例 2.8；赵健老师编写了案例 2.9、案例 2.10，以及案例 3.7～案例 3.10 的部分内容；崔然老师编写了案例 3.1～案例 3.6；宋长奇老师编写了第四篇的练习题 3～练习题 8。

书中案例均已录制视频，有需要的读者可通过扫描书中的二维码进行在线学习（建议在 WiFi 环境下操作）。本书练习题中操作题的参考答案可从华信教育资源网（www.hxedu.com.cn）下载。如遇微视频相关问题，请通过电子邮件联系作者，编者联系邮箱：dfbys@vip.qq.com。

由于编者水平有限，书中难免存在疏漏和不足之处，敬请读者提出宝贵意见和建议。

编　者

本书视频目录

（建议在 WiFi 环境下扫码观看）

序　号	视 频 文 件	序　号	视 频 文 件
1	案例 1.1.mp4	16	案例 2.6.mp4
2	案例 1.2.mp4	17	案例 2.7.mp4
3	案例 1.3.mp4	18	案例 2.8.mp4
4	案例 1.4.mp4	19	案例 2.9.mp4
5	案例 1.5.mp4	20	案例 2.10.mp4
6	案例 1.6.mp4	21	案例 3.1.mp4
7	案例 1.7.mp4	22	案例 3.2.mp4
8	案例 1.8.mp4	23	案例 3.3.mp4
9	案例 1.9.mp4	24	案例 3.4.mp4
10	案例 1.10.mp4	25	案例 3.5.mp4
11	案例 2.1.mp4	26	案例 3.6.mp4
12	案例 2.2.mp4	27	案例 3.7.mp4
13	案例 2.3.mp4	28	案例 3.8.mp4
14	案例 2.4.mp4	29	案例 3.9.mp4
15	案例 2.5.mp4	30	案例 3.10.mp4

目　录

第一篇　Word 2019

案例 1.1　九寨森林公园

1．题目要求

（1）设置文档的上、下、左、右页边距均为 3 厘米。

（2）添加页眉，内容为“九寨森林公园”，设置页眉距边界 2 厘米。

（3）在页面底端居中添加页码。

（4）标题字体设置为“华文行楷”，字号为“小二”，红色，居中。

（5）正文每个段落设置为首行缩进 2 字符，段落行距为 1.5 倍行距。

（6）正文第一段设置“橙色”段落底纹，图案样式为“5%”。

（7）正文第二段设置为 3 栏，加分隔线。

（8）正文第三段第一句话“九寨国家……同样适用”设置字符间距加宽 2 磅，加双波浪型下画线。

（9）正文第四段设置首字下沉 2 行，首字字体为“隶书”，距正文 0.5 厘米。

（10）正文第四段插入竖排文本框，输入文字“四时不同景，十里不同天”，文本框的文字环绕方式设置为“紧密型环绕”。边框线条颜色为绿色，线型为短画线，粗细为 2 磅，填充颜色为黄色，大小为 2.5 厘米×2.5 厘米。

（11）在文末插入一个 3 行 4 列的表格，合并第一行的所有单元格，设置行高为 2 厘米，设置底纹为浅绿色。输入文字“天气预报”，设置字号为“二号”。设置所有单元格对齐方式为“水平居中”。

（12）插入艺术字“九寨森林公园”，艺术字样式的文本效果为“转换，波形 1”，位置为水平居中，相对于“页面”。

（13）在全文中利用替换功能，将“九寨国家森林公园”替换为“九寨森林公园”，并加着重号。

（14）设置页面颜色填充效果为新闻纸纹理。

（15）为页面添加树形艺术边框。

案例 1.1 源文档如图 1-1 所示，其目标文档如图 1-2 所示。

2．操作步骤

第一步：单击“文件”选项卡，在“打印”选项中单击“页面设置”，如图 1-3 所示。打开“页面设置”对话框，设置“页边距”上、下、左、右均为“3 厘米”，如图 1-4 所示。

图 1-1　案例 1.1 源文档

图 1-2　案例 1.1 目标文档

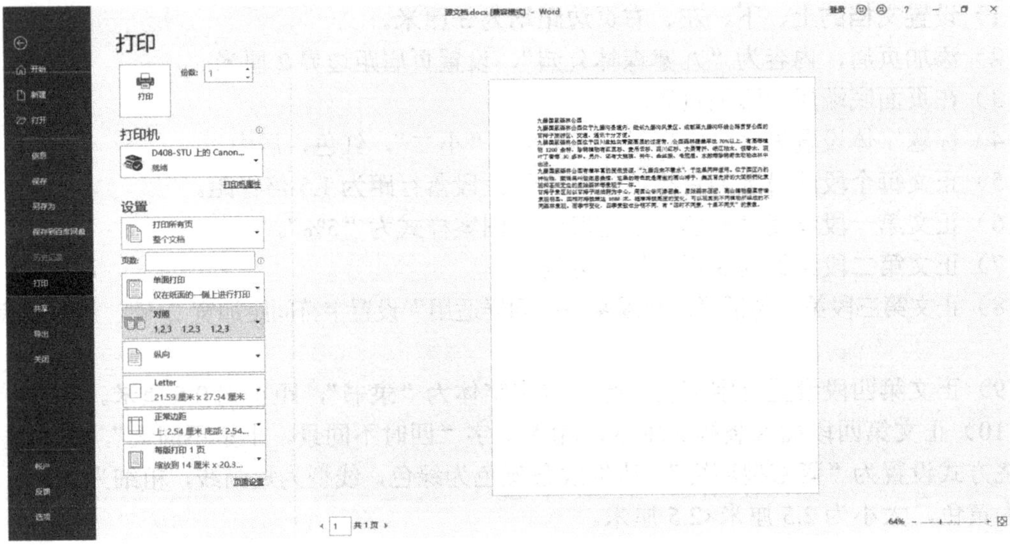

图 1-3　“打印”选项

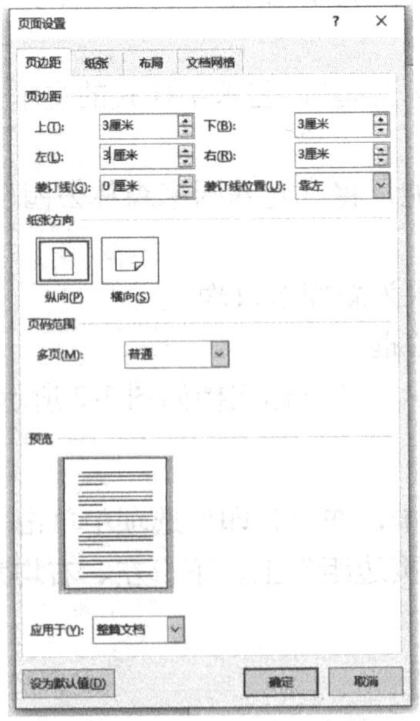

图 1-4　“页面设置”对话框

第二步：单击“插入”选项卡→“页眉”按钮，选择内置的“空白页眉”，在页眉编辑状态输入“九寨森林公园”，并将“页眉顶端距离”设置为2厘米，如图1-5所示。之后单击“关闭页眉和页脚”按钮，或双击文本部分，退出页眉编辑状态。

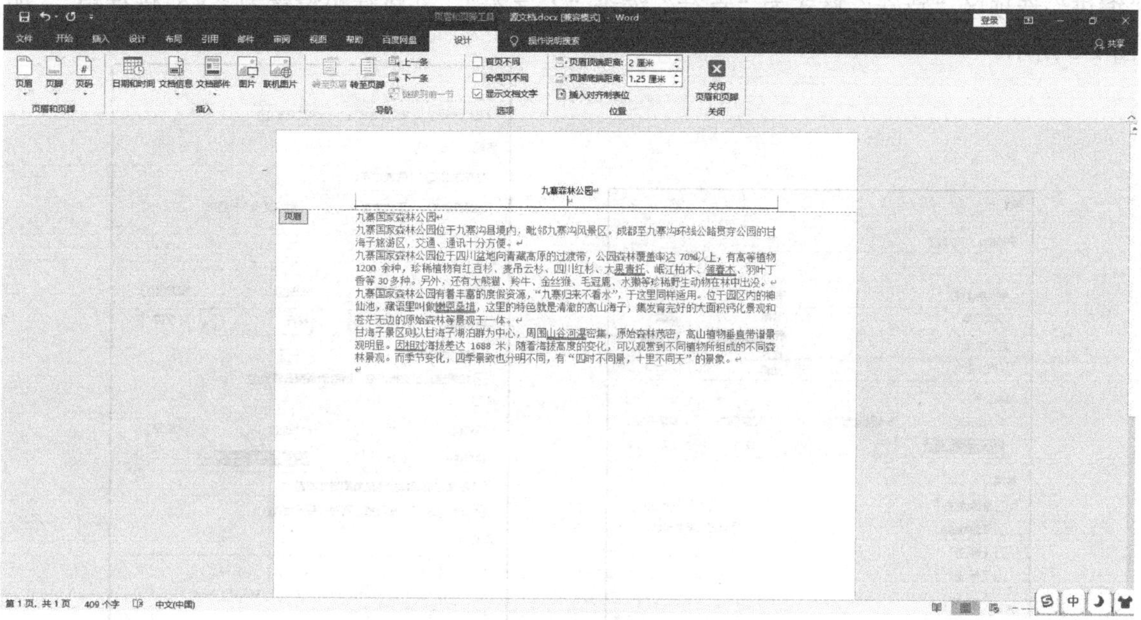

图1-5 编辑页眉

第三步：单击“插入”选项卡→“页码”按钮，选择“页面底端”→“普通数字2”，如图1-6所示，在页面底端居中位置插入页码。双击正文部分，退出页码编辑状态。

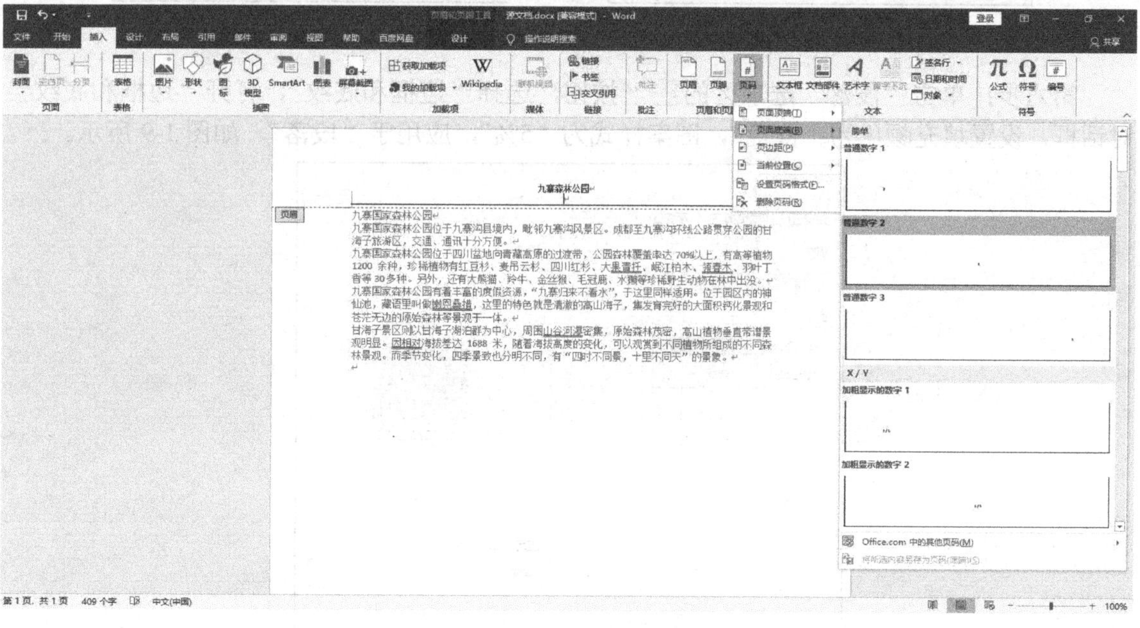

图1-6 插入页码

第四步：选中标题，单击“字体”选项区右下角的小箭头，打开“字体”对话框，设置字体为“华文行楷”，大小为“小二”，字体颜色为红色，如图 1-7 所示。然后在“段落”选项区单击“居中”按钮。

第五步：选中正文，单击“段落”选项区右下角的小箭头，打开“段落”对话框，设置“缩进”选项区“特殊”格式为“首行”缩进“2 字符”，并将行距设置为“1.5 倍行距”，如图 1-8 所示。

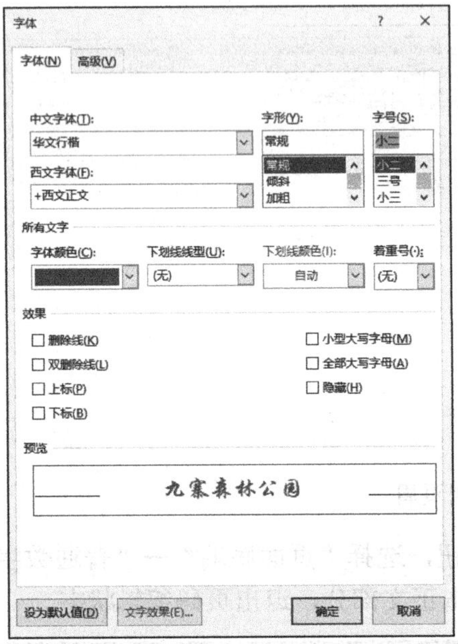

图 1-7　“字体”对话框

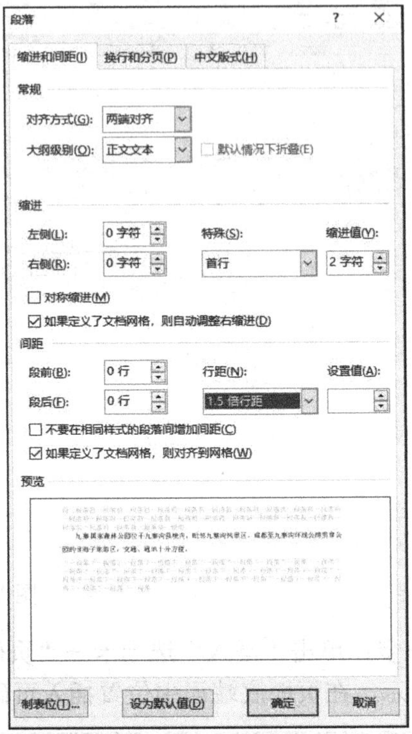

图 1-8　“段落”对话框

第六步：单击“段落”选项区的 按钮，选择“边框和底纹”，打开“边框和底纹”对话框，设置填充颜色为“橙色”，图案样式为“5%”，应用于“段落”，如图 1-9 所示。

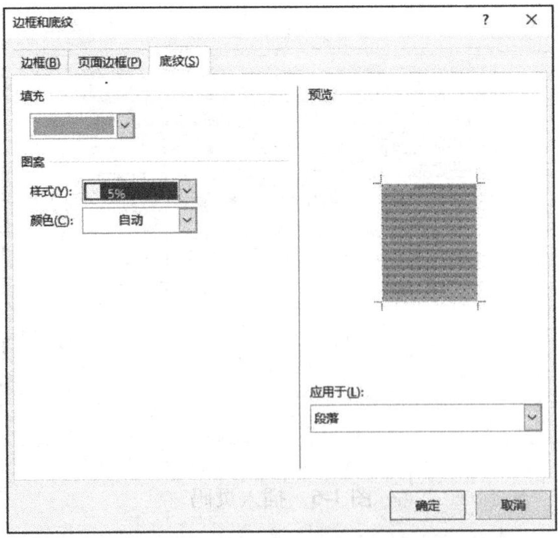

图 1-9　“边框和底纹”对话框

第七步：选中正文第二段文字，选择“布局”选项卡，单击“栏”→“更多栏”，打开“栏”对话框，选择“三栏”并勾选“分隔线”复选框，如图 1-10 所示。

第八步：选中第三段第一句话，打开“字体”对话框，选择“下画线线型”为“双波浪型”。单击“高级”选项卡，“间距”选择“加宽”“2 磅”，如图 1-11 所示。

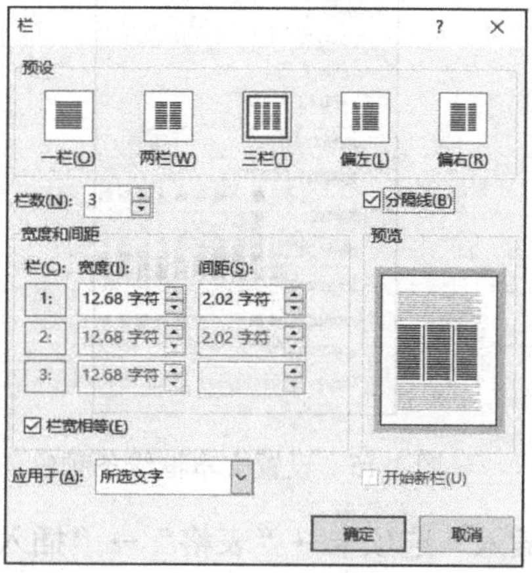

图 1-10 “栏”对话框

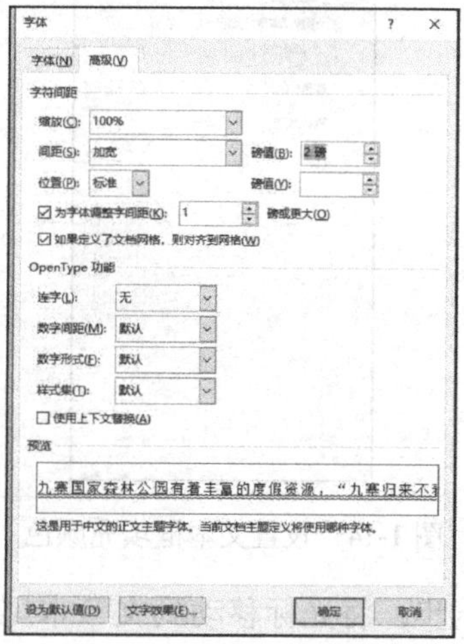

图 1-11 “字体”对话框“高级”选项卡

第九步：选中正文第四段文字，单击“插入”选项卡→“首字下沉”→“首字下沉选项”，在打开的“首字下沉”对话框中设置位置为“下沉”，字体为“隶书”，下沉行数为“2”，距正文“0.5 厘米”，如图 1-12 所示。

第十步：单击“插入”选项卡→“文本框”→“绘制竖排文本框”，按住鼠标左键拖曳出一个适当大小的文本框并输入文字。在文本框上单击鼠标右键，在弹出的快捷菜单中选择“其他布局选项”，打开“布局”对话框，在“文字环绕”选项卡上选择“紧密型”，如图 1-13 所示。在“大小”选项卡中，将高度、宽度都改为 2.5 厘米。关闭对话框后，再次在文本框上单击鼠标右键，在弹出的快捷菜单中选择“设置形状格式”，在打开的“设置形状格式”对话框中单击“填充”→“纯色填充”，选择“黄色”，如图 1-14 所示；单击“线条”→“实线”，选择“绿色”，如图 1-15 所示。单击左侧“线条”，更改线的宽度为“2 磅”，短画线类型为“短画线”，如图 1-16 所示。

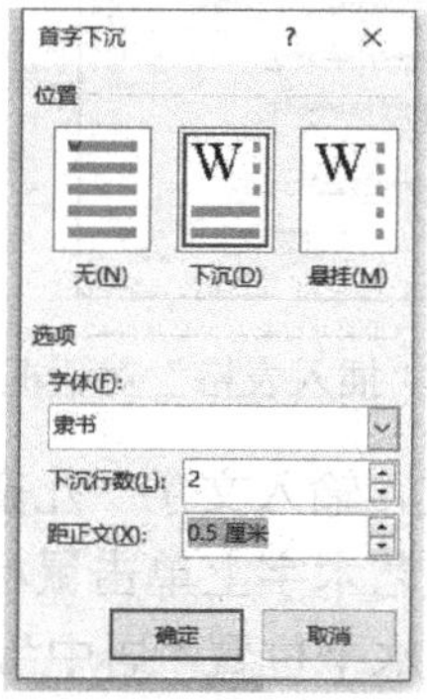

图 1-12 “首字下沉”对话框

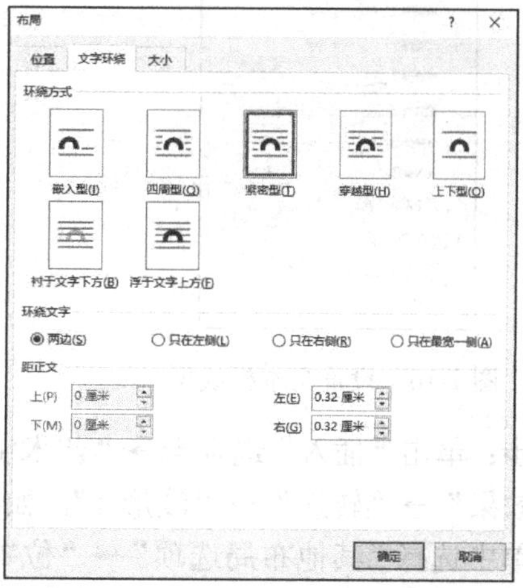

图 1-13 设置文字环绕方式

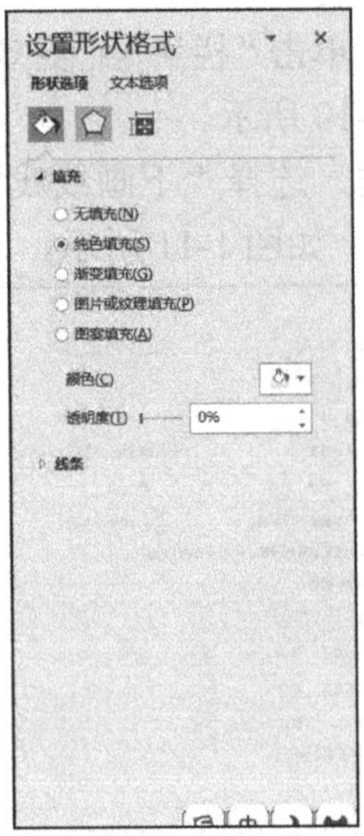

图 1-14 设置文本框填充颜色

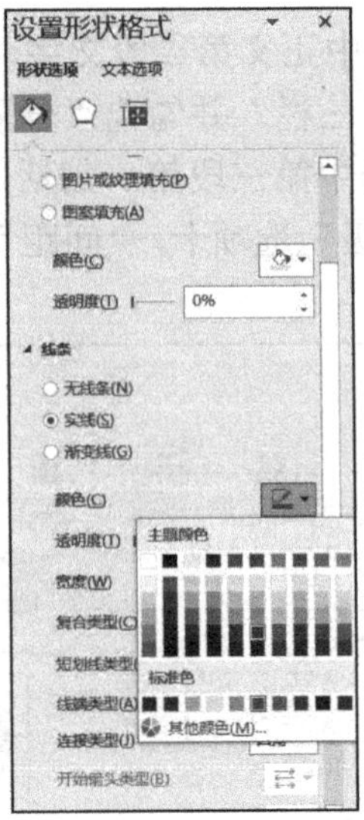

图 1-15 设置文本框线条颜色

第十一步：将光标移动到文章末尾，单击“插入”选项卡→“表格”→“插入表格”，在弹出的“插入表格”对话框中输入 4 列 3 行，如图 1-17 所示。选中第一行的 4 个单元格，单击鼠标右键，在弹出的快捷菜单中选择“合并单元格”。再次单击鼠标右键，选择“表格属性”→“行”选项卡→“指定高度”，设置为“2 厘米”，如图 1-18 所示；单击“表格”选项卡→“边框和底纹”→“底纹”选项卡，设置填充颜色为“浅绿”，如图 1-19 所示。输入文字“天气预报”，选中文字，设置字号为“二号”。选中表格，在弹出的布局菜单中选择“对齐方式”→“水平居中”。

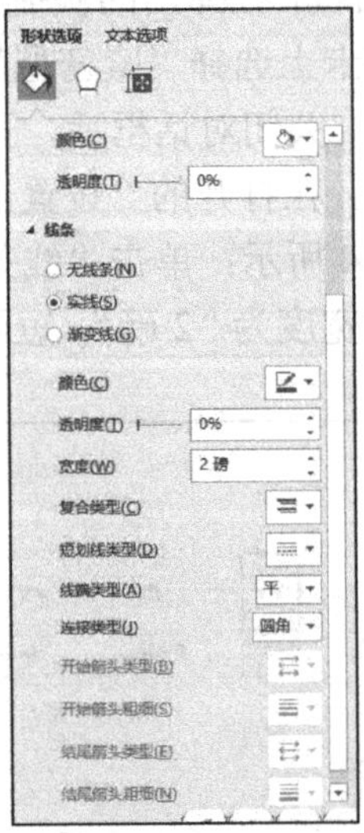

图 1-16 设置文本框线型

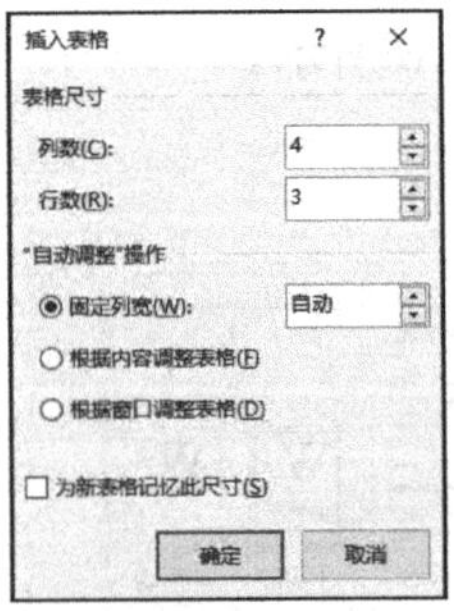

图 1-17 “插入表格”对话框

第十二步：单击“插入”选项卡→“艺术字”→第一个样式，输入文字“九寨森林公园”，单击“文本效果”→“转换”→“波形 1”，如图 1-20 所示。在艺术字上单击鼠标右键，在弹出的快捷菜单中选择“其他布局选项”→“位置”选项卡，设置水平位置“居中”，相对于“页面”，如图 1-21 所示。

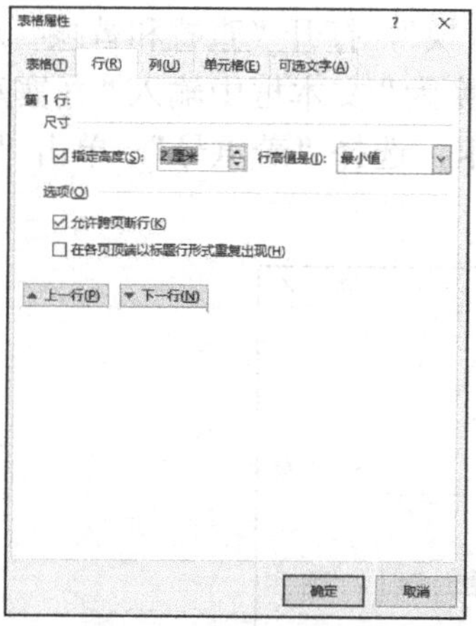

图 1-18 指定行高

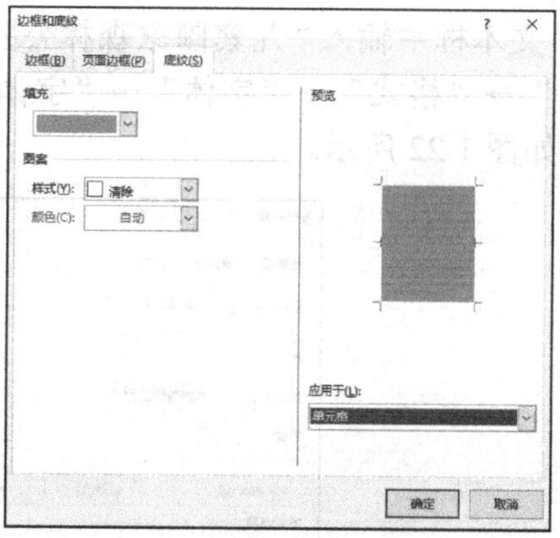

图 1-19 设置表格底纹颜色

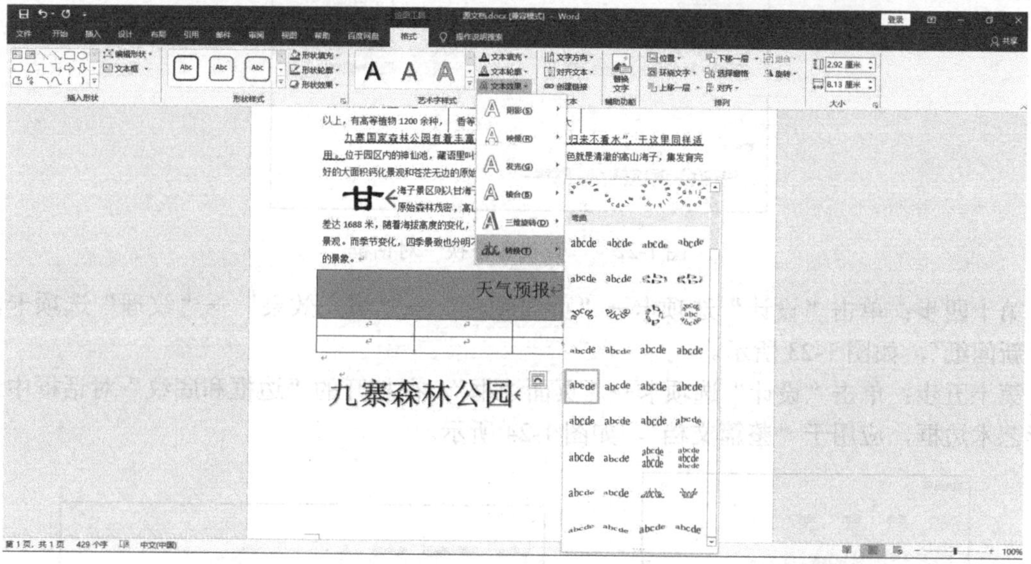

图 1-20 设置艺术字文字效果

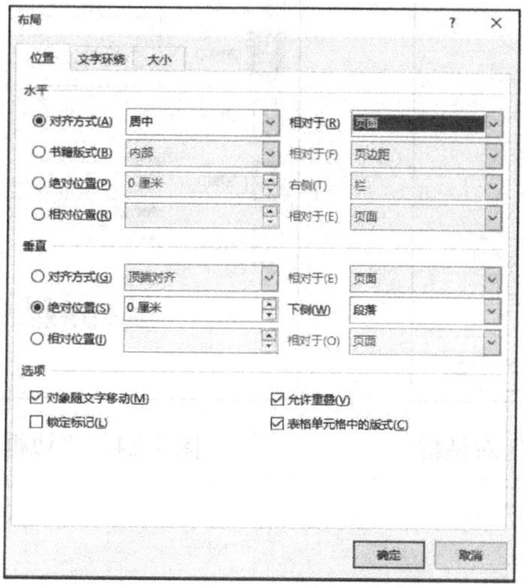

图 1-21 “布局”对话框

第十三步：选中全文，单击“开始”选项卡→“替换”，打开“查找和替换”对话框，在“查找内容”文本框中输入“九寨国家森林公园”，“替换为”文本框中输入“九寨森林公园”，单击“更多”→“格式”→“字体”→“字体”选项卡，选择“着重号”，单击“全部替换”按钮即可，如图 1-22 所示。

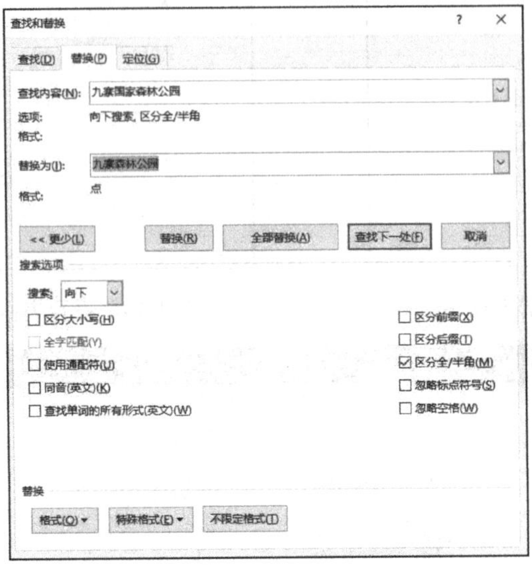

图 1-22　“查找和替换”对话框

第十四步：单击“设计”选项卡→“页面颜色”→“填充效果”→“纹理”选项卡，选择“新闻纸”，如图 1-23 所示。

第十五步：单击“设计”选项卡→“页面边框”，在打开的“边框和底纹”对话框中选择树形艺术边框，应用于“整篇文档”，如图 1-24 所示。

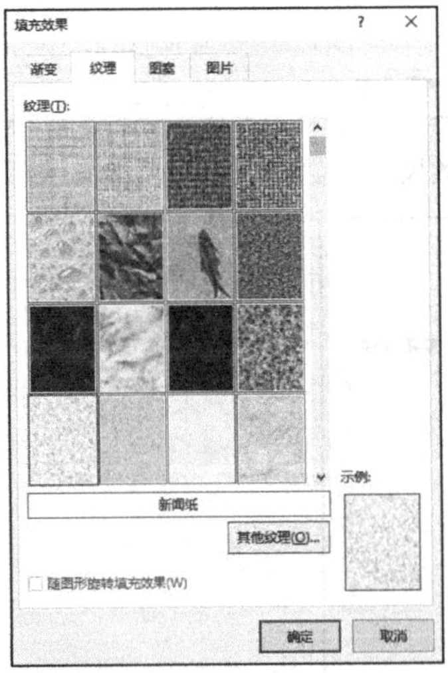

图 1-23　“填充效果”对话框

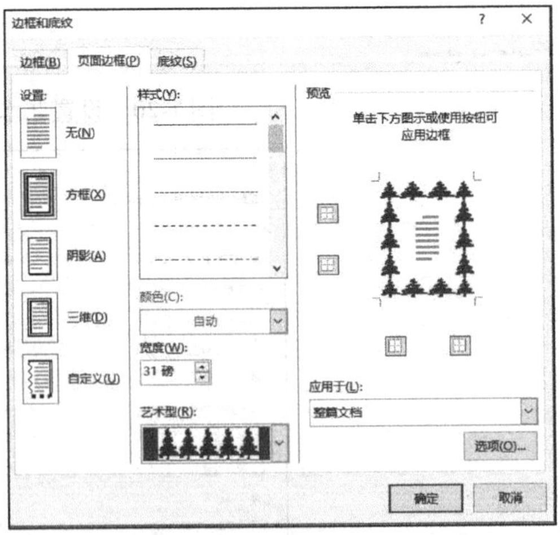

图 1-24　“边框和底纹”对话框

案例 1.2 新奇的钟表

1. 题目要求

（1）设置全文字体，中文设为“宋体”，正文字号设为“小四”。

（2）设置标题（即“新奇的钟表”）的字号为“二号”，字体设为“宋体”，字体颜色为“橙色”。字符间距为加宽 5 磅。标题的对齐方式为居中对齐。

（3）正文第一段加橙色底纹，应用于“段落”。行距为 1.5 倍行距。首行缩进 2 字符。

（4）正文第二段分两栏，加分隔线。正文第二段设置首字下沉 3 行。

（5）用替换命令将正文中的“钟表”两个字的字体颜色改为“紫色”，字号改为“四号”“宋体”，加“下画线”（单线型），加“着重号”。

（6）在正文第三段后创建 3 行 3 列的表格，按照示例输入内容。表格内容的字体为“宋体”“小四”。

（7）设置表格第一行的高度为 1.8 厘米。设置表格中的所有单元格内容为“水平居中”。表格第一行设置为“紫色”底纹。

（8）在表格下方插入艺术字“新奇的钟表”，艺术字样式为第 3 行第 2 列，形状为“拱形”，艺术字文字环绕效果为“嵌入型”。

（9）添加页眉，内容为“lxp03”，居中，字体为“Times New Roman”“四号”。

案例 1.2 源文档如图 1-25 所示，其目标文档如图 1-26 所示。

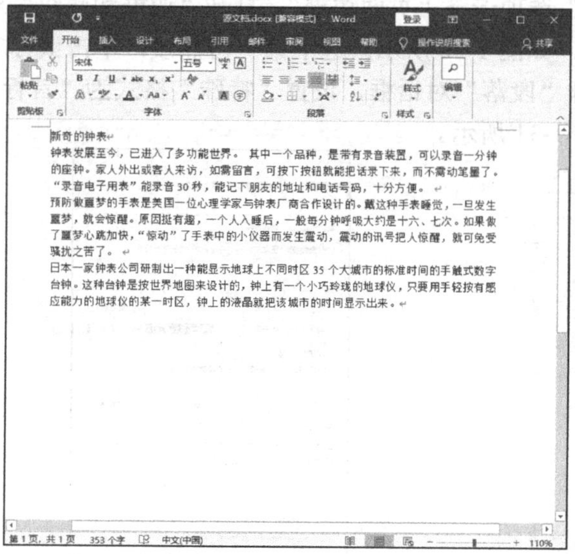
新奇的钟表
钟表发展至今，已进入了多功能世界。 其中一个品种，是带有录音装置，可以录音一分钟的座钟。家人外出或客人来访，如需留言，可按下按钮就能把话录下来，而不需动笔量了。“录音电子用表”能录音 30 秒，能记下朋友的地址和电话号码，十分方便。
预防做噩梦的手表是美国一位心理学家与钟表厂商合作设计的。戴这种手表睡觉，一旦发生噩梦，就会惊醒。原因挺有趣，一个人入睡后，一般每分钟呼吸大约是十六、七次。如果做了噩梦心跳加快，“惊动”了手表中的小仪器而发生震动，震动的讯号把人惊醒，就可免受骚扰之苦了。
日本一家钟表公司研制出一种能显示地球上不同时区 35 个大城市的标准时间的手触式数字台钟。这种台钟是按世界地图来设计的，钟上有一个小巧玲珑的地球仪，只要用手轻按有感应能力的地球仪的某一时区，钟上的液晶就把该城市的时间显示出来。

图 1-25 案例 1.2 源文档

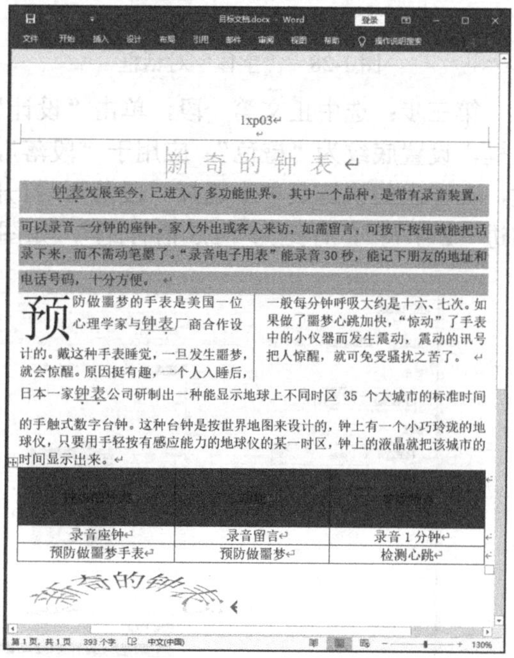
lxp03
新 奇 的 钟 表
录音座钟
录音留言
录音 1 分钟
预防做噩梦手表
预防做噩梦
检测心跳
新奇的钟表

图 1-26 案例 1.2 目标文档

2．操作步骤

第一步：用 Ctrl+A 选中全部文字，在“开始”选项卡的“字体”功能区设置字体为“宋体”，字号为“小四”，如图 1-27 所示。

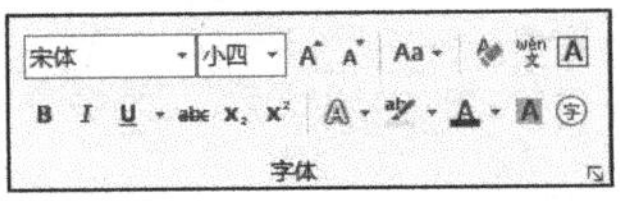

图 1-27 “字体”功能区

第二步：选中标题“新奇的钟表”，单击鼠标右键，在弹出的快捷菜单中选择“字体”，打开“字体”对话框，将字号设置为“二号”，字体设置为“宋体”，字体颜色设置为“橙色”，如图 1-28 所示。打开“高级”选项卡，设置字符间距加宽“5 磅”，如图 1-29 所示。在“段落”功能区单击按钮，设置为“居中对齐”。

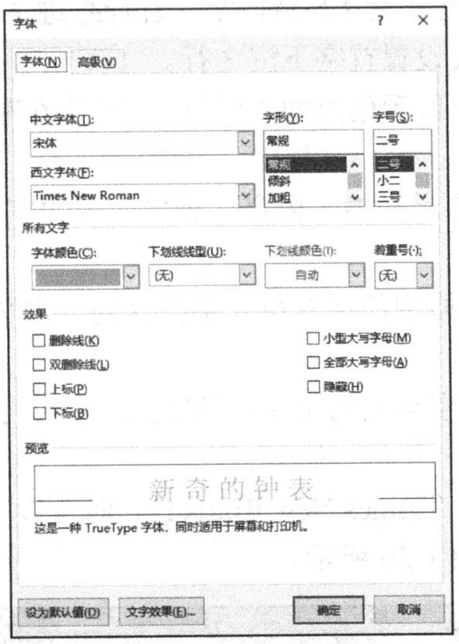

图 1-28 “字体”对话框

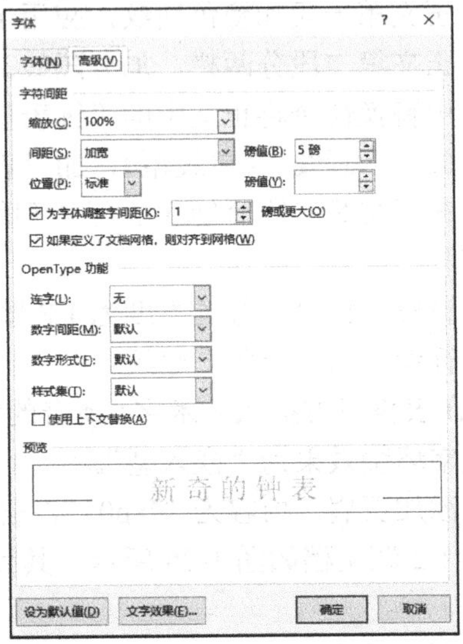

图 1-29 “字体”对话框“高级”选项卡

第三步：选中正文第一段，单击“设计”选项卡→“页面边框”，打开“边框和底纹”对话框，设置底纹为“橙色”，应用于“段落”，如图 1-30 所示。选中第一自然段，单击鼠标右键，在弹出的快捷菜单中选择“段落”，打开“段落”对话框，设置“特殊”格式为“首行”缩进“2 字符”，行距为“1.5 倍行距”，如图 1-31 所示。

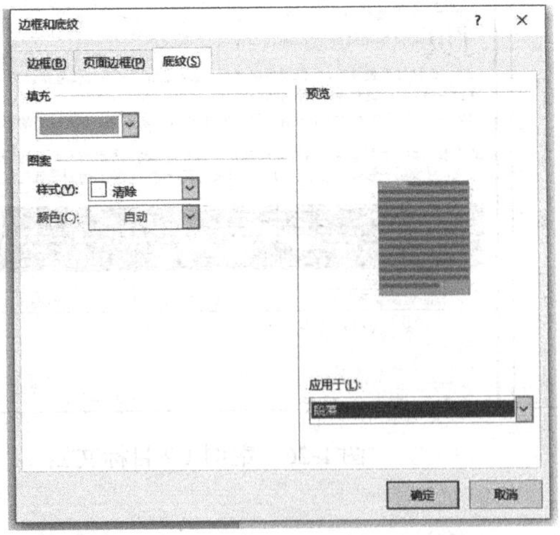

图 1-30 “边框和底纹”对话框

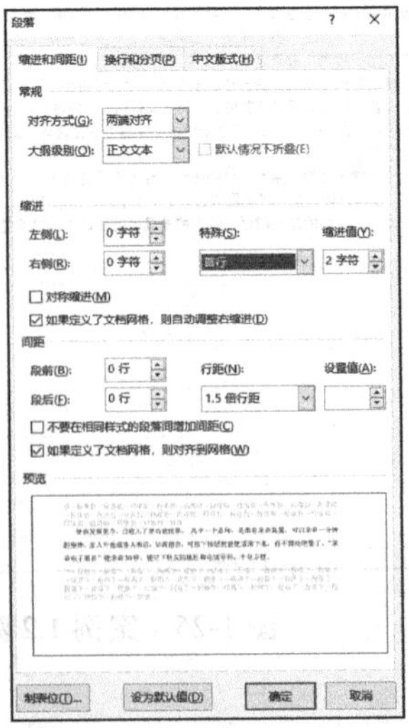

图 1-31 “段落”对话框

第四步：选中正文第二段文字，单击“布局”选项卡→“栏”→“更多栏”，打开“栏”对话框，选择“两栏”并勾选“分隔线”复选框，如图 1-32 所示。选中正文第二段文字，单击“插入”选项卡→“首字下沉”→“首字下沉选项”，打开“首字下沉”对话框，下沉行数为“3”，如图 1-33 所示。

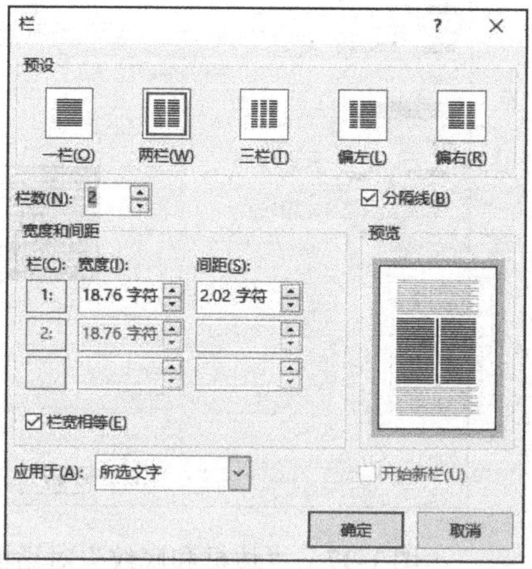

图 1-32 “栏”对话框

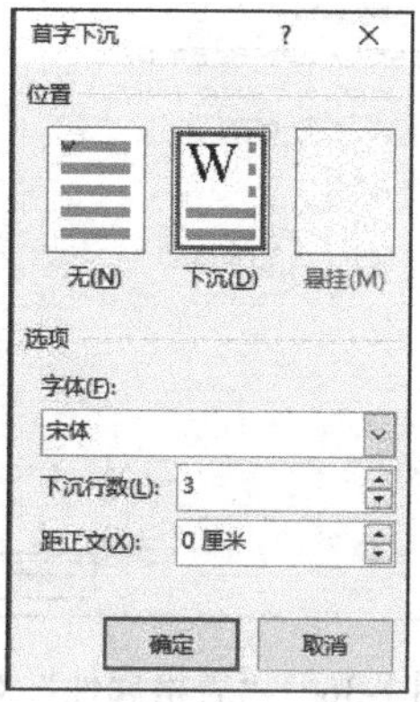

图 1-33 “首字下沉”对话框

第五步：选中所有正文（注意不包括标题），单击“开始”选项卡→“替换”，打开“查找和替换”对话框。在“查找内容”和“替换为”文本框中都输入“钟表”，选中“替换为”框中的“钟表”，单击“更多”→“格式”→“字体”，设置颜色为“紫色”，字号为“四号”“宋体”，加“下画线”（单线型），加“着重号”。单击“全部替换”按钮即可，如图 1-34 所示。

第六步：在文章最后换行，单击“插入”选项卡→“表格”→“插入表格”，打开“插入表格”对话框，行数、列数都输入 3，如图 1-35 所示，并按照目标文档输入表格中的内容。

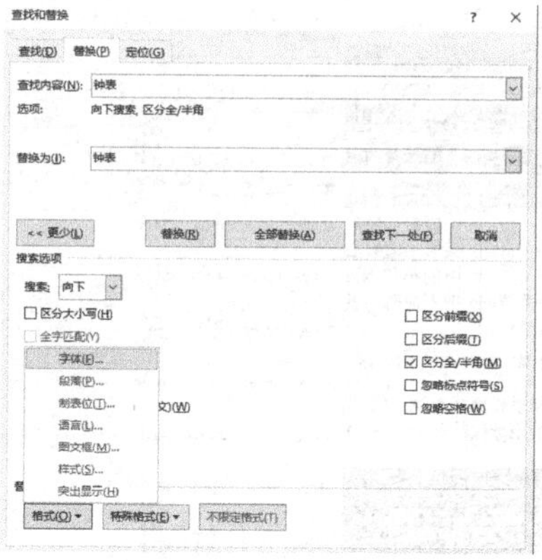

图 1-34 “查找和替换”对话框

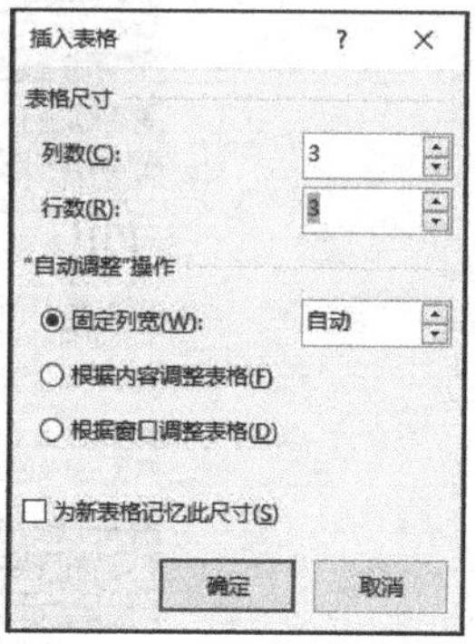

图 1-35 “插入表格”对话框

第七步：选中表格的第一行，单击鼠标右键，在弹出的快捷菜单中选择“表格属性”，在弹出的“表格属性”对话框的“行”选项卡中设置“指定高度”为“1.8 厘米”，如图 1-36 所示。

回到“表格设计”选项卡，在下方单击“边框和底纹”按钮，打开“边框和底纹”对话框，在“底纹”选项卡中设置填充颜色为“紫色”，应用于“单元格”，如图 1-37 所示。选中表格所有单元格，单击“表格布局”选项卡，选择“对齐方式”→“水平居中”。

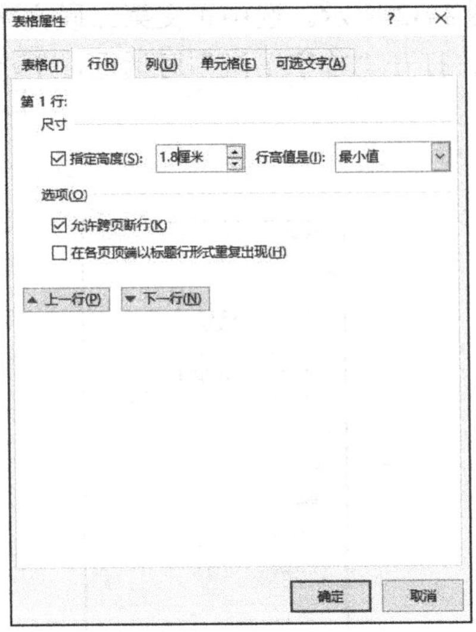

图 1-36 “表格属性”对话框

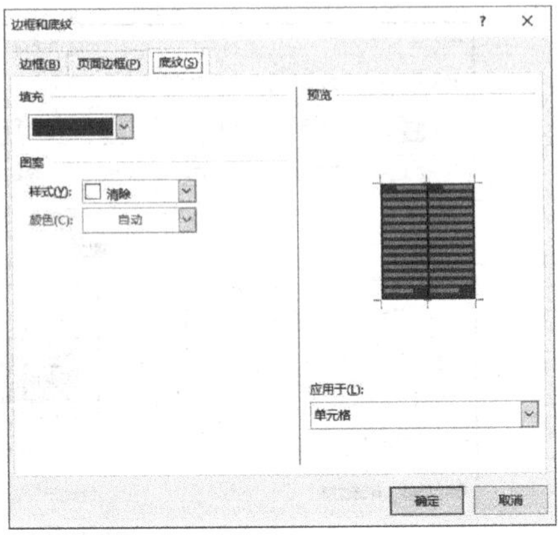

图 1-37 “边框和底纹”对话框

第八步：在文末单击“插入”选项卡→“艺术字”，选择第 3 行第 2 列的艺术字样式，将文字改为“新奇的钟表”。单击“格式”选项卡→“文本效果”→“转换”→“拱形”，如图 1-38 所示。在艺术字上单击鼠标右键，在弹出的快捷菜单中选择“环绕文字”→“嵌入型”。

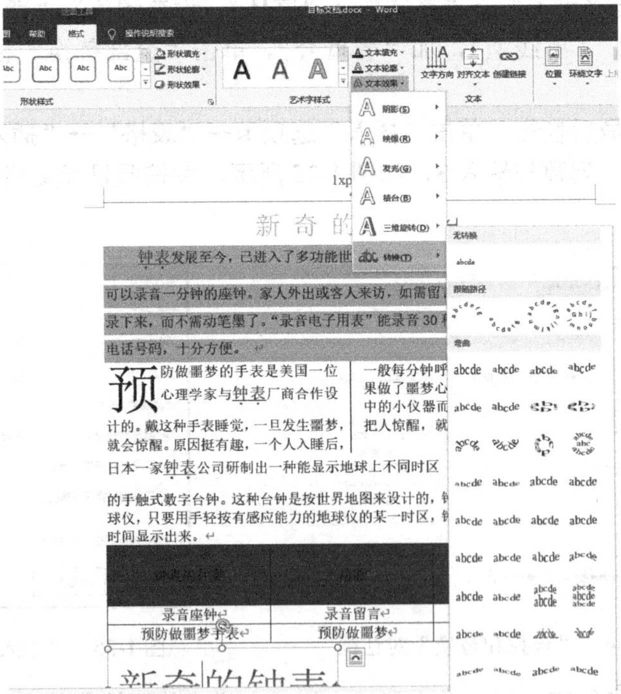

图 1-38 设置艺术字文字效果

第九步：单击“插入”选项卡→“页眉”→“空白页眉”，在页眉编辑状态输入“lxp03”，注意英文字母的大小写。设置字体为“Times New Roman”“四号”，如图 1-39 所示。

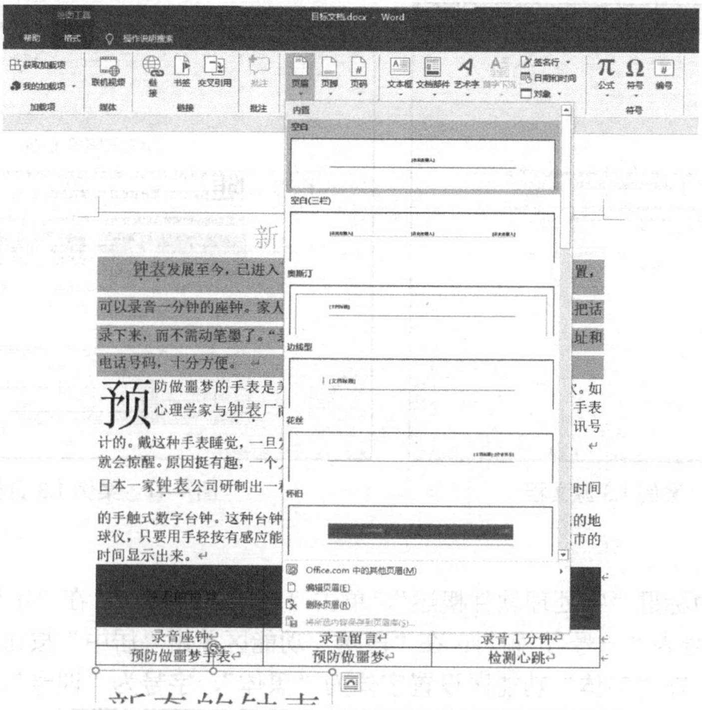

图 1-39　插入页眉

案例 1.3　字处理软件概述

1．题目要求

（1）第一段（“字处理软件概述”）设置为“宋体”、一号、倾斜、居中，第二段（“随着计算机技术的发展……包括各种常用软件。”）设置为“黑体”、四号，其余段落为“宋体”、五号。

（2）设置第二段段后间距为 1 行，首字下沉 2 行，“排版印刷”加着重号，并设置字体颜色为橙色，“管理文档”加双下画线。

（3）设置第三段（“优秀的文字处理软件……汉化的 WS 在我国非常流行。”）首行缩进 2 字符，分两栏，有分隔线，加绿色底纹，应用于“段落”。

（4）设置第四段（“1989 年香港金山电脑……优点主要表现在：”）为两端对齐，2 倍行距。

（5）插入图片，四周环绕在第四段中，如样张所示。

（6）插入艺术字，内容为“剪贴画”，样式为“彩色轮廓红色强调文字颜色 2”，四周环绕在第四段中，如样张所示。

（7）为后两段设置项目符号菱形，如样张所示。

（8）插入如样张所示 5 行 5 列的表格，输入文字，并计算平均成绩，按样张所示加黄色底纹。

（9）设置页眉，内容为“计算机文化基础 fxm01”。

案例 1.3 源文档如图 1-40 所示，其目标文档如图 1-41 所示。

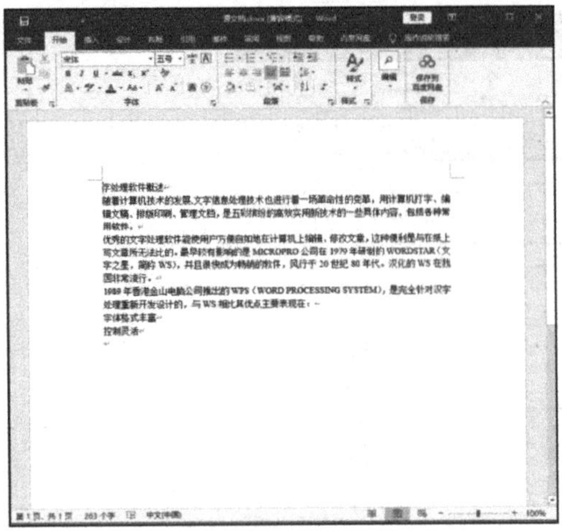

图 1-40　案例 1.3 源文档

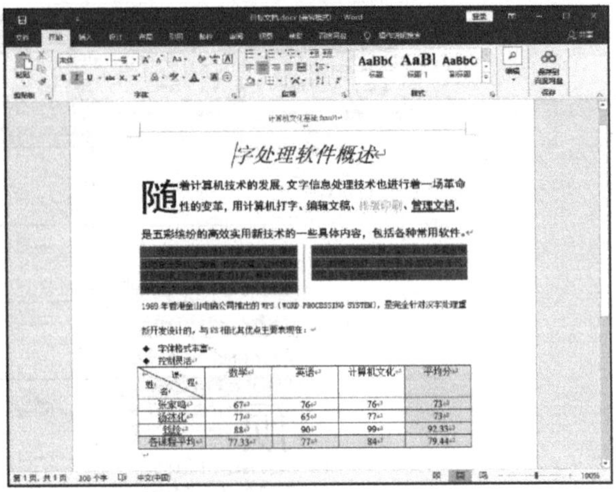

图 1-41　案例 1.3 目标文档

2. 操作步骤

第一步：选中标题“字处理软件概述”，单击“开始”选项卡，在“字体”功能区设置字体为“宋体”，字号为“一号”，倾斜；在“段落”功能区单击“居中”按钮，如图 1-42 所示。选中第二段文字，在“字体”功能区设置字体为“黑体”，字号为“四号”。

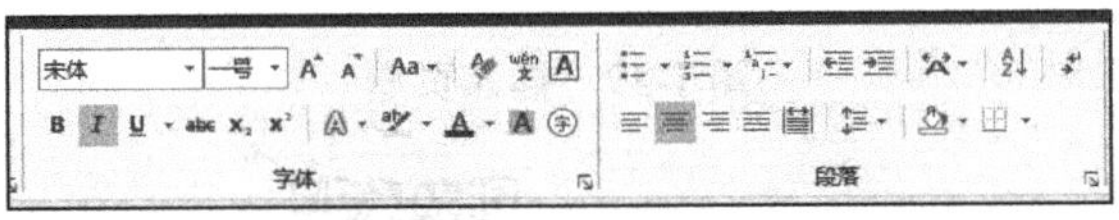

图 1-42　“字体”和“段落”功能区

第二步：选中第二段文字，单击鼠标右键，在弹出的快捷菜单中选择“段落”，在打开的“段落”对话框中设置段后间距为“1 行”，如图 1-43 所示。选中“排版印刷”四个字，单击鼠标右键，在弹出的快捷菜单中选择“字体”，在打开的“字体”对话框中设置加“着重号”，颜色设置为“橙色”，如图 1-44 所示。选中“管理文档”四个字，以同样的方法设置“双下画线”。

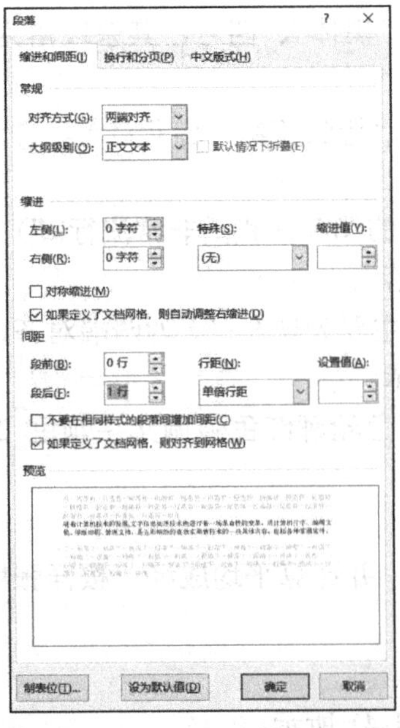

图 1-43　“段落”对话框

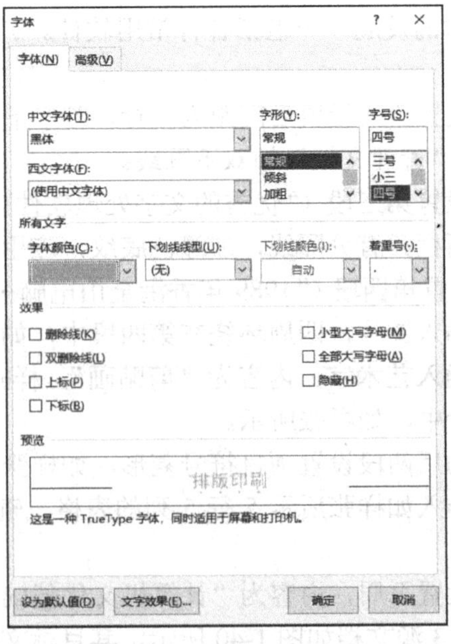

图 1-44　“字体”对话框

第三步：选中第三段（“优秀的文字处理软件……汉化的 WS 在我国非常流行。”），单击鼠标右键，在弹出的快捷菜单中选择“段落”，在打开的“段落”对话框中设置特殊格式为“首行缩进”“2”字符，如图 1-45 所示。单击“布局”选项卡→“栏”→“更多栏”，在打开的“栏”对话框中选择“两栏”并勾选“分隔线”复选框，如图 1-46 所示。

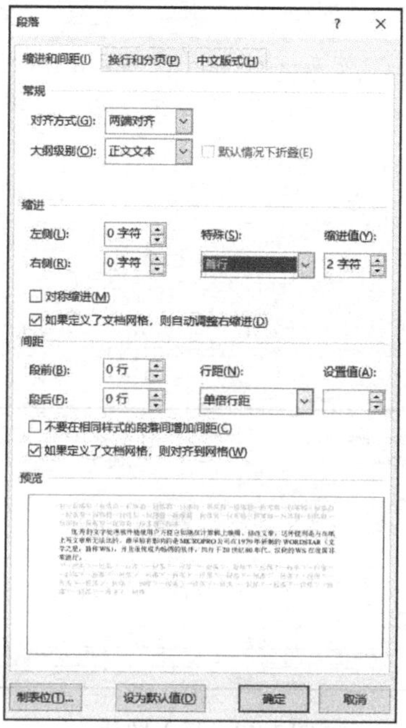

图 1-45 “段落”对话框

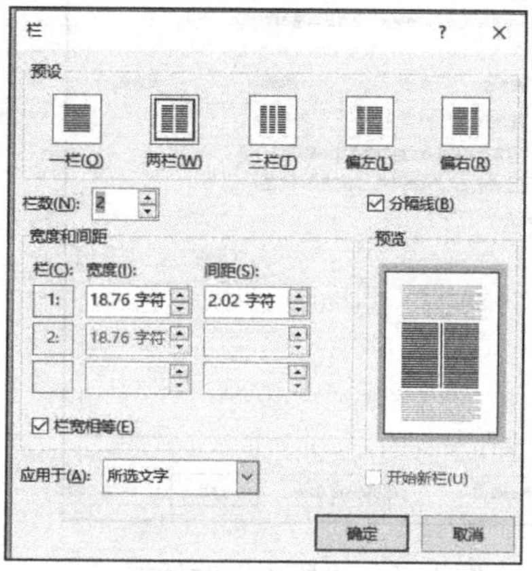

图 1-46 “栏”对话框

单击“设计”选项卡→“页面边框”，在打开的“边框和底纹”对话框的“底纹”选项卡中设置底纹填充颜色为“绿色”，应用于“段落”，如图 1-47 所示。

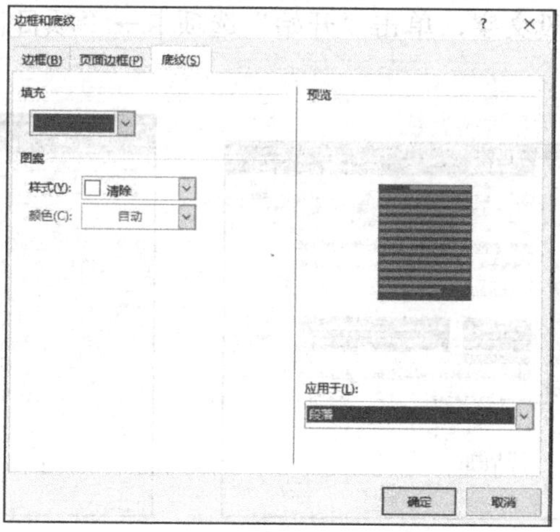

图 1-47 “边框和底纹”对话框

第四步：选中第四段文字“1989 年香港金山电脑……优点主要表现在：”，单击鼠标右键，在弹出的快捷菜单中选择“段落”，在打开的“段落”对话框中设置对齐方式为“两端对齐”，行距为“2 倍行距”，如图 1-48 所示。

第五步：单击“插入”选项卡→“图片”，在文件夹中选择一张图片后单击“插入”按钮即可，如图 1-49 所示。在插入的图片上单击鼠标右键，在弹出的快捷菜单中选择“环绕文字”→“四周型”。

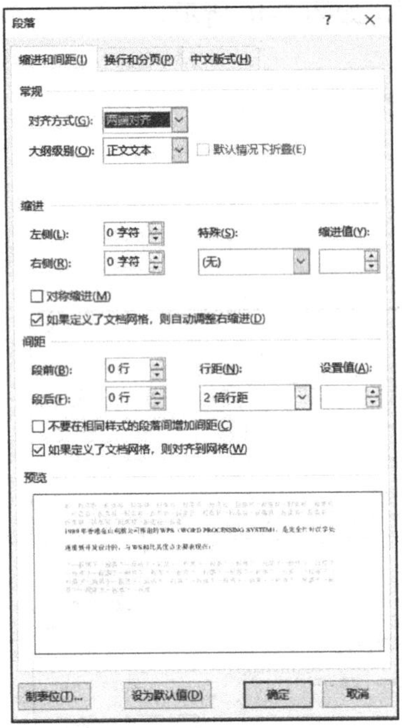

图 1-48　“段落”对话框

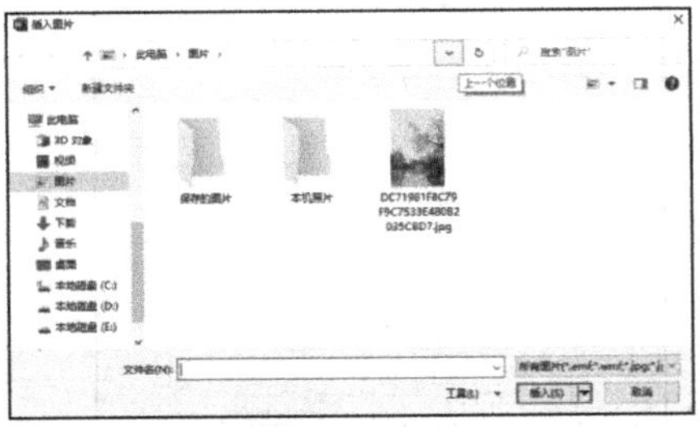

图 1-49　插入图片

第六步：单击“插入”选项卡→“艺术字”，选择任意样式艺术字，修改文字为“剪贴画”。在“格式”选项卡中，选择形状样式为“彩色轮廓-红色，强调颜色 2”，如图 1-50 所示。在艺术字边框上单击鼠标右键，在弹出的快捷菜单中选择“环绕文字”→“四周型”。

第七步：选中最后两段文字，单击“开始”选项卡→“项目符号”→菱形，如图 1-51 所示。

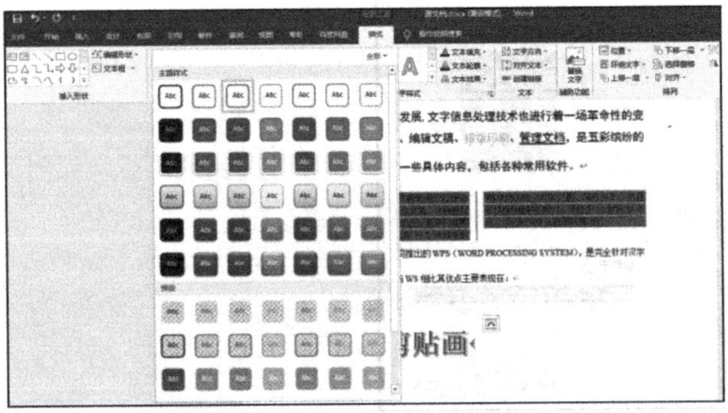

图 1-50　修改艺术字的形状样式

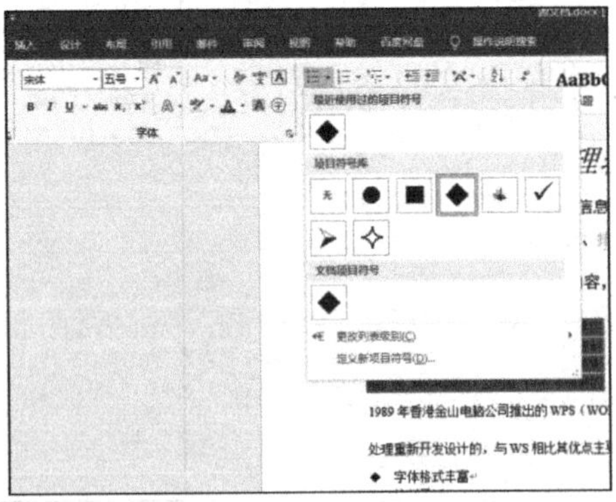

图 1-51　“项目符号”菜单

第八步：单击“插入”选项卡→“表格”→“插入表格”，输入 5 行 5 列，如图 1-52 所示，并按照目标文档输入内容。将光标移动到第一个同学的平均分，单击“布局”选项卡→“公式”，输入公式“=AVERAGE(LEFT)”，单击“确定”按钮即可，如图 1-53 所示。每行均做此操作。“各课程平均成绩”应修改公式为“=AVERAGE(ABOVE)”。按住鼠标左键选中最后一行，按住 Ctrl 键，再选中最右一列，单击鼠标右键，在弹出的快捷菜单中选择“表格属性”→“边框和底纹”，设置黄色底纹，应用于“单元格”，如图 1-54 所示。

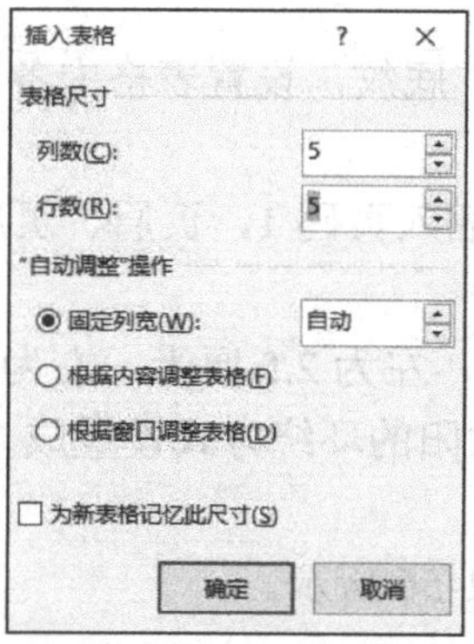

图 1-52 “插入表格”对话框

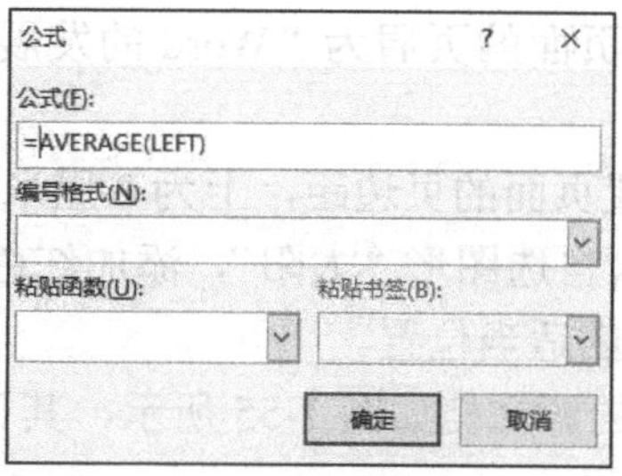

图 1-53 插入公式

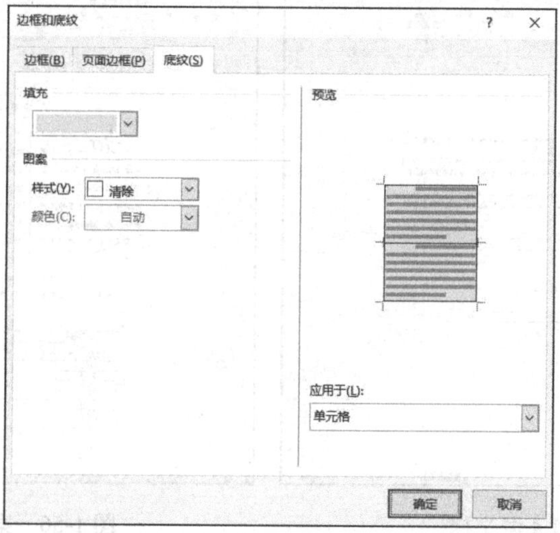

图 1-54 “边框和底纹”对话框

第九步：单击“插入”选项卡→“页眉”→“空白页眉”，在页眉编辑状态输入文字“计算机文化基础 fxm01”。

案例 1.4 Word 的发展史

1. 题目要求

（1）标题“Word 的发展史”设置为“黑体”、二号、红色、粗体、居中。

（2）标题“Word 的发展史”字符间距加宽，设为 6 磅。

（3）正文中三段文字均设置为首行缩进 2 字符，字号为“小四”，中文字体为“楷体”，英文字体为“Times New Roman”。

（4）标题和正文三段的行间距均设置为 1.5 倍。

（5）全部正文分成三栏，加分隔线。正文第一段首字下沉两行，字体为“楷体”。

（6）应用查找和替换功能，将正文中的所有“Word”设置为红色。

（7）对表格进行设置，第一个单元格处绘制斜线表头，行标题为“内容”，列标题为“时间”（可适当调整行高）。

（8）表格的第一行添加“橄榄色，强调文字颜色 3”底纹，设置表格中各单元格水平、垂直居中对齐。

（9）设置页面的页眉为“Word 的发展史”，页脚处插入页码 1，页眉、页脚文字均居中设置。

（10）设置页面的页边距，上为 2 厘米、下为 2 厘米、左为 2.5 厘米、右为 2.5 厘米。

（11）插入自选图形“太阳”，添加红色底纹，并将太阳的环绕方式设置成“紧密型”，再移动到第一段的适当位置。

案例 1.4 的源文档如图 1-55 所示，其目标文档如图 1-56 所示。

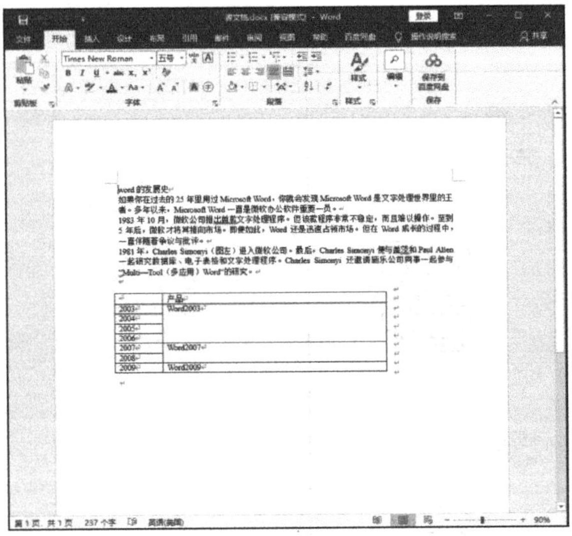

图 1-55　案例 1.4 源文档

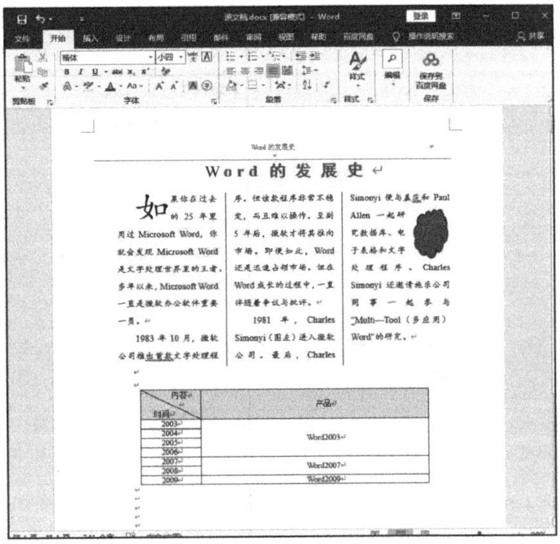

图 1-56　案例 1.4 目标文档

2. 操作步骤

第一步：选中标题“Word 的发展史”，单击鼠标右键，在弹出的快捷菜单中选择“字体”，在打开的“字体”对话框中设置字体为“黑体”，字号为“二号”，颜色为“红色”，字形为“加粗”，如图 1-57 所示。

第二步：打开“字体”对话框“高级”选项卡，设置字符间距“加宽”“6 磅”，如图 1-58 所示。

第三步：选中全部正文，单击鼠标右键，在弹出的快捷菜单中选择“段落”，在打开的“段落”对话框中设置“特殊”格式为“首行”缩进“2 字符”，如图 1-59 所示。选中正文，单击鼠标右键，在弹出的快捷菜单中选择“字体”，在打开的“字体”对话框中设置中文字体为“楷体”，西文字体为“Times New Roman”，字号为“小四”，如图 1-60 所示。

第四步：选中标题和正文，单击鼠标右键，在弹出的快捷菜单中选择“段落”，在打开的“段落”对话框中设置行距为“1.5 倍行距”，如图 1-61 所示。

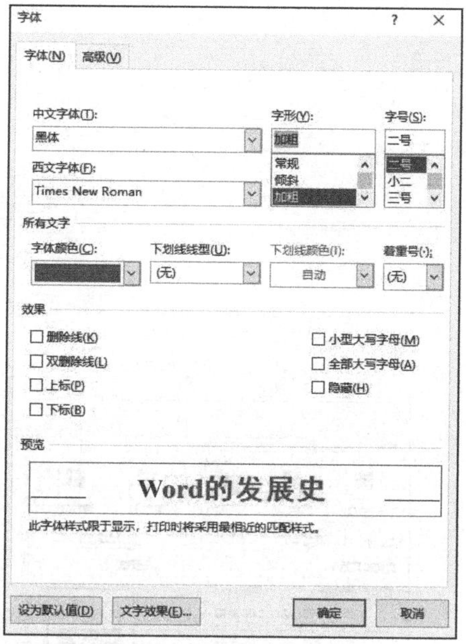

图 1-57 “字体”对话框

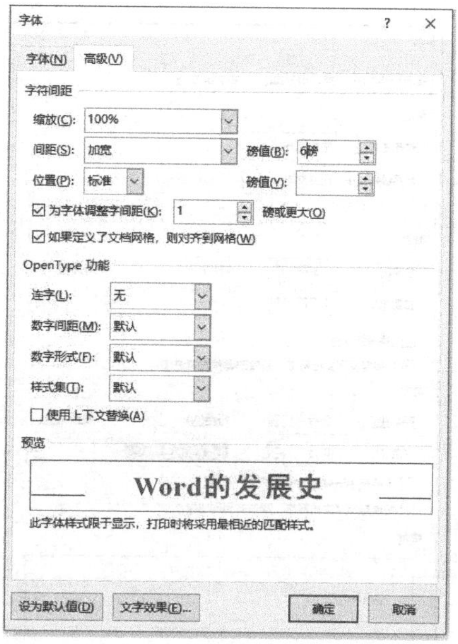

图 1-58 “字体”对话框“高级”选项卡

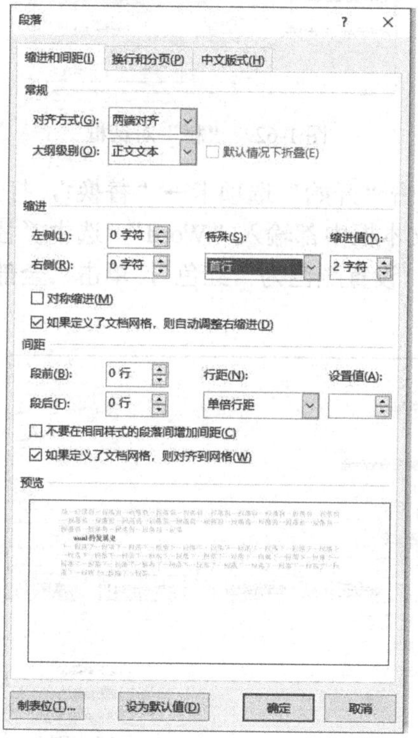

图 1-59 “段落”对话框

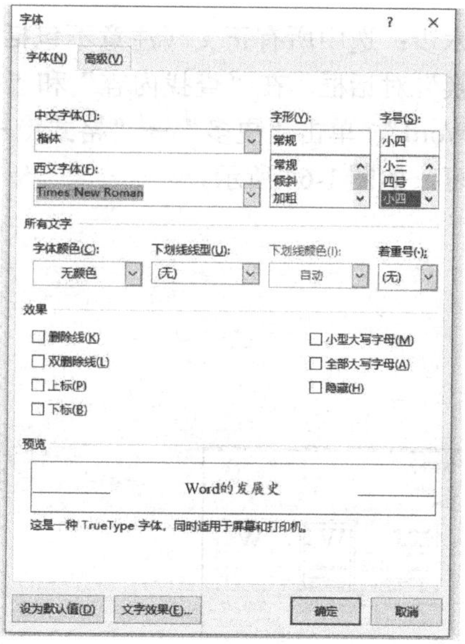

图 1-60 “字体”对话框

第五步：选中全部正文，单击“布局”选项卡→“栏”→“更多栏”，在打开的“栏”对话框中选择“三栏”并勾选“分隔线”复选框，如图 1-62 所示。选中第一段文字，单击“插入”选项卡→“首字下沉”→“首字下沉选项”，在打开的“首字下沉”对话框中修改字体为“楷体”，下沉行数为“2”，如图 1-63 所示。

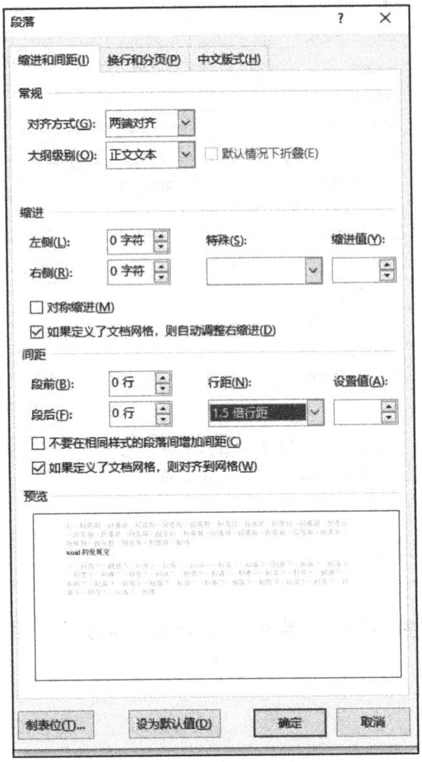

图 1-61 “段落”对话框

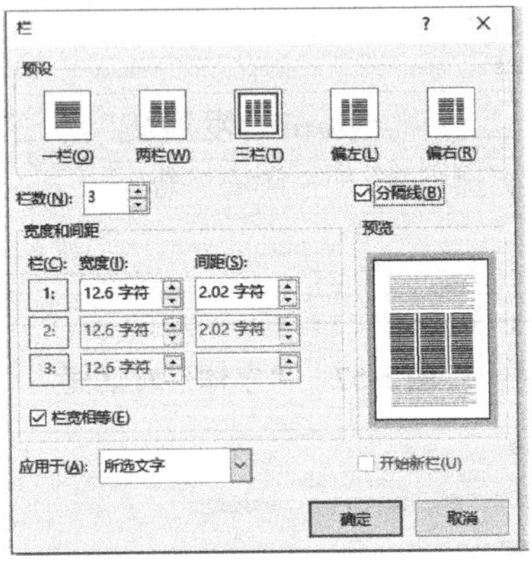

图 1-62 “栏”对话框

第六步：选中所有正文（注意不包括标题），单击“开始”选项卡→“替换”，打开“查找和替换”对话框。在“查找内容”和“替换为”文本框中都输入“Word”，选中“替换为”中的“Word”，单击“更多”→“格式”→“字体”，设置颜色为“红色”，单击“全部替换”按钮即可，如图 1-64 所示。

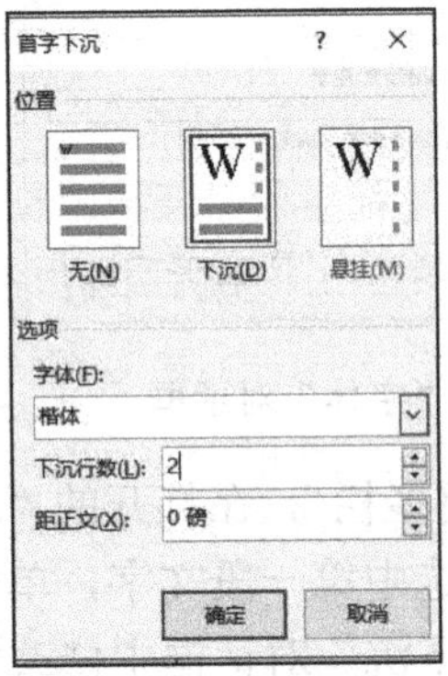

图 1-63 “首字下沉”对话框

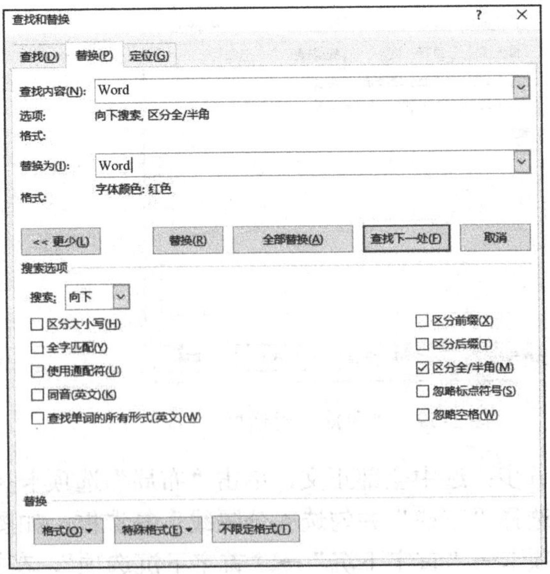

图 1-64 “查找和替换”对话框

第七步：先改变第一行的行高，然后在“设计”选项卡中单击“绘制表格”按钮，在第一个单元格中画一条斜线。利用空格键和回车键在适当位置输入行标题和列标题。

第八步：选中表格第一行，单击鼠标右键，在弹出的快捷菜单中选择“表格属性”，在打开的“表格属性”对话框中单击“边框和底纹”按钮，打开“边框和底纹”对话框，设置底纹颜色为“橄榄色，强调文字颜色 3”，如图 1-65 所示。选中整个表格，单击鼠标右键，在弹出的快捷菜单中选择“单元格对齐方式”→“水平居中”。

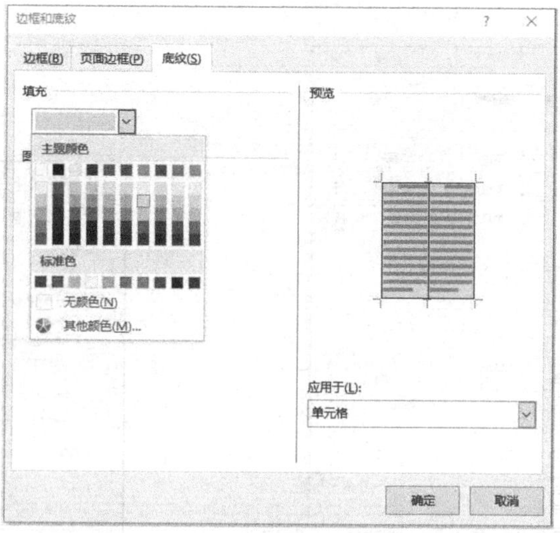

图 1-65　“边框和底纹”对话框

第九步：单击“插入”选项卡→“页眉”→“空白页眉”，在页眉编辑状态输入“Word 的发展史”，如图 1-66 所示。单击“插入”选项卡→“页码”→“页面底端”→“普通数字 2”即可。

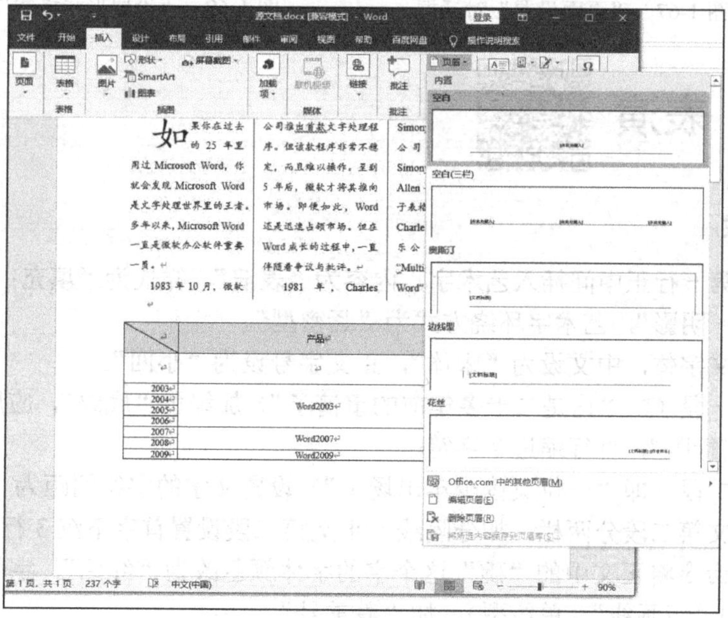

图 1-66　插入页眉

第十步：单击“文件”选项卡→“打印”→“页面设置”，在打开的“页面设置”对话框中设置上、下页边距均为“2 厘米”，左、右页边距均为“2.5 厘米”，如图 1-67 所示。

第十一步：单击“插入”选项卡→“形状”→“基本形状”中的“太阳形”，按住鼠标拖曳出适当大小的图形。在图形上单击鼠标右键，在弹出的快捷菜单中选择“设置形状格式”，在打开的“设置形状格式”对话框中改变填充颜色为“红色”，如图 1-68 所示。在图形上单击鼠标右键，在弹出的快捷菜单中选择“环绕文字”→“紧密型”。按住鼠标左键，将图形拖曳到第一段的任意位置。

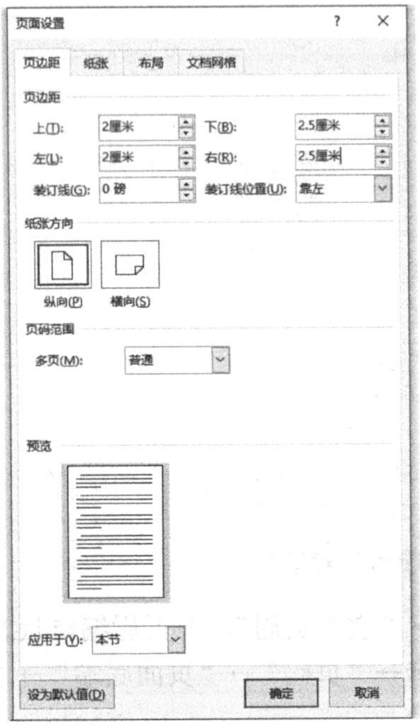

图 1-67　“页面设置”对话框

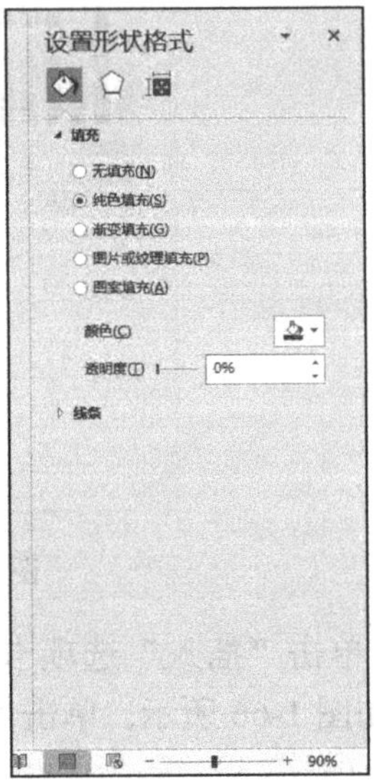

图 1-68　“设置形状格式”对话框

案例 1.5　表演

1．题目要求

（1）在文档第一行正中间插入艺术字，内容为“表演”，样式为“填充；白色；轮廓：水绿色，主题色 5；阴影”，艺术字环绕方式为“紧密型”。

（2）设置全文字体，中文设为“宋体”，正文字号设为“小四”。

（3）正文第一段（即“这是二十多年前的事情了”）加绿色“底纹”，应用于“段落”。全文行距为“1.5 倍行距”，首行缩进 2 字符。

（4）正文第二段（即“一位英俊少年出场了”）设置文字的字符间距为“加宽”“2 磅”。

（5）设置正文第二段分两栏，加分隔线。正文第二段设置首字下沉 3 行。

（6）用替换命令将正文中的“碗”这个字的字体颜色改为“红色”，字号为“四号”，字体为“宋体”，加“下画线”（单线型），加“着重号”。

（7）在正文第三段（即“音乐第三次奏响了”）后创建 3 行 3 列的表格，按照示例输入内容，表格内的字体为“宋体”、小四。

（8）让表格向下移动一行，在表格上方添加内容为“表演”，设置为“黑体”、三号，对齐方式为居中对齐，其中“演”这个字的字符位置下降 5 磅。

（9）设置表格第一行的高度为 1.8 厘米。设置表格中的所有单元格内容为“水平居中”。将表格的第一行加“紫色”底纹。

（10）在表格后插入公式，内容如样例。文字环绕方式为“嵌入型”。填充颜色为绿色。

（11）添加页眉，内容为“lxp05”，居中，字体为“Times New Roman”，四号。

案例 1.5 源文档如图 1-69 所示，其目标文档如图 1-70 所示。

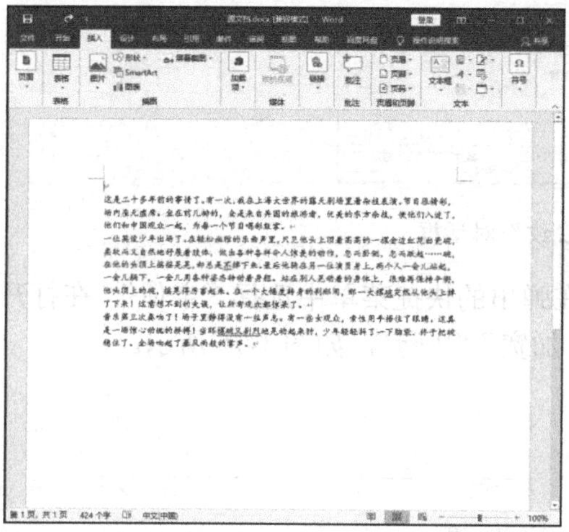

图 1-69　案例 1.5 源文档

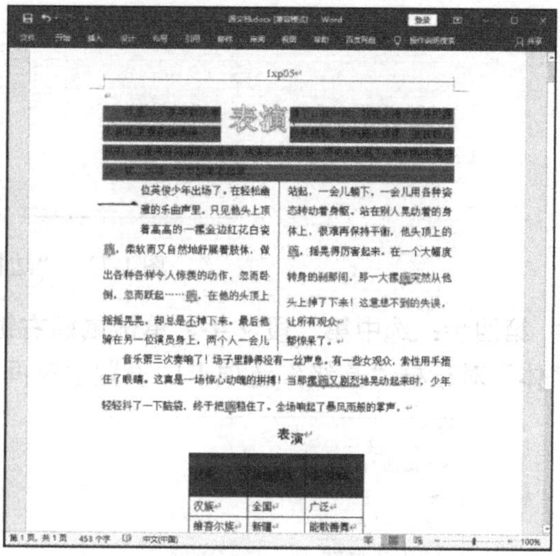

图 1-70　案例 1.5 目标文档

2. 操作步骤

第一步：单击“插入”选项卡→“艺术字”，选择艺术字样式为“填充：白色；轮廓：水绿色，主题色 5；阴影”，修改文字为“表演”，如图 1-71 所示。在艺术字边框上单击鼠标右键，在弹出的快捷菜单中选择“环绕文字”→“紧密型”。将其拖曳到适当位置。

第二步：选中全部文字，在“字体”功能区设置字体为“宋体”，字号为“小四”，如图 1-72 所示。

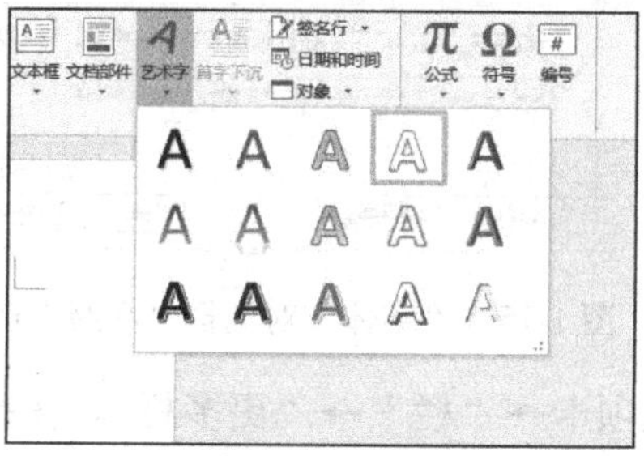

图 1-71　插入艺术字

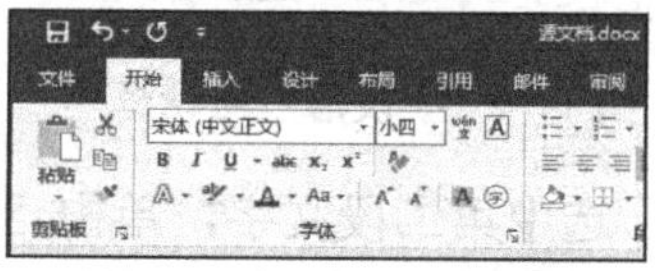

图 1-72　“字体”功能区

第三步：选中第一段文字，单击“设计”选项卡→“页面边框”，在打开的“边框和底纹”对话框中设置底纹填充颜色为“绿色”，应用于“段落”，如图 1-73 所示。选中全部正文，单击鼠标右键，在弹出的快捷菜单中选择“段落”，在打开的“段落”对话框中设置“特殊”格式为“首行”缩进“2 字符”，设置行距为“1.5 倍行距”，如图 1-74 所示。

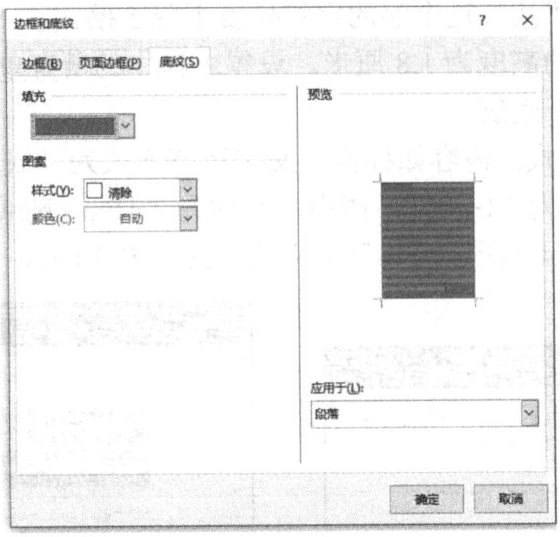

图 1-73　“边框和底纹”对话框

第四步：选中第二段文字，单击鼠标右键，在弹出的快捷菜单中选择“字体”，在打开的“字体”对话框“高级”选项卡中设置字符间距“加宽”“2 磅”，如图 1-75 所示。

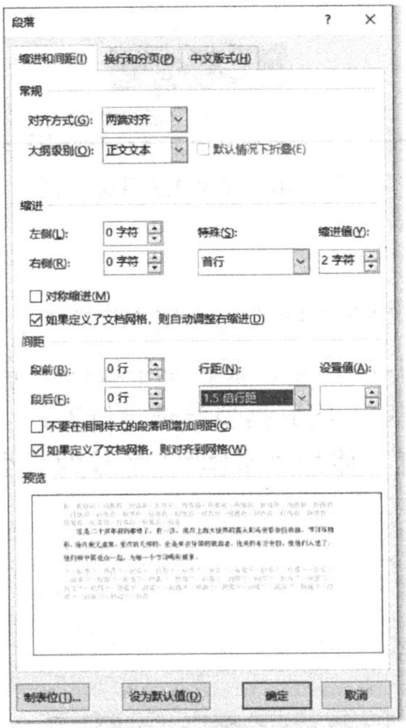

图 1-74　“段落”对话框

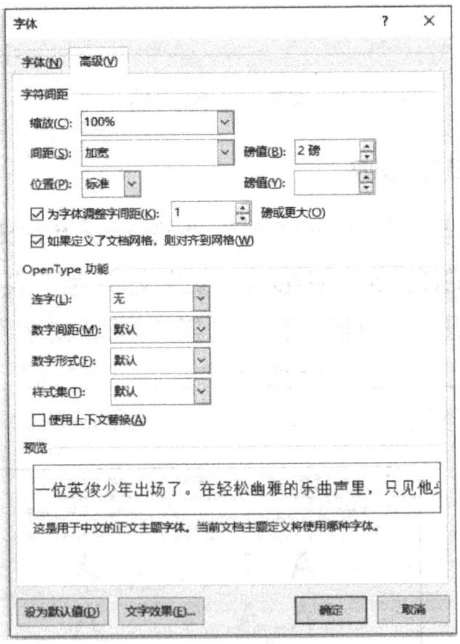

图 1-75　“字体”对话框“高级”选项卡

第五步：选中第二段文字，单击“布局”选项卡→“栏”→“更多栏”。在打开的“栏”对话框中选择“两栏”并勾选“分隔线”复选框，如图 1-76 所示。选中第二段文字，单击“插入”选项卡→“首字下沉”→“首字下沉选项”，在打开的“首字下沉”对话框中设置下沉行数为“3”，如图 1-77 所示。

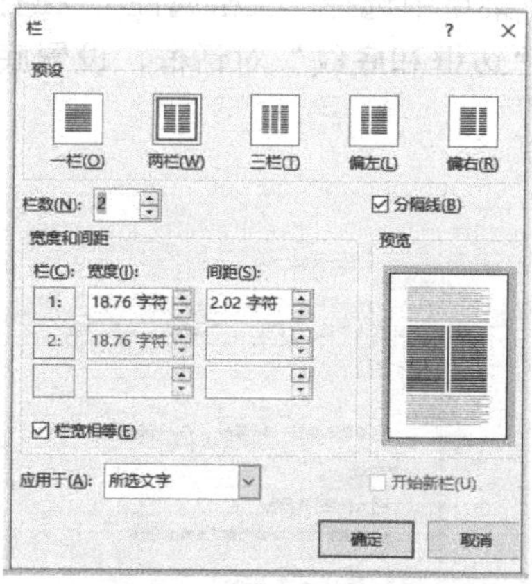

图 1-76 “栏”对话框

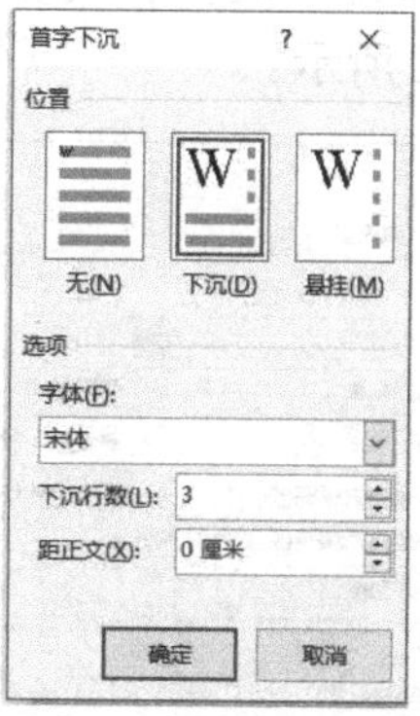

图 1-77 “首字下沉”对话框

第六步：选中所有正文，单击“开始”选项卡→“替换”，打开“查找和替换”对话框。在“查找内容”和“替换为”文本框中都输入“碗”，选中“替换为”中的“碗”，单击“更多”→“格式”→“字体”，设置颜色为“红色”，字号为“四号”，字体为“宋体”，加“下画线（单线型）”，加“着重号”，单击“全部替换”按钮即可，如图 1-78 所示。

第七步：单击“插入”选项卡→“表格”→“插入表格”，输入 3 行 3 列，如图 1-79 所示。按照目标文档输入内容。

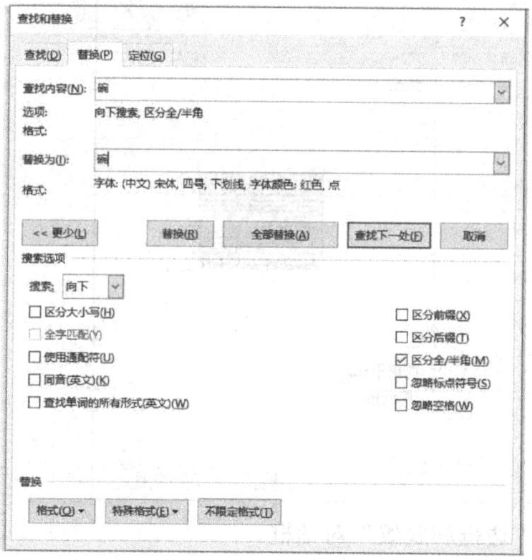

图 1-78 “查找和替换”对话框

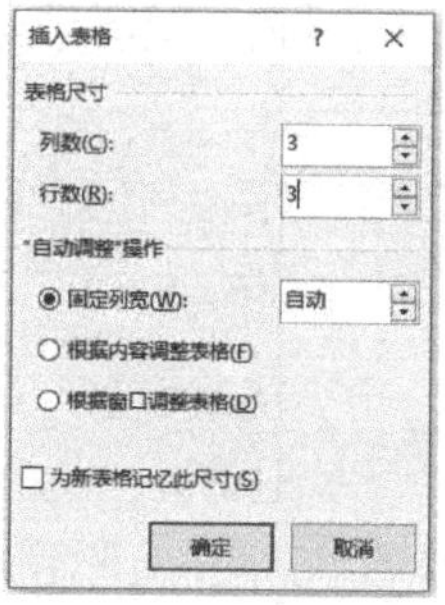

图 1-79 “插入表格”对话框

第八步：在文字末尾按一下回车键，使表格下移一行。输入文字“表演”，在“字体”功能区设置为“黑体”、三号，在“段落”功能区设置为“居中”。选中“演”这个字，单击鼠标右键，在弹出的快捷菜单中选择“字体”，在打开的“字体”对话框中打开“高级”选项卡，设置位置为“下降”“5 磅”，如图 1-80 所示。

第九步：选中表格第一行，单击鼠标右键，在弹出的快捷菜单中选择“表格属性”，在打开的“表格属性”对话框“行”选项卡中设置“指定高度”为“1.8 厘米”，如图 1-81 所示。选中整个表格，单击鼠标右键，在弹出的快捷菜单中选择“单元格对齐方式”→“水平居中”。

选中表格第一行，单击鼠标右键，在弹出的快捷菜单中选择“表格属性”，在打开的“表格属性”对话框中单击“边框和底纹”按钮，打开“边框和底纹”对话框，设置底纹颜色为“紫色”，如图 1-82 所示。

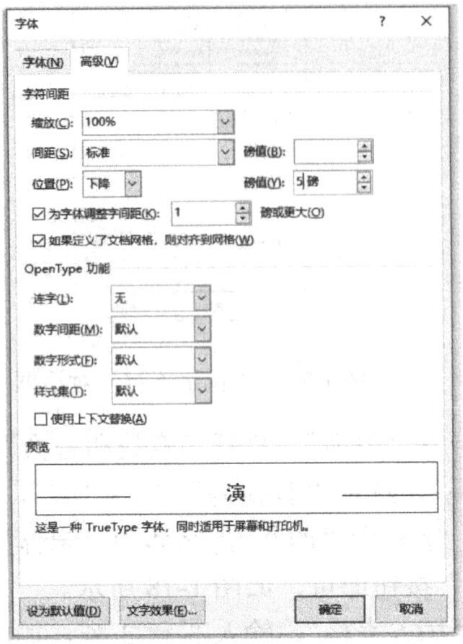

图 1-80　“字体”对话框“高级”选项卡

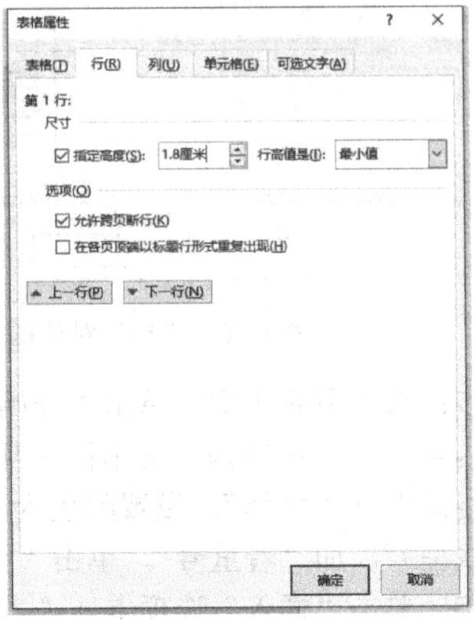

图 1-81　“表格属性”对话框

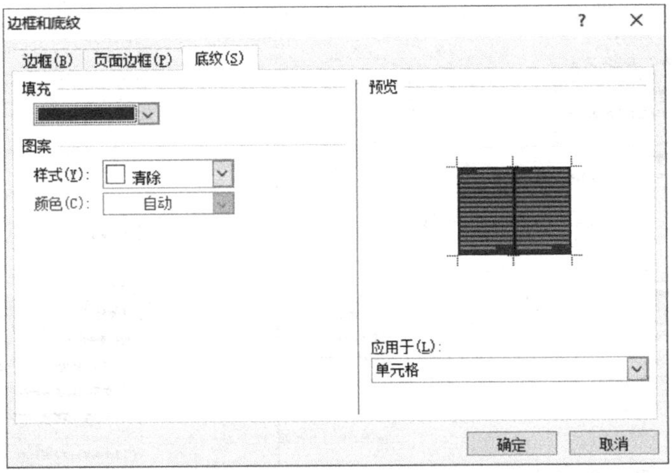

图 1-82　“边框和底纹”对话框

第十步：单击“插入”选项卡→“公式”→“插入新公式”，在编辑状态输入如样张所示的公式。在公式上单击鼠标右键，在弹出的快捷菜单中选择“设置对象格式”，在打开的“设置对象格式”对话框中设置填充颜色为“绿色”，如图 1-83 所示；在“版式”选项卡中设置环绕方式为“嵌入型”。

第十一步：单击“插入”选项卡→“页眉”→“空白页眉”，在页眉编辑状态输入“lxp05”，设置字体为“Times New Roman”，四号。

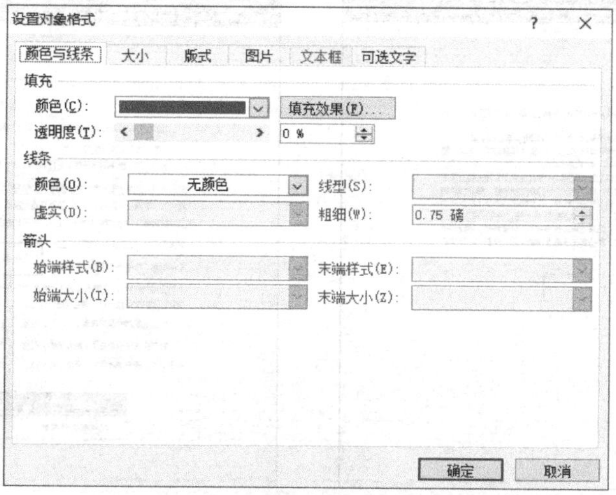

图 1-83 “设置对象格式”对话框

案例 1.6 爬山虎的脚

1．题目要求

（1）将文档的标题“爬山虎的脚”设置为“宋体”、三号，字形加粗，设置字体颜色为“红色”，对齐方式设置为“居中对齐”。

（2）将该文档正文行距全部设为“1.5 倍行距”（不包含表格内容）。

（3）将正文第一段“学校操场北边墙上满是爬山虎……”首行缩进 2 字符（不能使用空格代替缩进）。

（4）将正文第二段“爬山虎刚长出来的叶子是嫩红的，不……”加黄色“底纹”，应用于“段落”。

（5）将正文第一段“学校操场北边墙上满是爬山虎……”设置首字下沉 2 行。

（6）将正文第四段“爬山虎的脚要是没触着墙，不……”分两栏，加分隔线。

（7）用替换命令将全文中的“爬山虎”三个字的字体颜色改为“蓝色”，加“下画线”（单线型），加“着重号”。

（8）在“以前我只知道这种植物叫爬山虎……”这段插入横排文本框，录入文字，文字内容为“爬山虎”，文字的格式为“华文新魏”、四号、加粗、居中。

（9）设置文本框线条为 2.25 磅，“版式”为“紧密型”环绕。

（10）为文档添加页眉，内容为“LF04 爬山虎的脚”。

（11）将表格的第一行加“绿色”底纹。

（12）将表格的文字属性设置为“楷体”、小四、加粗、倾斜。

（13）将表格中所有文字的对齐方式设置为“水平居中”对齐，将表格设置为居中对齐。

（14）将表格各行的高度均设置为 1 厘米，将表格第一列的列宽设置为 3.5 厘米。

案例 1.6 源文档如图 1-84 所示，其目标文档如图 1-85 所示。

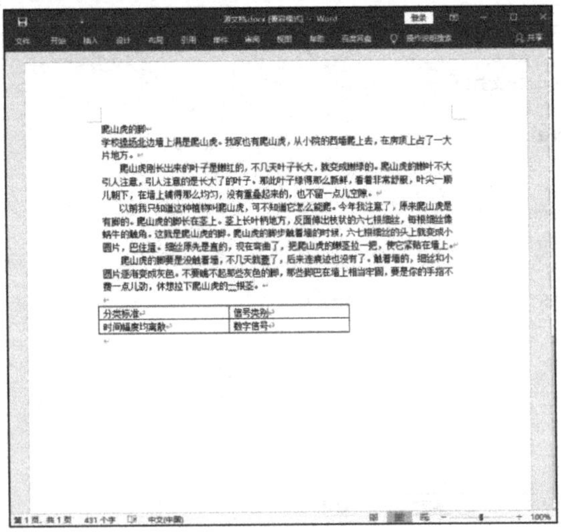

图 1-84　案例 1.6 源文档

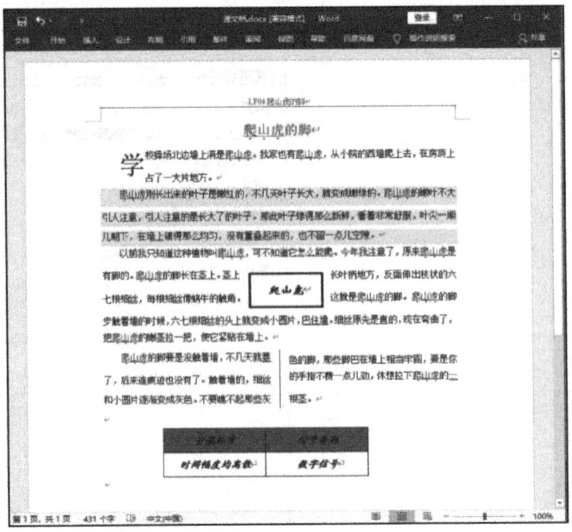

图 1-85　案例 1.6 目标文档

2．操作步骤

第一步：选中标题“爬山虎的脚”，单击鼠标右键，在弹出的快捷菜单中选择“字体”，在打开的“字体”对话框中设置中文字体为“宋体”，字号为“三号”，颜色为“红色”，如图 1-86 所示。在“段落”功能区单击“居中”按钮。

第二步：选中全部正文（表格部分除外），单击鼠标右键，在弹出的快捷菜单中选择“段落”，在打开的“段落”对话框中设置行距为“1.5 倍行距”，如图 1-87 所示。

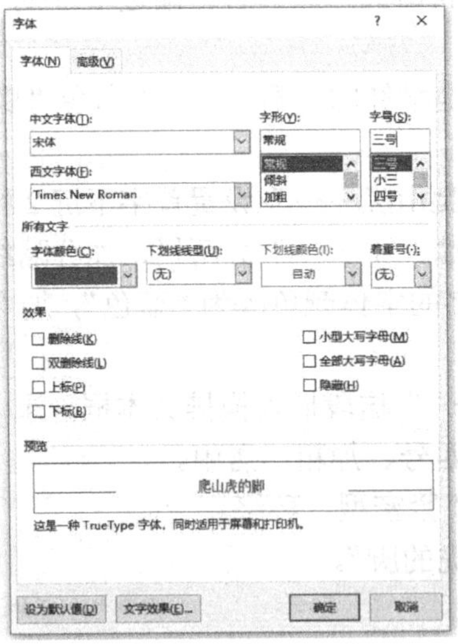

图 1-86　“字体”对话框

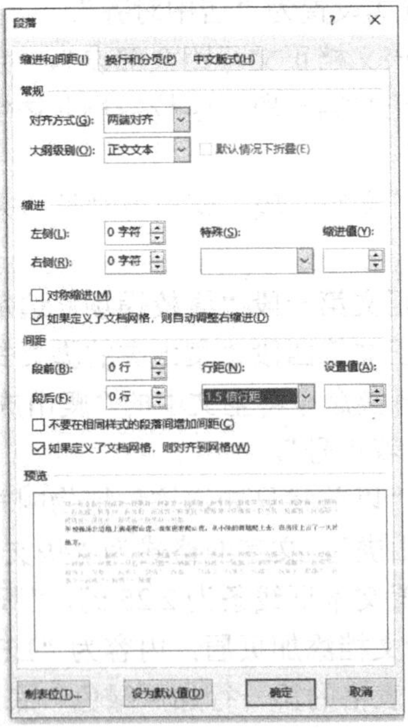

图 1-87　“段落”选项卡

第三步：选中正文第一段文字，单击鼠标右键，在弹出的快捷菜单中选择“段落”，在打开的“段落”对话框中设置“特殊”格式为“首行”缩进“2 字符”，如图 1-88 所示。

第四步：选中正文第二段“爬山虎……”，单击“设计”选项卡→“页面边框”，在打开的“边框和底纹”对话框中设置底纹填充颜色为“黄色”，应用于“段落”，如图 1-89 所示。

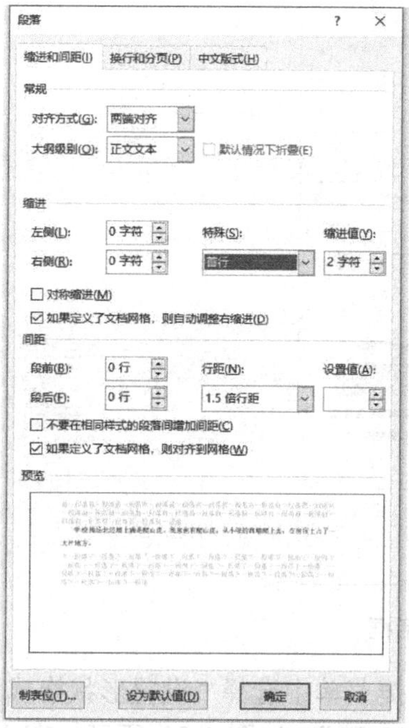

图 1-88 设置“首行缩进”

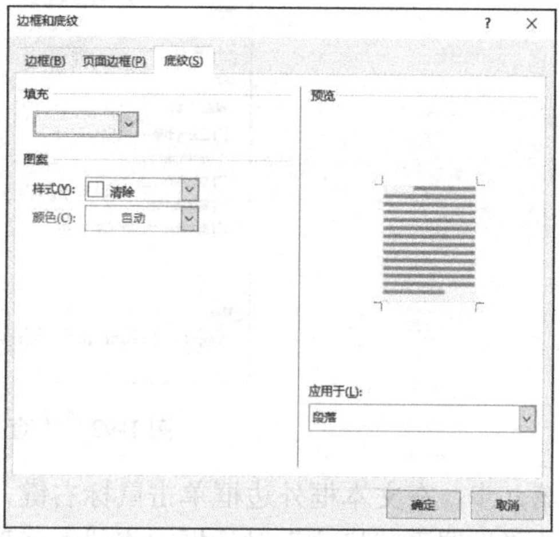

图 1-89 “边框和底纹”对话框

第五步：选中正文第一段，单击“插入”选项卡→“首字下沉”→“首字下沉选项”，在打开的“首字下沉”对话框中修改下沉行数为“2”，如图 1-90 所示。

第六步：选中正文第四段“爬山虎的脚要是……”，单击“布局”选项卡→“栏”→“更多栏”，在打开的“栏”对话框中选择“两栏”并勾选“分隔线”复选框，如图 1-91 所示。

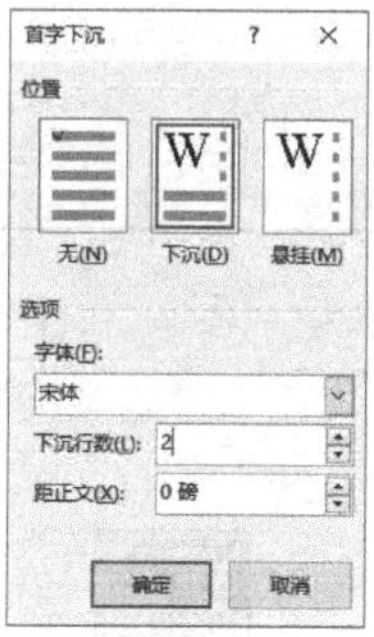

图 1-90 “首字下沉”对话框

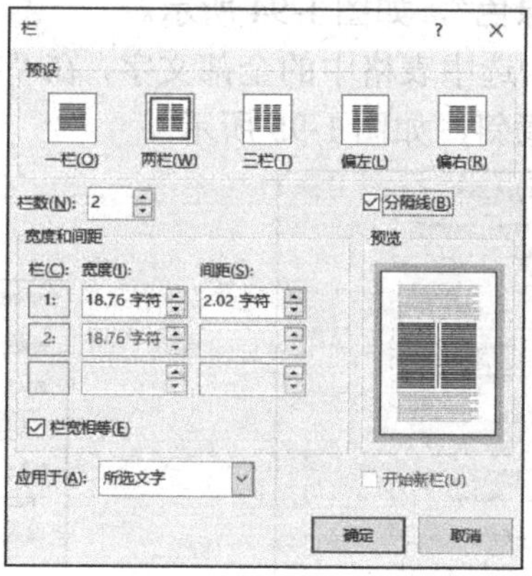

图 1-91 “栏”对话框

第七步：选中全文，单击“开始”选项卡→“替换”，打开“查找和替换”对话框。在“查找内容”和“替换为”文本框中都输入“爬山虎”，选中“替换为”中的“爬山虎”，单击“更多”→“格式”→“字体”，设置颜色为“蓝色”，加“下画线”（单线型），加“着重号”，单击“全部替换”按钮即可，如图 1-92 所示。

第八步：单击“插入”选项卡→“文本框”→“绘制文本框”，在第三段的适当位置，按住鼠标左键，拖曳出适当大小的文本框。在文本框内输入文字“爬山虎”，并调整文字的格式为“华文新魏”、四号、加粗、居中。

图 1-92　“查找和替换”对话框

第九步：在文本框外边框单击鼠标右键，在弹出的快捷菜单中选择“设置形状格式”，在打开的“设置形状格式”对话框中将线型宽度设置为“2.25 磅”，如图 1-93 所示。在文本框外边框单击鼠标右键，在弹出的快捷菜单中选择“环绕文字”→“紧密型”。

第十步：单击“插入”选项卡→“页眉”→“空白页眉”，在页眉编辑状态输入“LF04 爬山虎的脚”。

第十一步：选中表格第一行，单击鼠标右键，在弹出的快捷菜单中选择“表格属性”，在打开的“表格属性”对话框中单击“边框和底纹”按钮，打开“边框和底纹”对话框，设置底纹颜色为“绿色”，如图 1-94 所示。

第十二步：选中表格中的全部文字，在“字体”功能区将表格的文字属性设置为“楷体”、小四、加粗、倾斜，如图 1-95 所示。

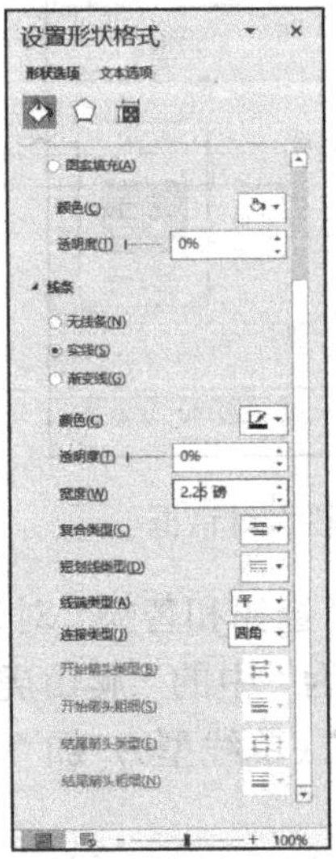

图 1-93　“设置形状格式”对话框

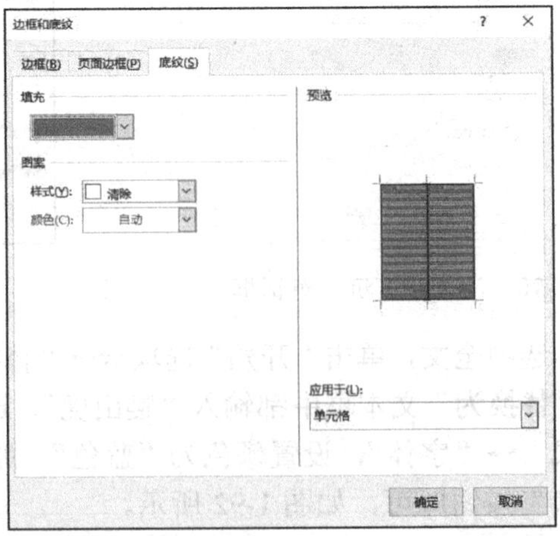

图 1-94　“边框和底纹”对话框

第十三步：选中整个表格，单击鼠标右键，在弹出的快捷菜单中选择“单元格对齐方式”→“水平居中”。选中整个表格，在“段落”功能区单击“居中”按钮即可实现表格居中。

第十四步：选中表格，单击鼠标右键，在弹出的快捷菜单中选择“表格属性”，在打开的“表格属性”对话框“行”选项卡中设置“指定高度”为“1 厘米”，如图 1-96 所示。确定之后，选中第一列，单击鼠标右键，在弹出的快捷菜单中选择“表格属性”，在打开的“表格属性”对话框“列”选项卡中设置“指定宽度”为“3.5 厘米”。

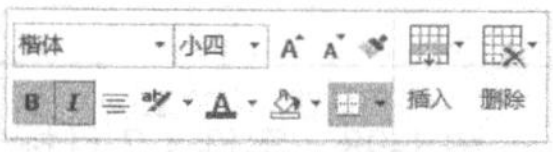

图 1-95 “字体”功能区

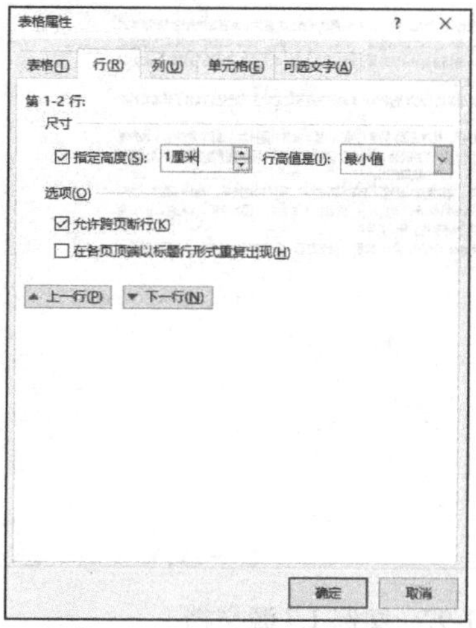

图 1-96 “表格属性”对话框

案例 1.7 巧用谐音记单词

1. 题目要求

（1）设置页面上、下、左、右页边距都为 2 厘米。

（2）全文中文字体设为“黑体”，西文设为 Arial Black。

（3）全文行距设为 1.5 倍，首行缩进 2 字符。

（4）文章标题“巧用谐音记单词”设置为小四、倾斜、加粗、居中。

（5）在文章开头处，插入任意样式艺术字，内容为“学号：201006”，字号为 24，版式设为浮于文字上方，对齐方式为右对齐，相对于“页面”。

（6）第一段文字（“英语和汉语……”）分为两栏，加分隔线。

（7）第一段设置首字下沉 2 行。

（8）在第三段插入一幅图片（任意），要求调整图片大小以适合段落所占位置，环绕方式为“四周型”。

（9）在文字下面插入一个 5 行 2 列的表格，整个表格居中显示。

（10）表格的每一行行高设为 0.8 厘米，列宽为 4 厘米。

（11）单元格中的文字对齐方式为水平居中。

（12）表格第一行加橙色底纹。

（13）用替换命令将文中所有“单词”的格式设置为加着重号。

（14）创建页眉，居中输入内容“巧用谐音记单词”。

（15）在文档底端居中插入页码。

案例 1.7 源文档如图 1-97 所示，其目标文档如图 1-98 所示。

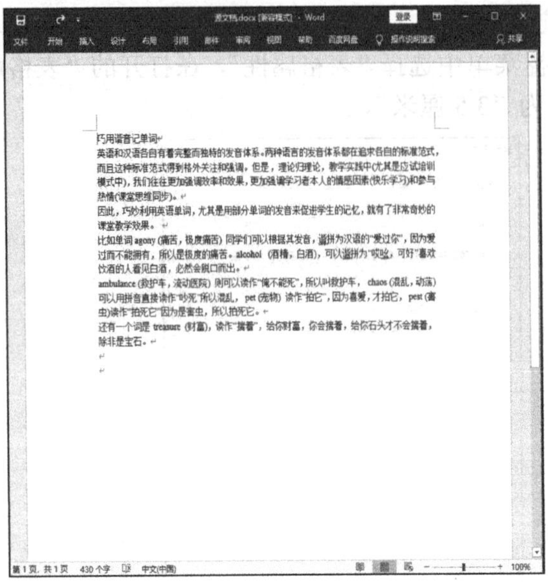

图 1-97　案例 1.7 源文档

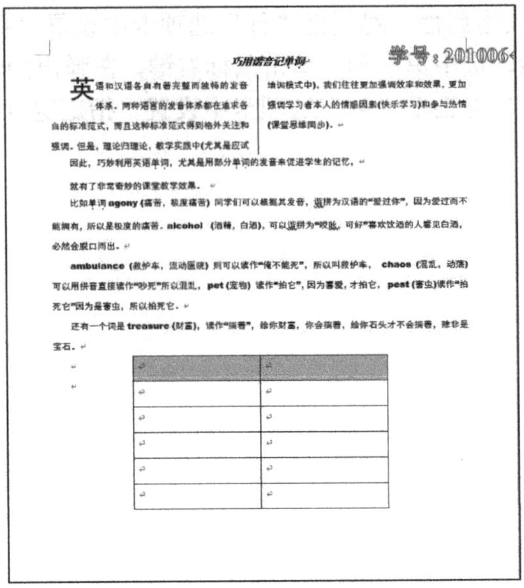

图 1-98　案例 1.7 目标文档

2. 操作步骤

第一步：单击“文件”选项卡→“打印”→“页面设置”，在打开的“页面设置”对话框中设置上、下、左、右页边距为“2 厘米”，如图 1-99 所示。

第二步：选中全文，单击鼠标右键，在弹出的快捷菜单中选择“字体”，在打开的“字体”对话框中设置中文字体为“黑体”，西文字体为“Arial Black”，如图 1-100 所示。

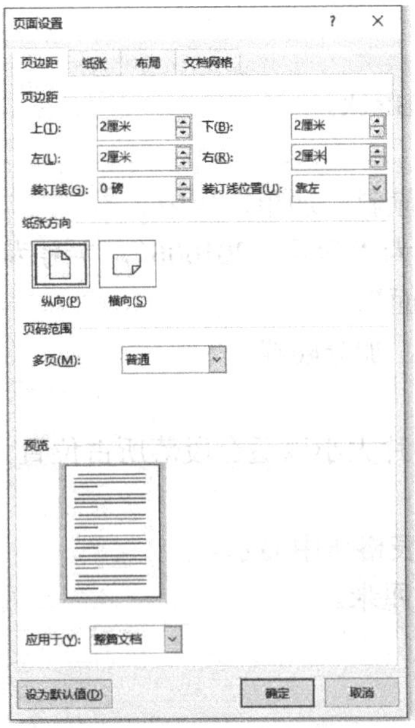

图 1-99　“页面设置”对话框

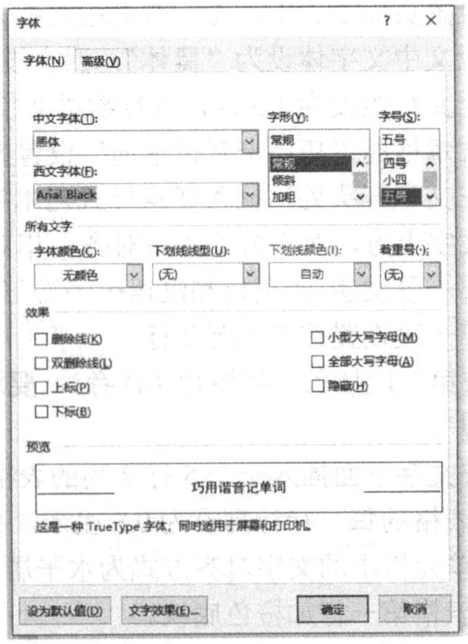

图 1-100　“字体”对话框

第三步：选中全文，单击鼠标右键，在弹出的快捷菜单中选择“段落”，在打开的“段落”对话框中设置“特殊”格式为“首行”缩进“2 字符”，设置行距为“1.5 倍行距”，如图 1-101 所示。

第四步：选中标题，在“字体”功能区设置文字样式为小四、倾斜、加粗，在“段落”功能区设置为居中。

第五步：单击“插入”选项卡→“艺术字”，选择任意样式艺术字，修改文字为“学号：201006”。在“字体”功能区修改文字大小为“24”。在艺术字上单击鼠标右键，在弹出的快捷菜单中选择“其他布局选项”，在打开的“布局”对话框中设置水平位置为“右对齐”，相对于“页面”，如图 1-102 所示。打开“文字环绕”选项卡，设置环绕方式为“浮于文字上方”。

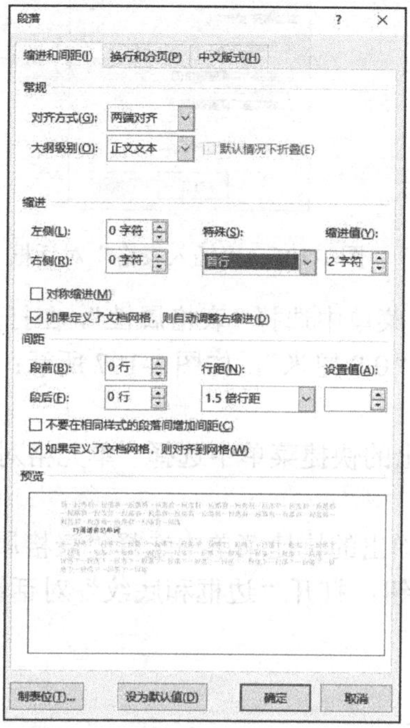

图 1-101 “段落”对话框

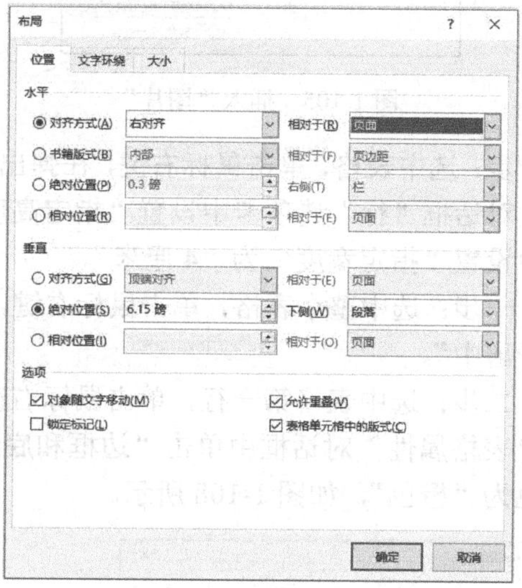

图 1-102 “布局”对话框

第六步：选中正文第一段，单击“布局”选项卡→“栏”→“更多栏”，在打开的“栏”对话框中选择“两栏”并勾选“分隔线”复选框，如图 1-103 所示。

第七步：选中第一段文字，单击“插入”选项卡→“首字下沉”→“首字下沉选项”，在打开的“首字下沉”对话框中选择“下沉”，修改下沉行数为“2”，如图 1-104 所示。

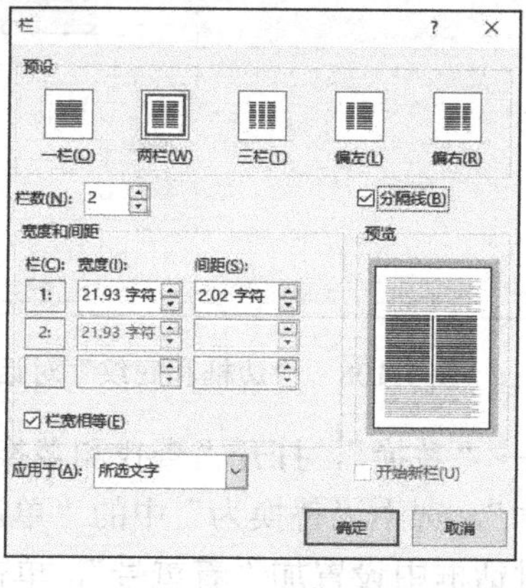

图 1-103 “栏”对话框

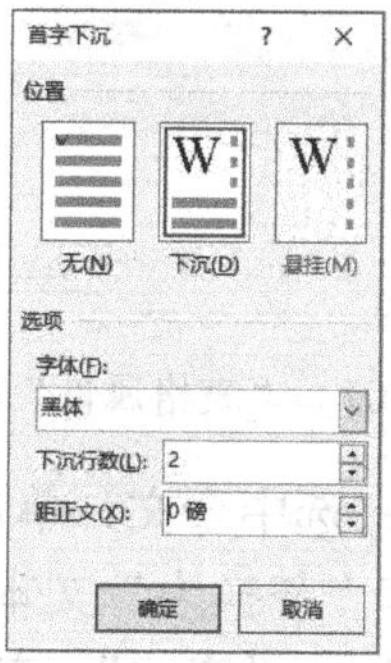

图 1-104 “首字下沉”对话框

第八步：单击“插入”选项卡→“图片”，在文件夹中选择一张图片后单击“插入”按钮即可，如图 1-105 所示。在插入的图片上单击鼠标右键，在弹出的快捷菜单中选择“环绕文字”→“四周型”。

第九步：单击“插入”选项卡→“表格”→“插入表格”，输入 5 行 2 列，如图 1-106 所示。选中表格，在“段落”功能区单击“居中”按钮。

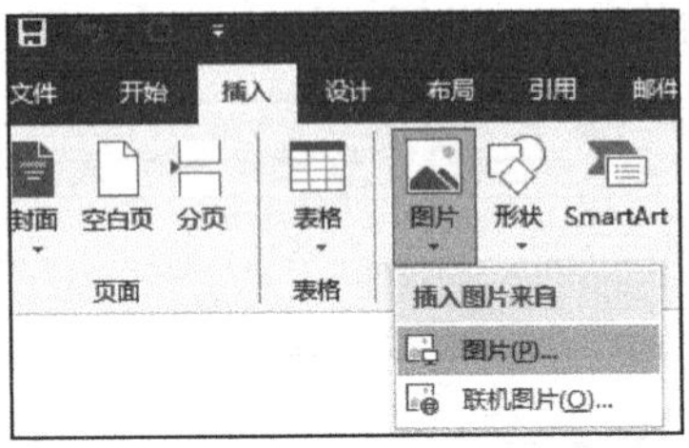

图 1-105　插入“图片”

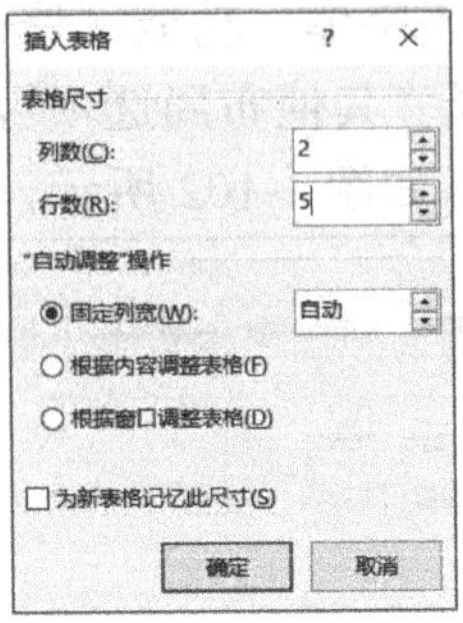

图 1-106　“插入表格”对话框

第十步：选中表格，单击鼠标右键，在弹出的快捷菜单中选择“表格属性”，在打开的“表格属性”对话框“行”选项卡中设置“指定高度”为“0.8 厘米”，如图 1-107 所示；在“列”选项卡中设置“指定宽度”为“4 厘米”。

第十一步：选中整个表格，单击鼠标右键，在弹出的快捷菜单中选择“单元格对齐方式”→“水平居中”。

第十二步：选中表格第一行，单击鼠标右键，在弹出的快捷菜单中选择“表格属性”，在打开的“表格属性”对话框中单击“边框和底纹”按钮，打开“边框和底纹”对话框，设置底纹颜色为“橙色”，如图 1-108 所示。

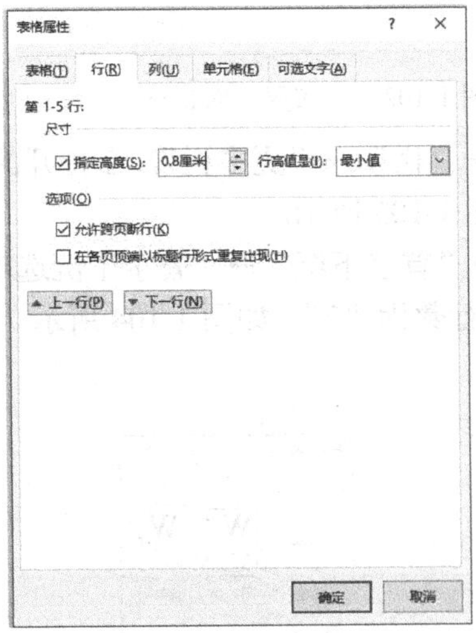

图 1-107　“表格属性”对话框

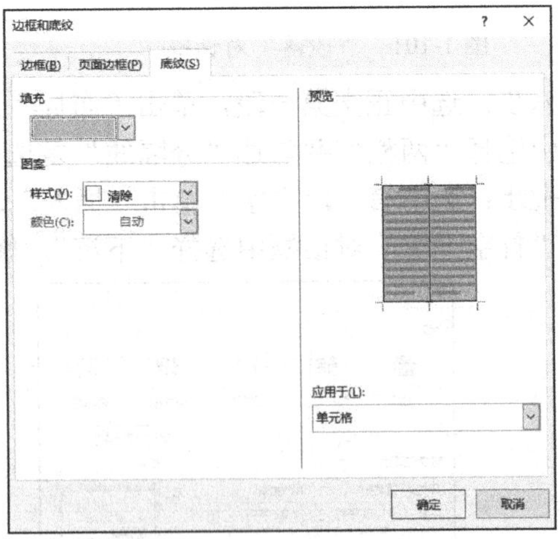

图 1-108　“边框和底纹”对话框

第十三步：选中全文，单击“开始”选项卡→“替换”，打开“查找和替换”对话框。在“查找内容”和“替换为”文本框中都输入“单词”，选中“替换为”中的“单词”，单击“更多”→“格式”→“字体”，在打开的“字体”对话框中设置加“着重号”，单击“全部替换”

按钮即可，如图 1-109 所示。

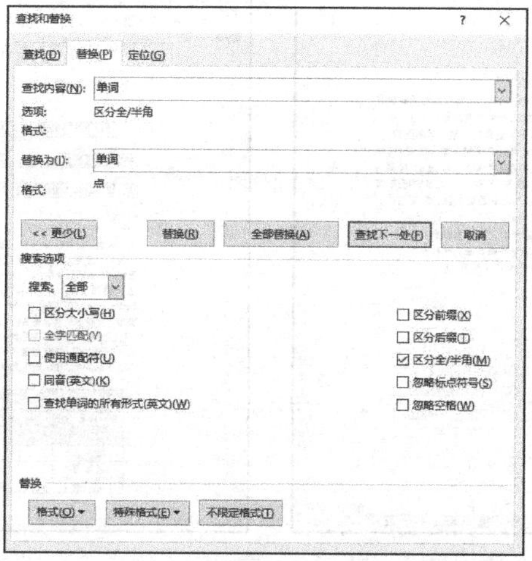

图 1-109 “查找和替换”对话框

第十四步：单击“插入”选项卡→“页眉”→“空白页眉”，在页眉编辑状态输入“巧用谐音记单词”。

第十五步：单击“插入”选项卡→“页码”→“页面底端”→“普通数字 2”，即可在页面底端插入页码。

案例 1.8 福布斯

1. 题目要求

（1）文章标题“福布斯”三个字设为“楷体”、蓝色（R：0；G：0；B：255）、居中，加双下画线。

（2）设置第一段文字（“1917 年创立的……”）行距为 2 倍行距。

（3）将第二段文字（“《福布斯》……”）分两栏，加分隔线。

（4）为第三段文字设置首字下沉 2 行。

（5）为第一段文字设置蓝色、1 磅的文字边框，黄色底纹。

（6）插入一个 4 行 4 列的表格，并输入其中的数据。

（7）将表格的标题设为“福布斯 2010 年全球富豪榜”，居中，见样张。

（8）将第一行行高设置为 2 厘米（56.7 磅），第一列列宽设置为 2.5 厘米（70.9 磅）。

（9）将表格第一行加灰色 25%底纹，文字为“黑体”。

（10）将表格中所有单元格设置为水平居中对齐和垂直居中对齐，并将表格也设置为居中对齐。

（11）创建页眉，在页眉中加入“TCR”。

案例 1.8 源文档如图 1-110 所示，其目标文档如图 1-111 所示。

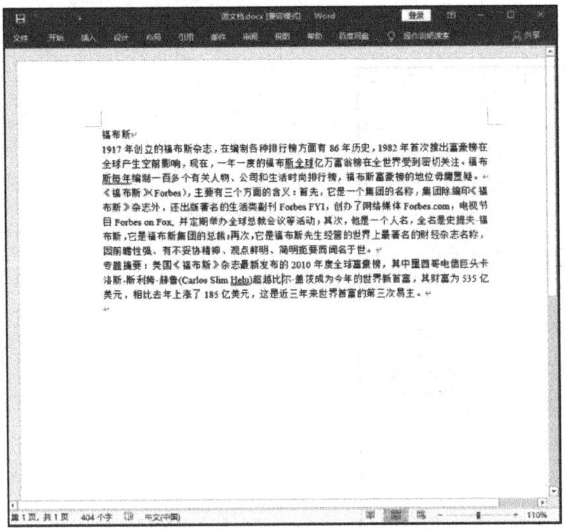

图 1-110　案例 1.8 源文档

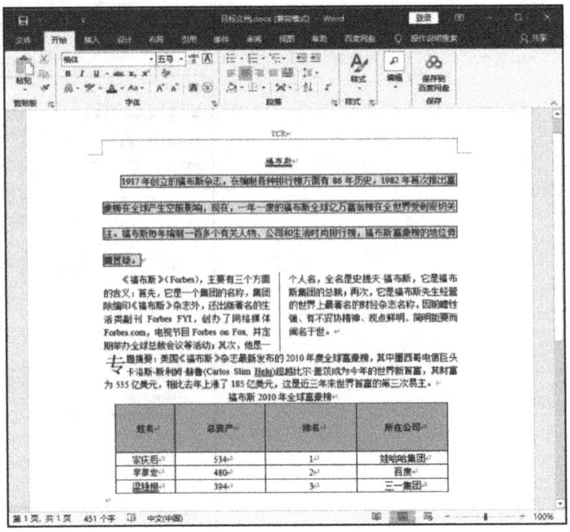

图 1-111　案例 1.8 目标文档

2．操作步骤

第一步：选中标题“福布斯”，单击鼠标右键，在弹出的快捷菜单中选择“字体”，在打开的“字体”对话框中设置中文字体为“楷体”，加“双下画线”，字体颜色选择“其他颜色”→“自定义”，在对话框中输入红色、绿色、蓝色分别为 0、0、255，如图 1-112 所示。

第二步：选中正文第一段，单击鼠标右键，在弹出的快捷菜单中选择“段落”，在打开的“段落”对话框中设置行距为“2 倍行距”，如图 1-113 所示。

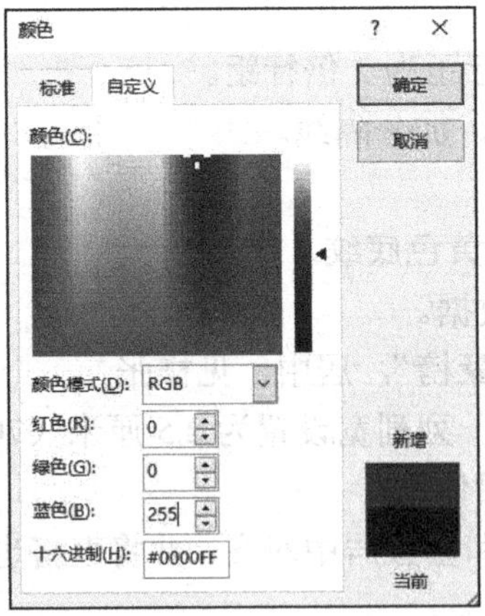

图 1-112　设置自定义颜色

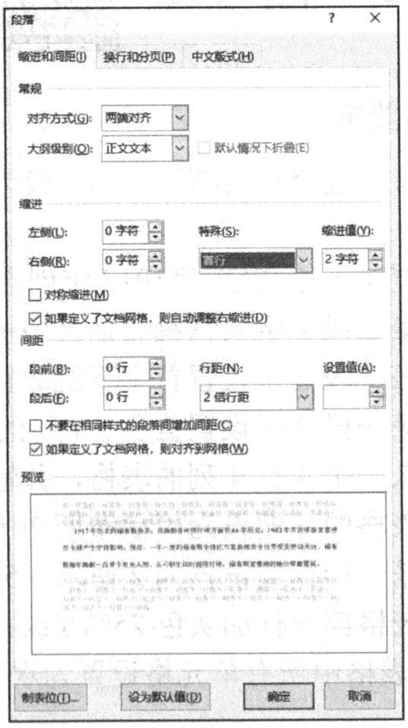

图 1-113　“段落”对话框

第三步：选中正文第二段，单击“布局”选项卡→“栏”→“更多栏”，在打开的“栏”对话框中选择“两栏”并勾选“分隔线”复选框，如图 1-114 所示。

第四步：选中第三段文字，单击“插入”选项卡→“首字下沉”→“首字下沉选项”，在打开的“首字下沉”对话框中修改下沉行数为“2”，如图 1-115 所示。

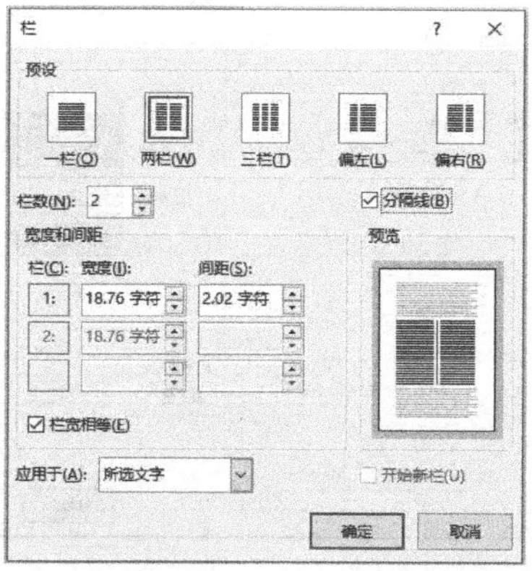

图 1-114 “栏”对话框

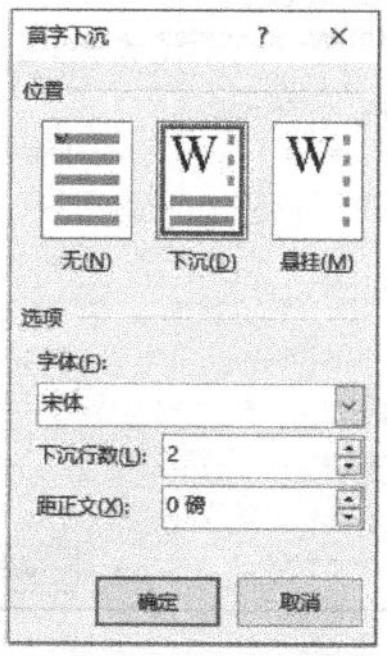

图 1-115 “首字下沉”对话框

第五步：单击“设计”选项卡→“页面边框”，打开“边框和底纹”对话框，设置边框颜色为“蓝色”，宽度为“1 磅”，应用于“文字”，如图 1-116 所示；打开“底纹”选项卡，设置填充颜色为“黄色”，应用于“文字”。

第六步：将光标移动到文章末尾，单击“插入”选项卡→“表格”→“插入表格”，在打开的“插入表格”对话框中输入 4 行 4 列，如图 1-117 所示。按照目标文档输入表格内容。

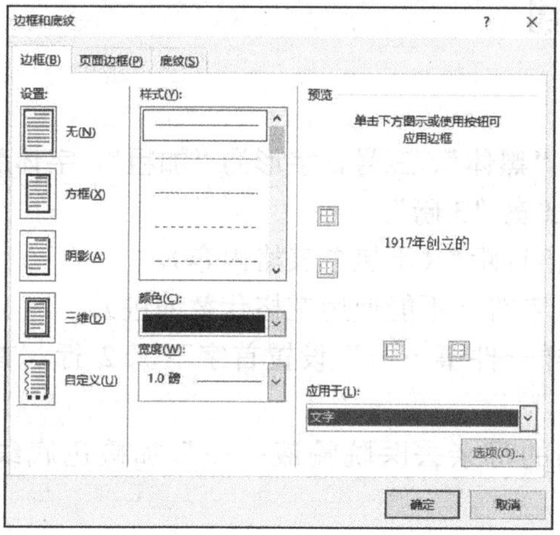

图 1-116 “边框和底纹”对话框

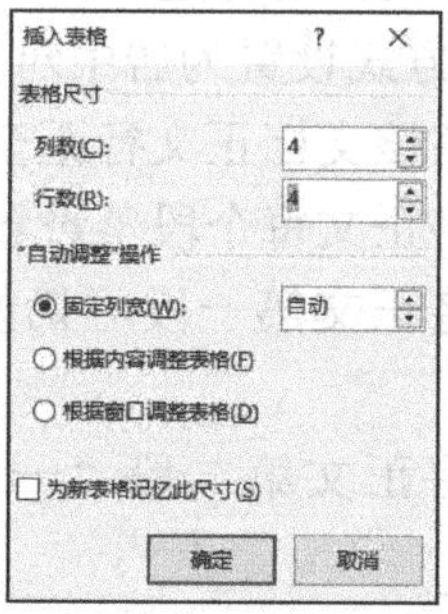

图 1-117 “插入表格”对话框

第七步：将表格下移一行，在表格上方输入“福布斯 2010 年全球富豪榜”，设置为居中。

第八步：选中表格第一行，单击鼠标右键，在弹出的快捷菜单中选择“表格属性”，在打开的“表格属性”对话框“行”选项卡中设置“指定高度”为“2 厘米”，如图 1-118 所示。确定后，再选择第一列，单击鼠标右键，在弹出的快捷菜单中选择“表格属性”，在打开的“表格属性”对话框“列”选项卡中设置“指定宽度”为“2.5 厘米”。

第九步：选中表格第一行，单击鼠标右键，在弹出的快捷菜单中选择“表格属性”，在打开的“表格属性”对话框中单击“边框和底纹”按钮，打开“边框和底纹”对话框，设置底纹图案样式为“25%”，如图 1-119 所示。选中文字，设置为“黑体”。

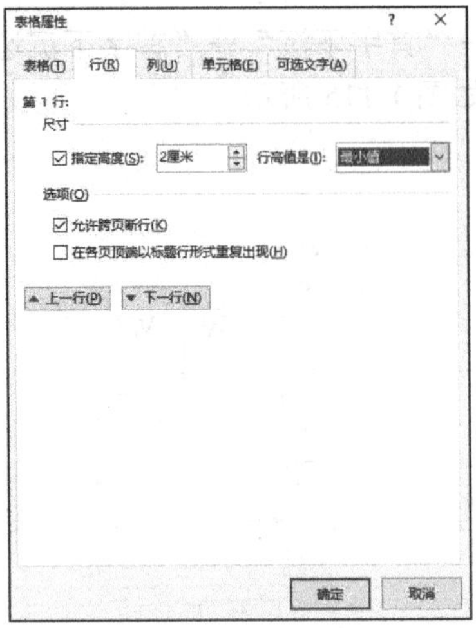

图 1-118 “表格属性”对话框

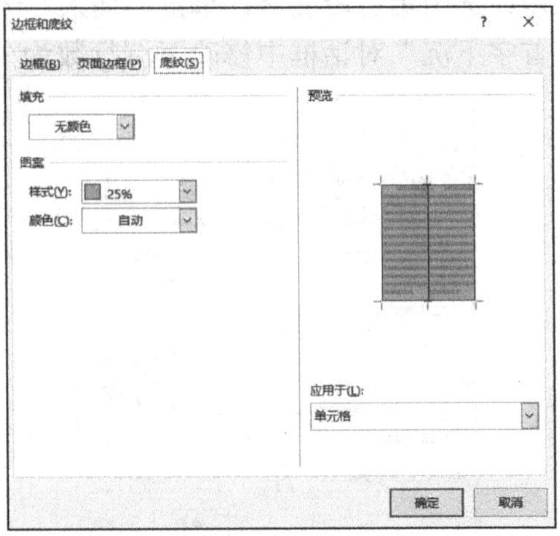

图 1-119 “边框和底纹”对话框

第十步：选中整个表格，单击鼠标右键，在弹出的快捷菜单中选择“单元格对齐方式”→“水平居中”。选中整个表格，在“段落”功能区单击“居中”按钮即可设置表格居中。

第十一步：单击“插入”选项卡→“页眉”→“空白页眉”，在页眉编辑状态输入“TCR”。

案例 1.9 将心比心

1. 题目要求

（1）将文档的标题“将心比心”设置为“黑体”、三号，字形为“加粗”，字体颜色为“红色”，对齐方式设置为居中对齐，字符间距加宽“3 磅”。

（2）将该文档正文行距全部设为“1.5 倍行距”（不包含表格内容）。

（3）将正文每个段落设置为首行缩进 2 字符（不能使用空格代替缩进）。

（4）将正文第一段“奶奶给我讲过这样一件事……”设置首字下沉 2 行，首字字体为“隶书”。

（5）将正文第二段“一天，我陪患病的母亲去医院输液……”加橙色底纹，应用于“段落”。

（6）将正文第三段“母亲用另一只手拉着我……”分两栏，加分隔线。

（7）用替换命令将正文中的“心”字的字体颜色改为“蓝色”，加“下画线”（单线型），加“着重号”。

（8）在正文第一段插入竖排文本框，录入文字，文字内容为“将心比心”，文字的格式为“华文新魏”、四号、加粗、居中。

（9）设置文本框线型宽度为 2.25 磅，“版式”为“紧密型环绕”。

（10）在正文第二段插入任意图片，设置为“四周型”环绕方式，大小为高 3 厘米、宽 3 厘米。

（11）将表格的第一行加绿色底纹。

（12）将表格各行的高度均设置为 1 厘米，将表格第一列的列宽设置为 3 厘米。

（13）将表格中所有文字的对齐方式设置为“水平居中”对齐，将表格设置为居中对齐。

（14）为文档添加页眉，内容为“将心比心”，设置页眉距边界 2 厘米。

（15）在页面底端居中添加页码。

案例 1.9 源文档如图 1-120 所示，其目标文档如图 1-121 所示。

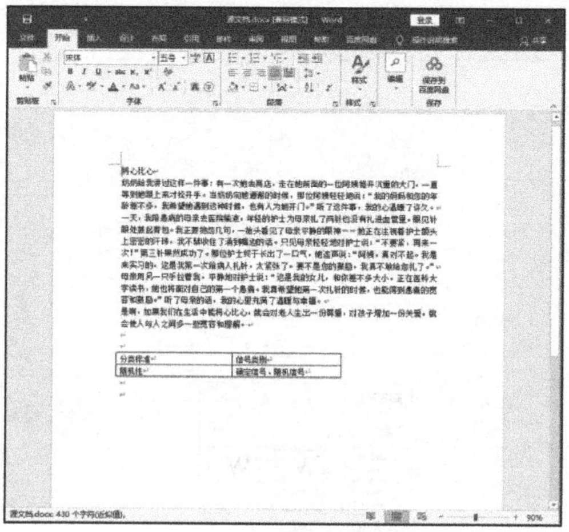

图 1-120　案例 1.9 源文档

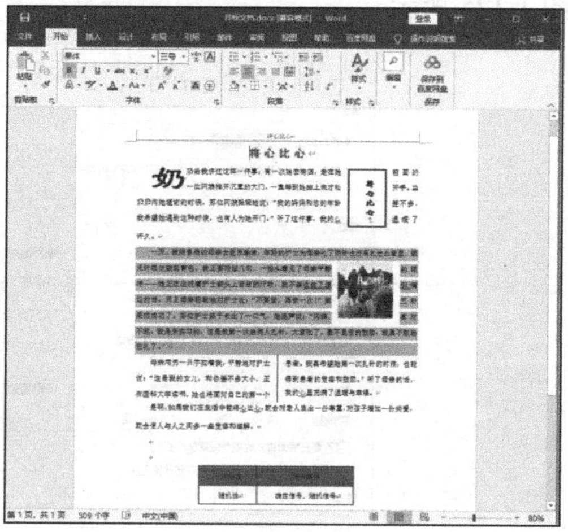

图 1-121　案例 1.9 目标文档

2. 操作步骤

第一步：选中正文，单击鼠标右键，在弹出的快捷菜单中选择“字体”，在打开的“字体”对话框中设置中文字体为“黑体”，字号为“三号”，颜色为“红色”，字形为“加粗”，如图 1-22 所示。打开“高级”选项卡，设置字符间距“加宽”“3 磅”，如图 1-123 所示。在“段落”功能区，单击“居中”按钮。

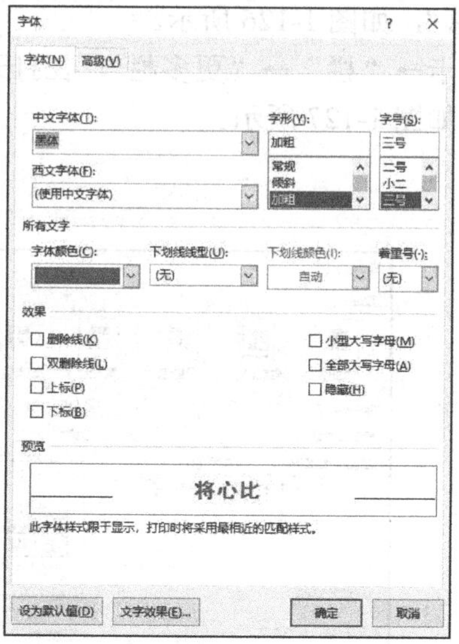

图 1-122　“字体”对话框

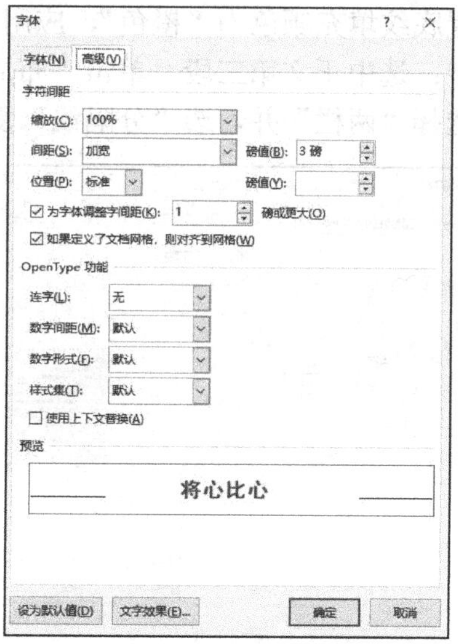

图 1-123　“高级”选项卡

第二步：选中全部正文，单击鼠标右键，在弹出的快捷菜单中选择“段落”，在打开的“段落”对话框中设置行距为“1.5 倍行距”，如图 1-124 所示。

第三步：选中全部正文，单击鼠标右键，在弹出的快捷菜单中选择“段落”，在打开的“段落”对话框中设置“特殊”格式为“首行”缩进“2 字符”。

第四步：选中正文第一段文字，单击“插入”选项卡→“首字下沉”→“首字下沉选项”，在打开的“首字下沉”对话框中选择“位置”为“下沉”，字体为“隶书”，下沉行数为“2”，如图 1-125 所示。

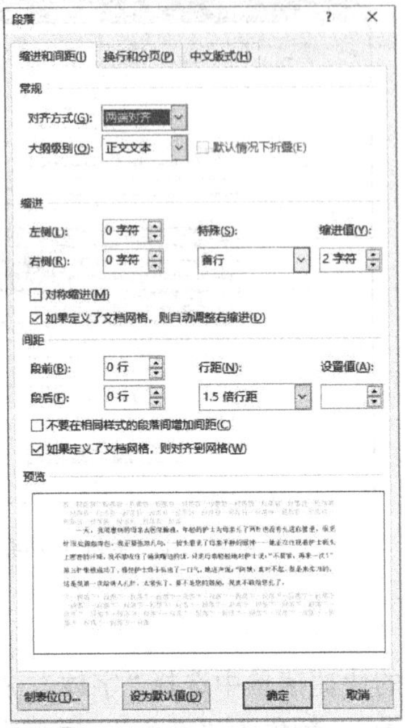

图 1-124　“段落”对话框

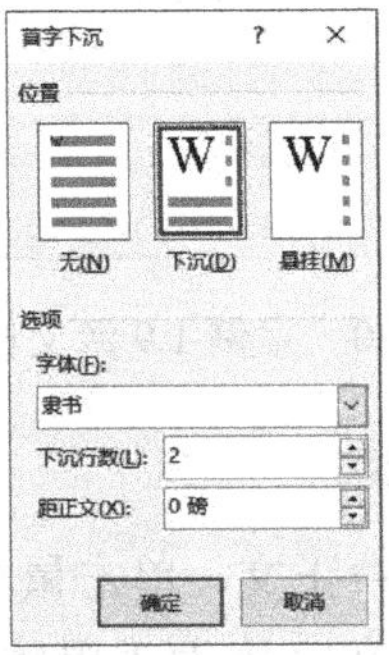

图 1-125　“首字下沉”对话框

第五步：选择正文第二段，单击“设计”选项卡→“页面边框”，打开“边框和底纹”对话框，设置底纹填充颜色为“橙色”，应用于“段落”，如图 1-126 所示。

第六步：选中正文第三段，单击“布局”选项卡→“栏”→“更多栏”，在打开的“栏”对话框中选择“两栏”并勾选“分隔线”复选框，如图 1-127 所示。

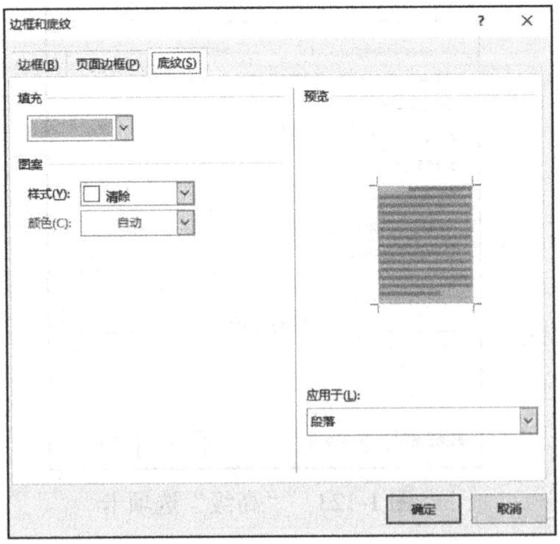

图 1-126　“边框和底纹”对话框

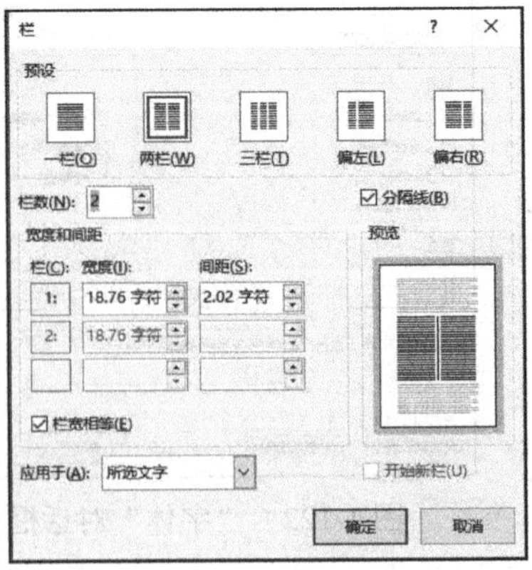

图 1-127　“栏”对话框

第七步：选中所有正文（注意不包括标题），单击“开始”选项卡→“替换”，打开“查找和替换”对话框。在“查找内容”和“替换为”文本框中都输入“心”，选中“替换为”中的“心”，单击“更多”→“格式”→“字体”，在打开的“字体”对话框中设置颜色为“蓝色”，加“下画线”（单线型），加“着重号”，单击“全部替换”按钮即可，如图 1-128 所示。

第八步：单击“插入”选项卡→“文本框”→“绘制文本框”，在第一段的适当位置，按住鼠标左键，拖曳出适当大小的文本框。在文本框内输入文字“将心比心”，并调整文字的格式为“华文新魏”、四号、加粗、居中。

第九步：在文本框外边框单击鼠标右键，在弹出的快捷菜单中选择“设置形状格式”，在打开的“设置形状格式”对话框中将线型宽度设置为“2.25 磅”，如图 1-129 所示。在文本框外边框单击鼠标右键，在弹出的快捷菜单中选择“环绕文字”→“紧密型”。

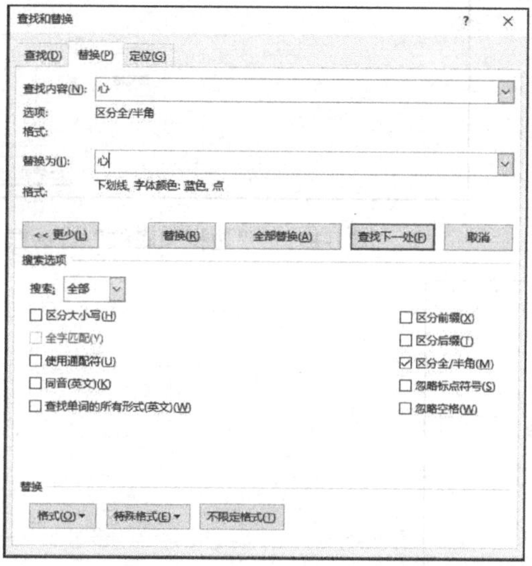

图 1-128　“查找和替换”对话框

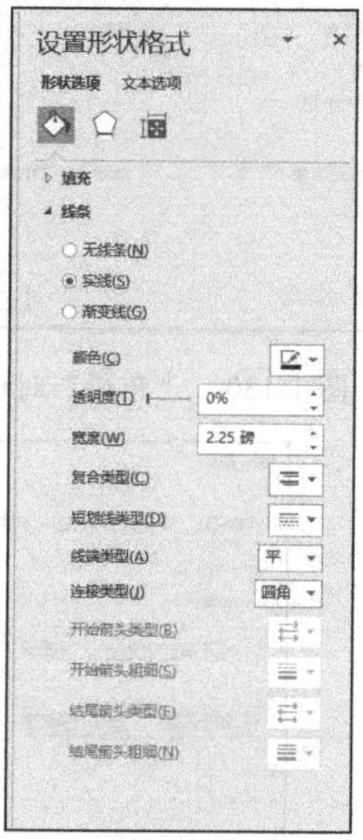

图 1-129　“设置形状格式”对话框

第十步：单击“插入”选项卡→“图片”，在文件夹中选择一张图片，单击“插入”按钮即可。在插入的图片上单击鼠标右键，在弹出的快捷菜单中选择“大小和位置”，在打开的“布局”对话框“文字环绕”选项卡中设置“四周型”环绕；打开“大小”选项卡，设置图片高度、宽度均为 3 厘米，注意不勾选“锁定纵横比”复选框，如图 1-130 所示。

第十一步：选中表格第一行，单击鼠标右键，在弹出的快捷菜单中选择“表格属性”，在打开的“表格属性”对话框中单击“边框和底纹”按钮，打开“边框和底纹”对话框，设置底纹颜色为“绿色”，如图 1-131 所示。

第十二步：选中全部表格，单击鼠标右键，在弹出的快捷菜单中选择“表格属性”，在打开的“表格属性”对话框“行”选项卡中设置“指定高度”为“1 厘米”。单击确认后，选择表格第一列，单击鼠标右键，在弹出的快捷菜单中选择“表格属性”，在打开的“表格属性”对话框“列”选项卡中设置“指定宽度”为“3 厘米”，如图 1-132 所示。

第十三步：选中整个表格，单击鼠标右键，在弹出的快捷菜单中选择“单元格对齐方式”→“水平居中”。选中整个表格，在“段落”功能区单击“居中”按钮即可设置表格居中。

第十四步：单击“插入”选项卡→“页眉”→“空白页眉”，在页眉编辑状态输入“将心比心”；在“设计”选项卡中，将“页眉顶端位置”设置为“2 厘米”，如图 1-133 所示。

第十五步：单击“插入”选项卡→“页码”→“页面底端”→“普通数字 2”，即可在页面底端添加页码。

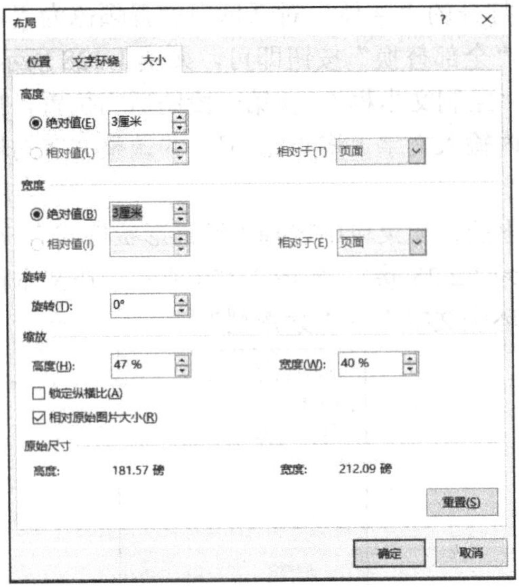

图 1-130 “布局”对话框

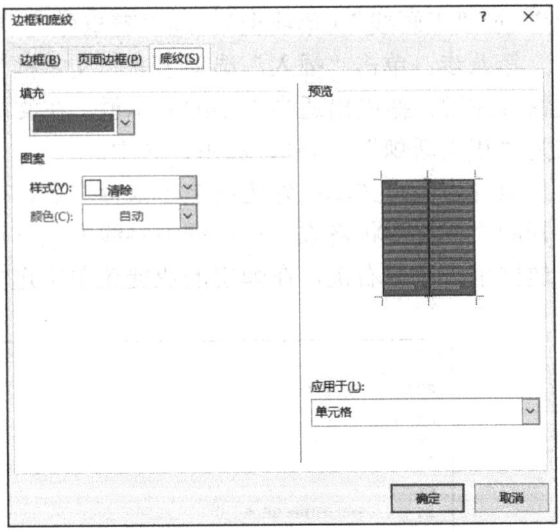

图 1-131 “边框和底纹”对话框

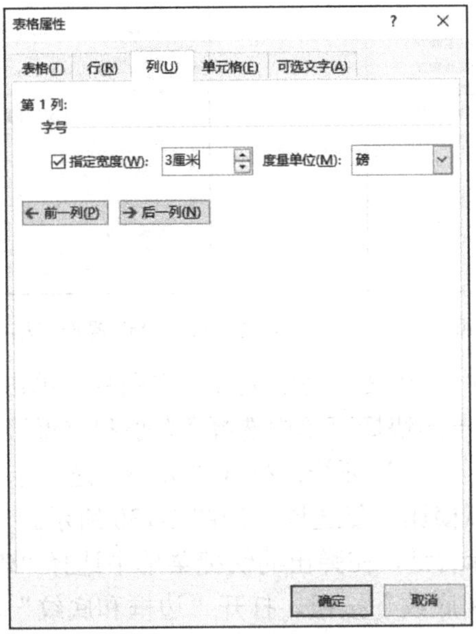

图 1-132 设置列宽

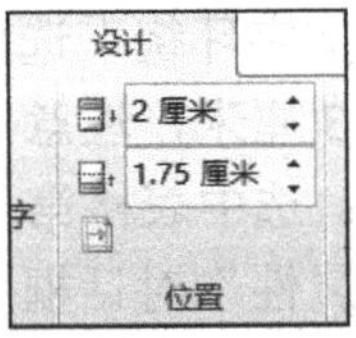

图 1-133 设置页眉高度

案例 1.10 黄山旅游风景区

1. 题目要求

（1）将标题字体设置为“华文行楷”，字号为“三号”，蓝色，字符间距为加宽 2 磅，居中。

（2）将正文第一、二、三段文字设置为“楷体”，字号为“小四”，段落首行缩进 2 字符。

（3）将正文第一、二、三段的行距设置成“1.5 倍行距”。

（4）为正文第一段“黄山雄踞于安徽南部，……”设置首字下沉 2 行，首字字体为“华文新魏”，据正文的距离为 0.2 厘米。

（5）将正文第二段分成两栏并加分隔线，第二段中插入任意图片，图片大小设置为 3 厘米×3 厘米，文字环绕方式设置成“紧密型”，图片添加蓝色边框，粗细为 2 磅。

（6）为正文第三段添加双线边框和橙色底纹，均应用于“段落”。

（7）在表格第一行上面插入一行，设置行高为 1.5 厘米。

（8）合并第一行的两个单元格，并输入文字“黄山四绝”。

（9）设置所有单元格的对齐方式为“水平居中”。

（10）表格中第一列文字方向设为竖排文字。

（11）表格中第一行、第一列添加浅蓝色底纹，其他单元格底纹设置成黄色。

（12）设置页边距，上、下均为 2 厘米。

（13）添加页眉“黄山旅游风景区”。

（14）在页面底端居中添加页码。

案例 1.10 源文档如图 1-134 所示，其目标文档如图 1-135 所示。

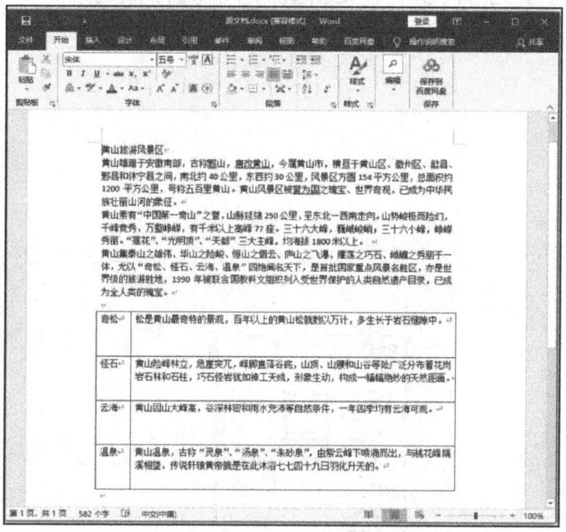

图 1-134 案例 1.10 源文档

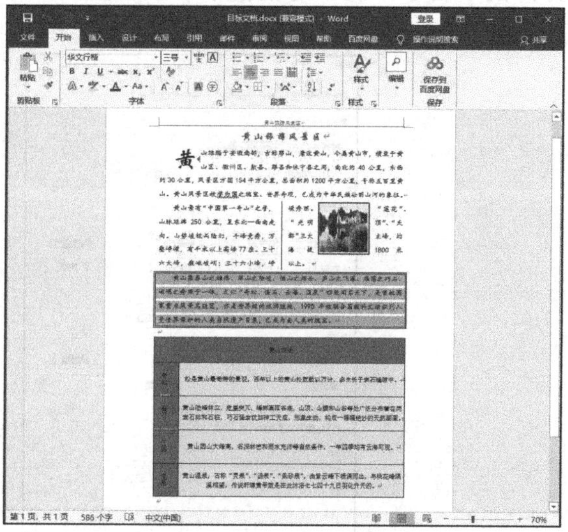

图 1-135 案例 1.10 目标文档

2. 操作步骤

第一步：选中标题，单击鼠标右键，在弹出的快捷菜单中选择“字体”，在打开的“字体”对话框中设置中文字体为“华文行楷”，字号为“三号”，字体颜色为“蓝色”，如图 1-136 所示；打开“高级”选项卡，设置字符间距为“加宽”“2 磅”，如图 1-137 所示。在“段落”功能区单击“居中”按钮。

第二步：选中正文第一、二、三段文字，在“字体”功能区设置字体为“楷体”，字号为“小四”。

第三步：选中正文第一、二、三段文字，单击鼠标右键，在弹出的快捷菜单中选择“段落”，在打开的“段落”对话框中设置“特殊”格式为“首行”缩进“2 字符”，设置行距为“1.5 倍行距”，如图 1-138 所示。

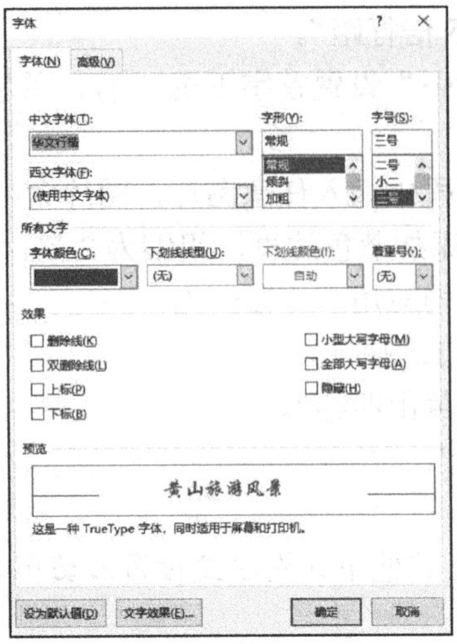

图 1-136 “字体”对话框

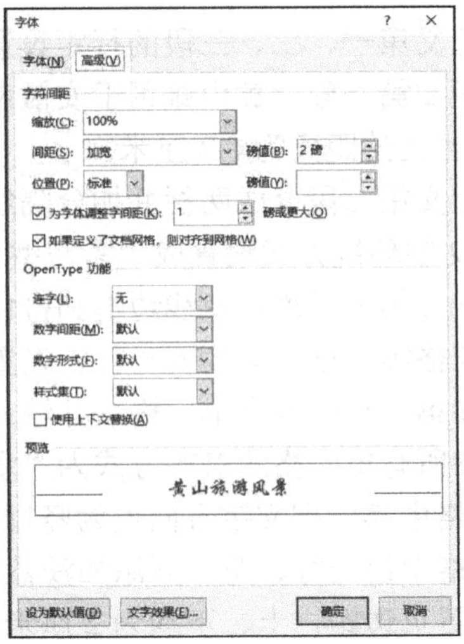

图 1-137 “高级”选项卡

第四步：选中第一段文字，单击“插入”选项卡→“首字下沉”→“首字下沉选项”，在打开的“首字下沉”对话框中修改位置为“下沉”，字体为“华文新魏”，下沉行数为“2”，距正文“0.2 厘米”，如图 1-139 所示。

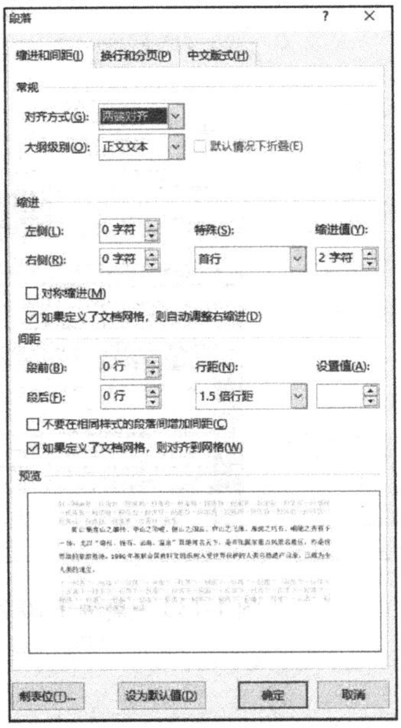

图 1-138 “段落”对话框

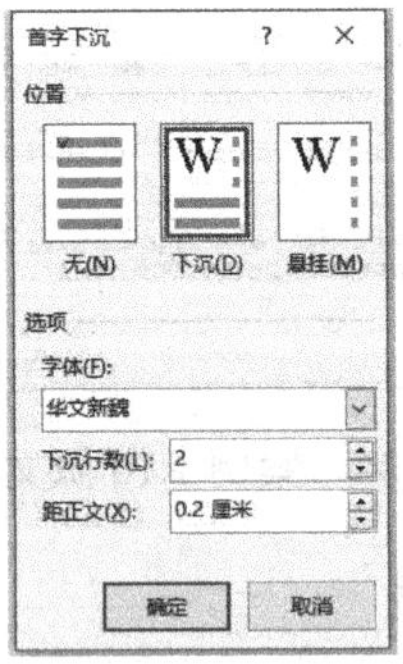

图 1-139 “首字下沉”对话框

第五步：选中正文第二段，单击“布局”选项卡→“栏”→“更多栏”，在打开的“栏”对话框中选择“两栏”并勾选“分隔线”复选框，如图 1-140 所示。单击“插入”选项卡→“图片”，在文件夹中选择一张图片，单击“插入”按钮即可，如图 1-141 所示。在插入的图片上单击鼠标右键，在弹出的快捷菜单中选择“大小和位置”，在打开的“布局”对话框“文字环绕”选项卡中设置“紧密型”环绕；打开“大小”选项卡，设置图片高度、宽度均为 3 厘米，注意选择不勾选“锁定纵横比”复选框，如图 1-142 所示。在图片的边框上单击鼠标右键，在弹出的快捷菜单中选择“设置图片格式”，在打开的“设置图片格式”对话框中将线条颜色选为

“实线”“蓝色”，如图 1-143 所示；将“线型”宽度设置为“2 磅”，如图 1-144 所示。

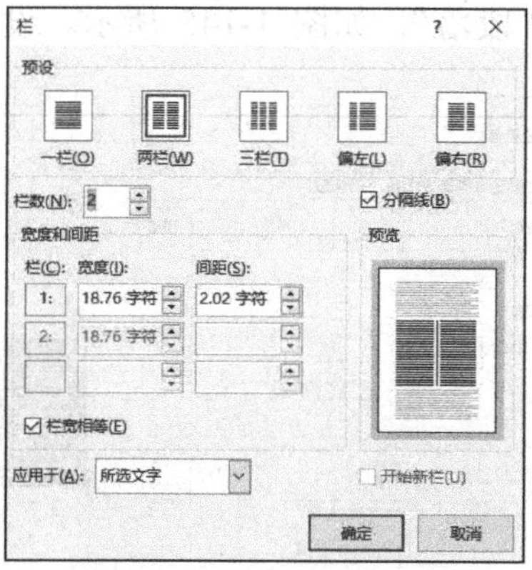

图 1-140 “栏”对话框

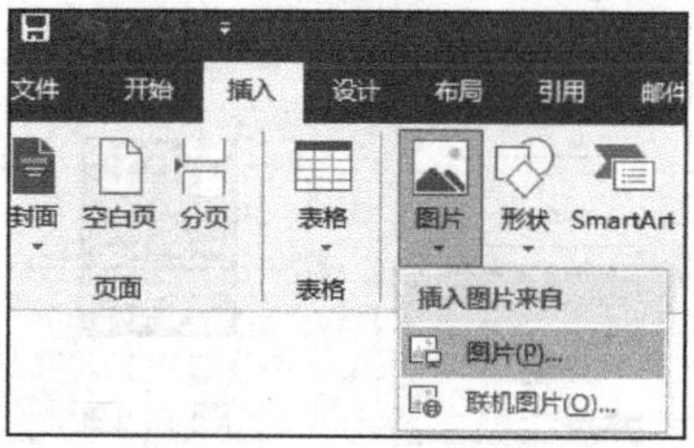

图 1-141 插入“图片”

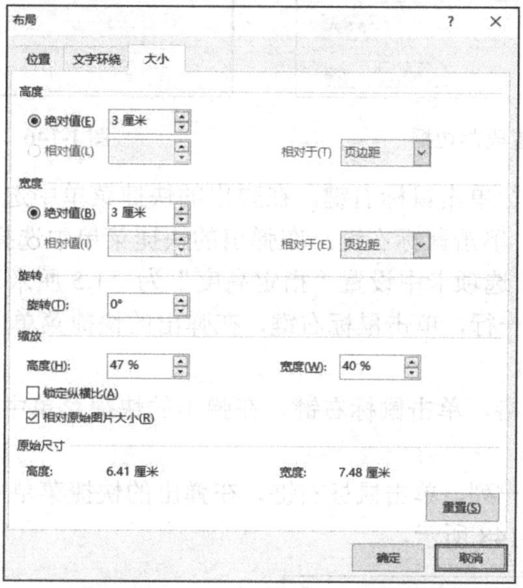

图 1-142 “布局”对话框

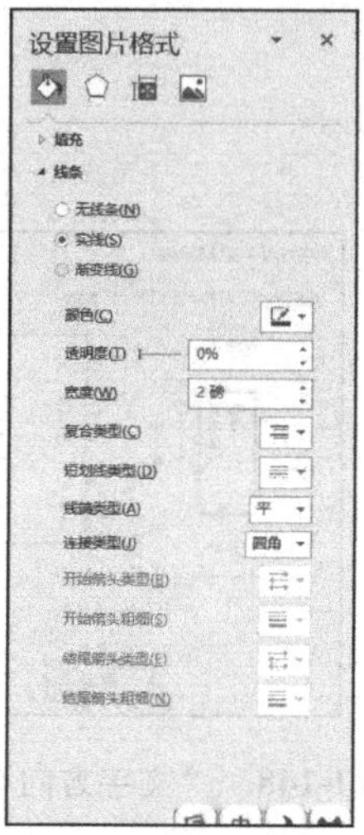

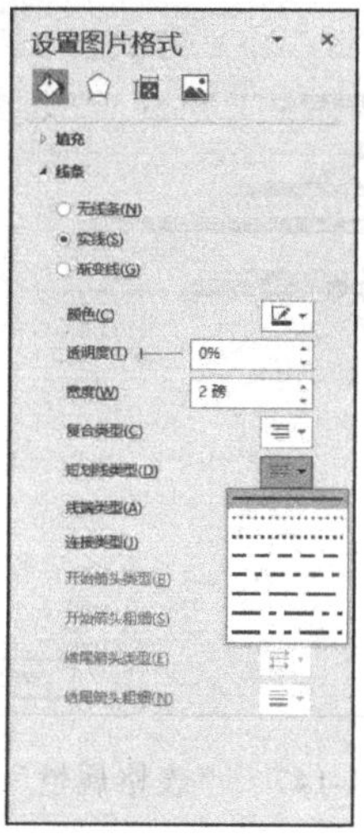

图 1-143 “设置图片格式”对话框　　图 1-144 设置图片边框

第六步：选择正文第三段，单击“设计”选项卡→“页面边框”，打开“边框和底纹”对话框，设置边框为方框，样式为“双线”，应用于“段落”，如图 1-145 所示。设置底纹填充颜色为“橙色”，应用于“段落”，如图 1-146 所示。

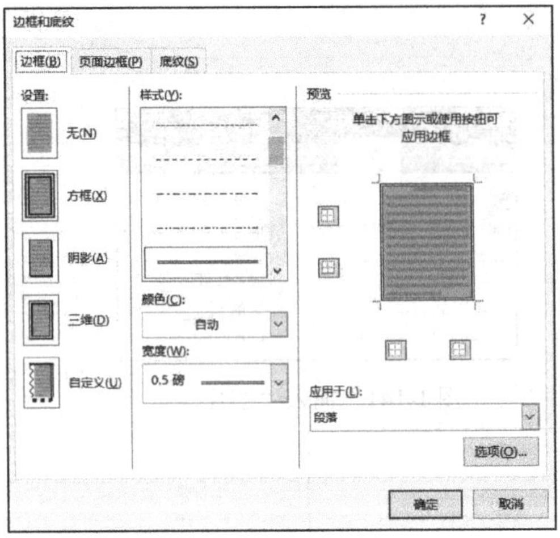

图 1-145　设置段落边框

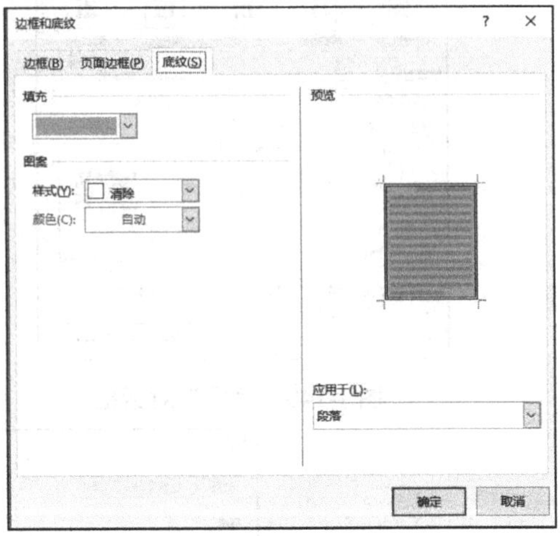

图 1-146　设置段落底纹

第七步：在表格第一行单击鼠标右键，在弹出的快捷菜单中选择“插入”→“在上方插入行”。选中表格第一行，单击鼠标右键，在弹出的快捷菜单中选择“表格属性”，在打开的“表格属性”对话框“行”选项卡中设置“指定高度”为“1.5 厘米”，如图 1-147 所示。

第八步：选中表格第一行，单击鼠标右键，在弹出的快捷菜单中选择“合并单元格”，并在单元格中输入相应文字。

第九步：选中整个表格，单击鼠标右键，在弹出的快捷菜单中选择“单元格对齐方式”→“水平居中”。

第十步：选中表格第一列，单击鼠标右键，在弹出的快捷菜单中选择“文字方向”，设置文字方向为竖向，如图 1-148 所示。

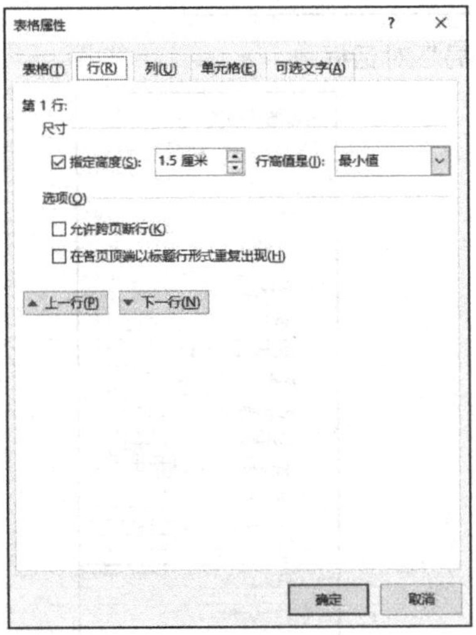

图 1-147　“表格属性”对话框

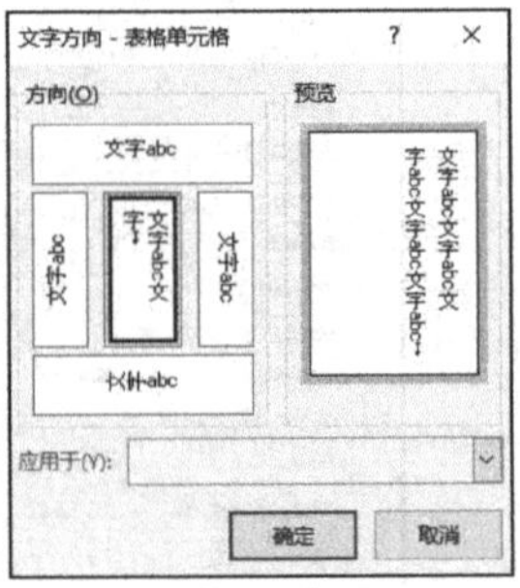

图 1-148　“文字方向”对话框

第十一步：先选中表格第一行，按住 Ctrl 键再选中表格第一列，单击鼠标右键，在弹出的快捷菜单中选择“表格属性”，在打开的“表格属性”对话框中单击“边框和底纹”按钮，打开“边框和底纹”对话框，设置底纹颜色为“浅蓝色”，如图 1-149 所示。选中其他单元格，用相同方法设置底纹颜色为“黄色”。

第十二步：单击“文件”选项卡→“打印”→“页面设置”，在打开的“页面设置”对话框中设置上、下页边距为“2 厘米”，如图 1-150 所示。

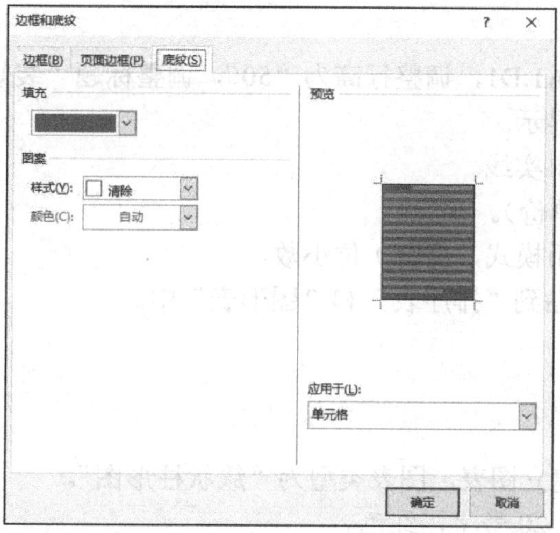

图 1-149　“边框和底纹”对话框

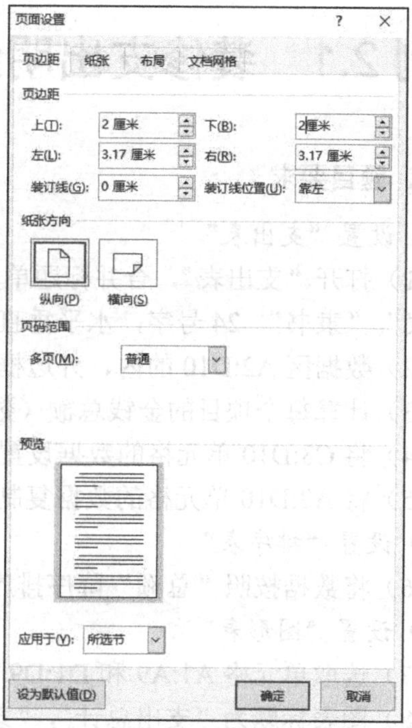

图 1-150　“页面设置”对话框

第十三步：单击“插入”选项卡→“页眉”→“空白页眉”，在页眉编辑状态输入“黄山旅游风景区”。

第十四步：单击“插入”选项卡→“页码”→“页面底端”→“普通数字 2”，即可在页面底端添加页码。

第二篇　Excel 2019

案例 2.1　装修支出明细表

1. 题目要求

● 设置“支出表”

（1）打开“支出表”，合并标题单元格 A1:D1，调整行高为“50”，调整标题“装修支出明细表”，“隶书”，24 号字，水平垂直居中显示。

（2）数据区 A2:D10 的内、外边框设置单实线。

（3）计算每个项目的金钱总额（数量×单价）。

（4）将 C3:D10 单元格的数据设置为货币模式，保留 1 位小数。

（5）将 A2:D10 单元格的数据复制、粘贴到“排序表”和“图形表”中。

● 设置“排序表”

（6）将数据按照“总额”降序排序。

● 设置“图形表”

（7）选取单元格 A1:A9 和 D1:D9 数据建立图表，图表类型为“簇状柱形图”。

（8）图表标题为“支出总计”，“隶书”，20 号字，红色。

（9）设置背景的填充效果为“渐变填充”，预设渐变为“顶部聚光灯-个性色 5”，方向为“线性向下”。

（10）横轴文字方向为竖排。

“支出表”、“排序表”和“图形表”完成后样张分别如图 2-1、图 2-2 和图 2-3 所示。

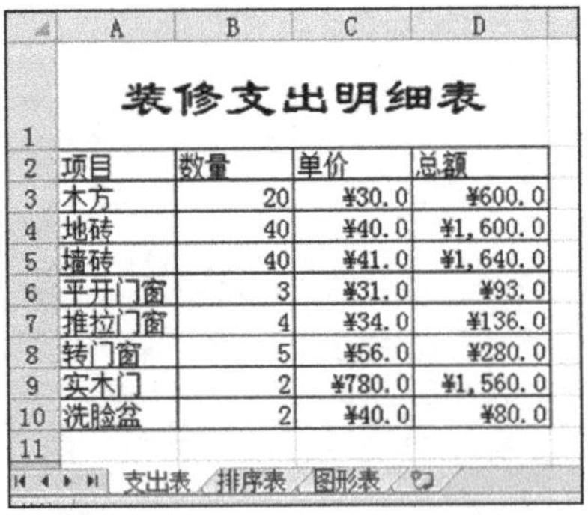

	A	B	C	D
1	装修支出明细表			
2	项目	数量	单价	总额
3	木方	20	¥30.0	¥600.0
4	地砖	40	¥40.0	¥1,600.0
5	墙砖	40	¥41.0	¥1,640.0
6	平开门窗	3	¥31.0	¥93.0
7	推拉门窗	4	¥34.0	¥136.0
8	转门窗	5	¥56.0	¥280.0
9	实木门	2	¥780.0	¥1,560.0
10	洗脸盆	2	¥40.0	¥80.0
11				

图 2-1　案例 2.1“支出表”样张

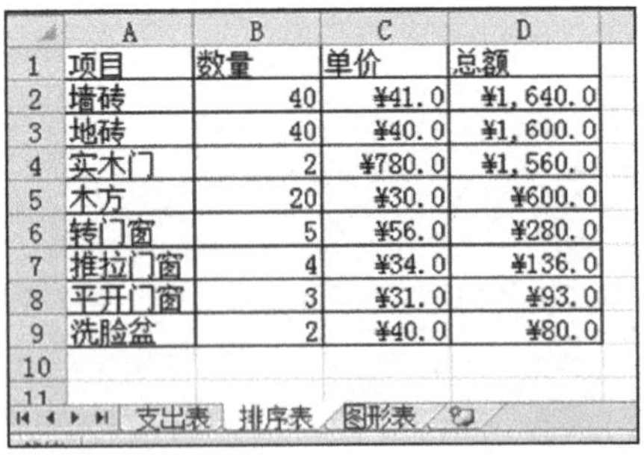

	A	B	C	D
1	项目	数量	单价	总额
2	墙砖	40	¥41.0	¥1,640.0
3	地砖	40	¥40.0	¥1,600.0
4	实木门	2	¥780.0	¥1,560.0
5	木方	20	¥30.0	¥600.0
6	转门窗	5	¥56.0	¥280.0
7	推拉门窗	4	¥34.0	¥136.0
8	平开门窗	3	¥31.0	¥93.0
9	洗脸盆	2	¥40.0	¥80.0
10				
11				

图 2-2　案例 2.1“排序表”样张

2. 操作步骤

第一步：选择单元格区域 A1:D1，单击鼠标右键，在弹出的快捷菜单中选择“设置单元格格式”选项，弹出“设置单元格格式”对话框，选择“对齐”选项卡，将水平对齐和垂直对齐均设置为“居中”，在“文本控制”选项区选择“合并单元格”复选框，如图 2-4 所示。

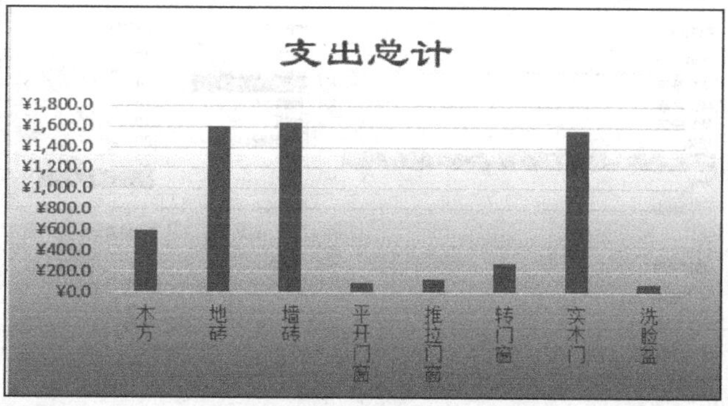

图 2-3 案例 2.1“图形表”样张

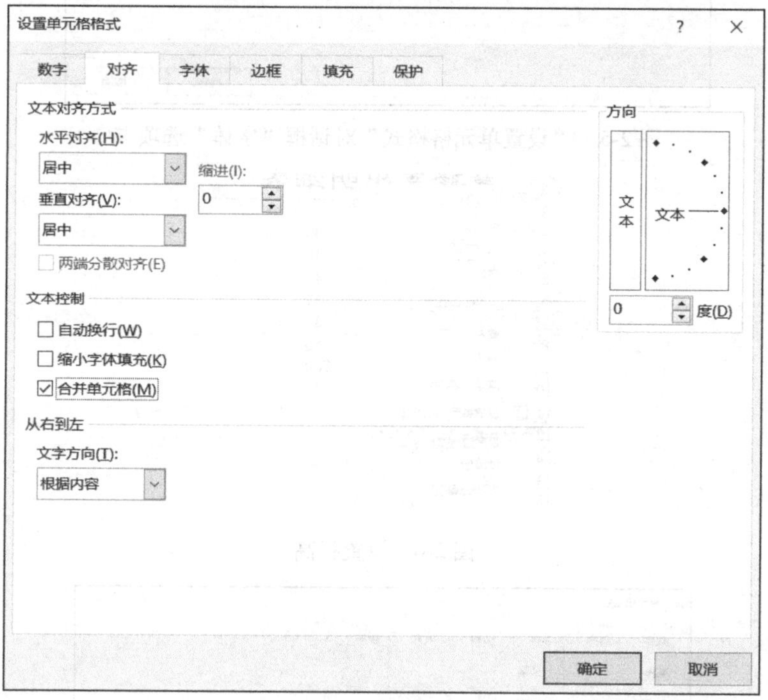

图 2-4 “设置单元格格式”对话框“对齐”选项卡

选择“字体”选项卡，分别设置字体为“隶书”，字号为“24”，如图 2-5 所示。

将光标放在第一行的行号“1”上，当光标变成黑色箭头时，单击鼠标右键，在弹出的快捷菜单中选择“行高”选项，在打开的“行高”对话框中设定行高的精确值为“50”，如图 2-6 所示。

第二步：选择单元格区域 A2:D10，单击鼠标右键，在弹出的快捷菜单中选择“设置单元格格式”选项，打开“设置单元格格式”对话框。选择“边框”选项卡，选择“单实线”，在“预置”区域单击“外边框”和“内部”，如图 2-7 所示。

第三步：选择单元格 D3，在 D3 单元格里输入“=B3*C3”（注意：不要输入双引号，下同），如图 2-8 所示。然后按回车键得到计算值“600”，拖动单元格 D3 的填充柄将公式依次复制到单元格 D10 后释放鼠标，如图 2-9 所示。

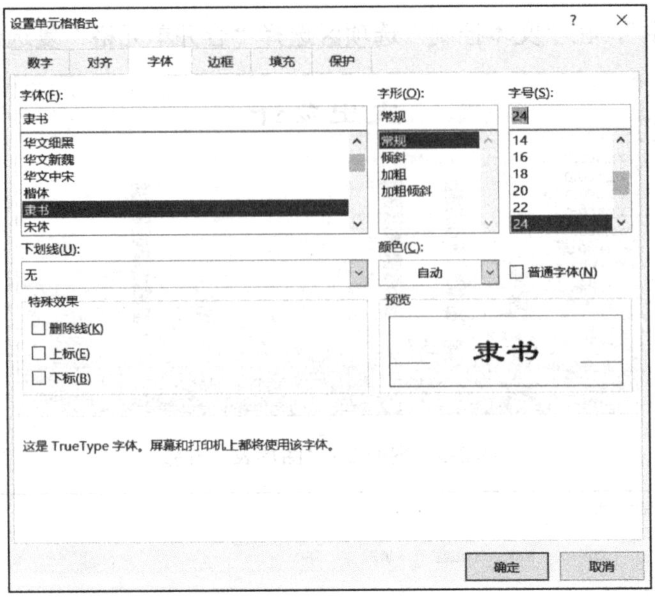

图 2-5　“设置单元格格式”对话框“字体”选项卡

图 2-6　设置行高

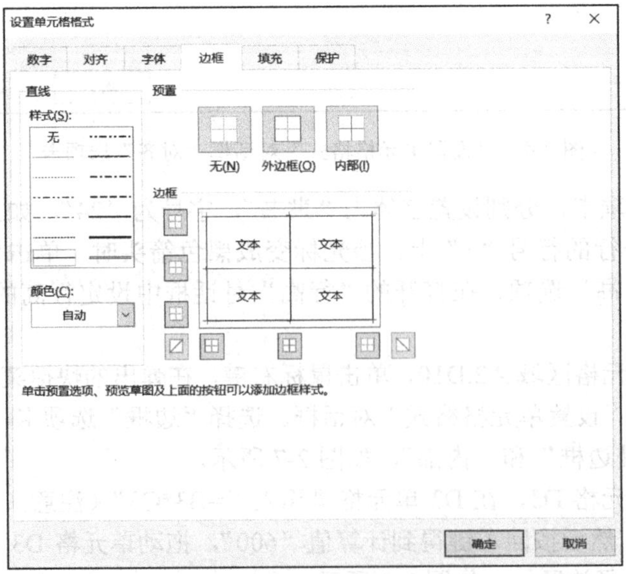

图 2-7　“设置单元格格式”对话框“边框”选项卡

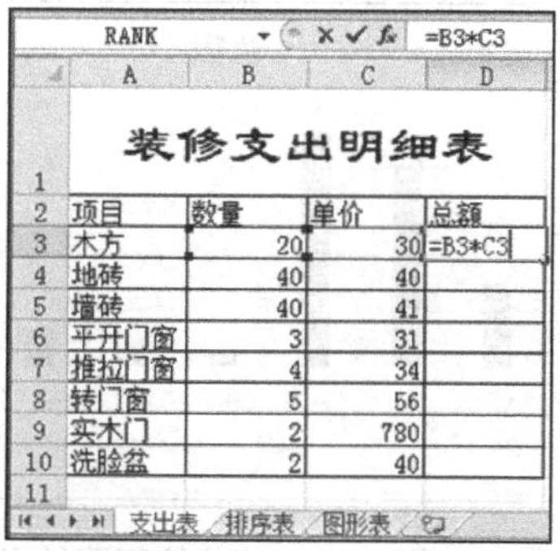

图 2-8　建立公式

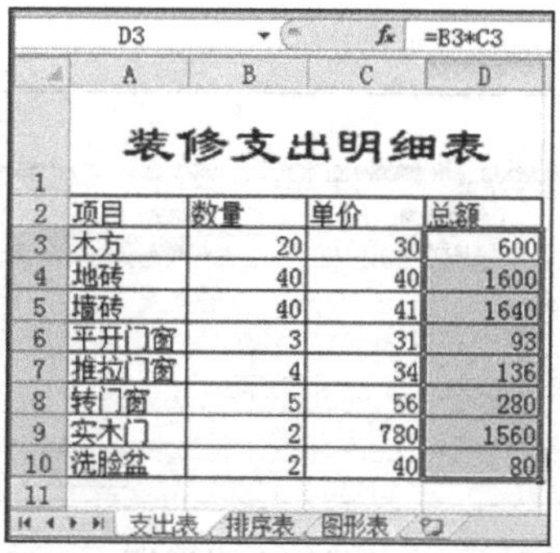

图 2-9　复制公式

第四步：选择单元格区域 C3:D10，单击鼠标右键，在弹出的快捷菜单中选择“设置单元格格式”选项，打开“设置单元格格式”对话框。选择“数字”选项卡，在“分类”区域选择“货币”，“小数位数”设定为“1”位，如图 2-10 所示。

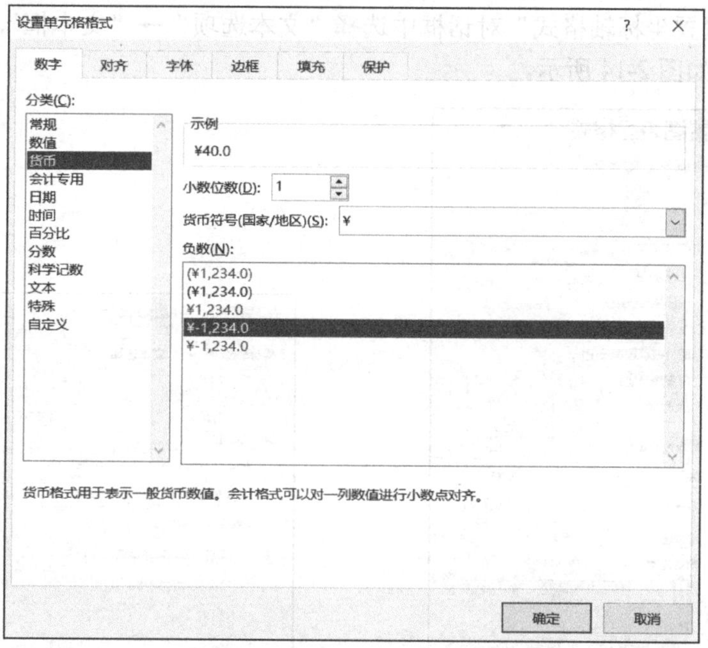

图 2-10　“设置单元格格式”对话框“数字”选项卡

第五步：选择单元格区域 A2:D10，单击“开始”→“复制”按钮，然后打开“排序表”，选择 A1 单元格，单击“开始”→“粘贴”按钮，完成数据的复制。按此步骤将数据复制、粘贴到“图形表”。

第六步：打开“排序表”，选定 A1:D9 区域中的任意单元格，单击“数据”→“排序”按钮，打开“排序”对话框，在“主要关键字”下拉列表框中选择关键词“总额”（或者“列 D”），同时选择“降序”的排序方式，如图 2-11 所示。

第七步：打开“图形表”，同时选定 A1:A9 区域和 D1:D9 区域，单击“插入”→“柱形图”→“簇状柱形图”，结果如图 2-12 所示。

第八步：选择图表标题，输入“支出总计”，单击“开始”菜单，在“字体”区域将标题“支出总计”设定为“隶书”“20”“红色”。

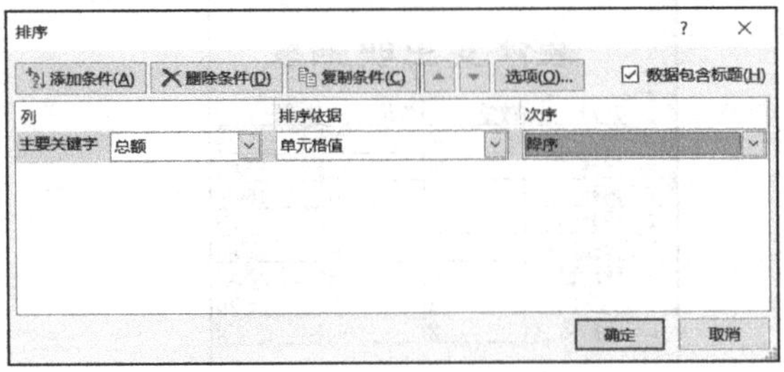

图 2-11 “排序”对话框

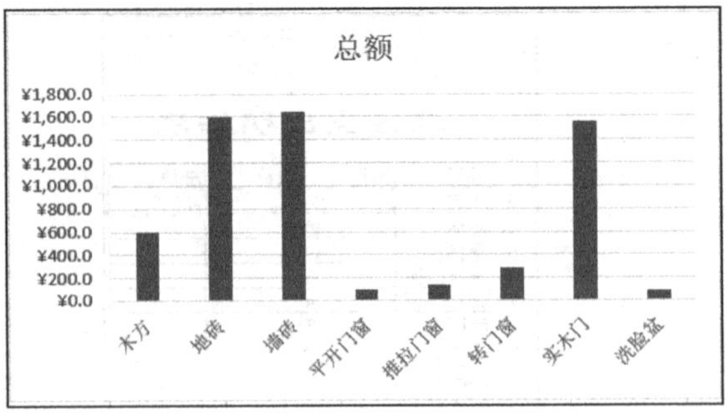

图 2-12 簇状柱形图结果

第九步：选择图表，单击鼠标右键，在弹出的快捷菜单中选择“设置图表区域格式”选项，在右侧弹出的“设置图表区格式”对话框中选择“填充”→“渐变填充”，设置预设渐变为“顶部聚光灯-个性色 5”，类型为“线性”，方向为“线性向下”，如图 2-13 所示。

第十步：选择水平轴，单击鼠标右键，在弹出的快捷菜单中选择“设置坐标轴格式”选项，在打开的“设置坐标轴格式”对话框中选择“文本选项”→“文本框”，将“文字方向”设定为“竖排”，如图 2-14 所示。

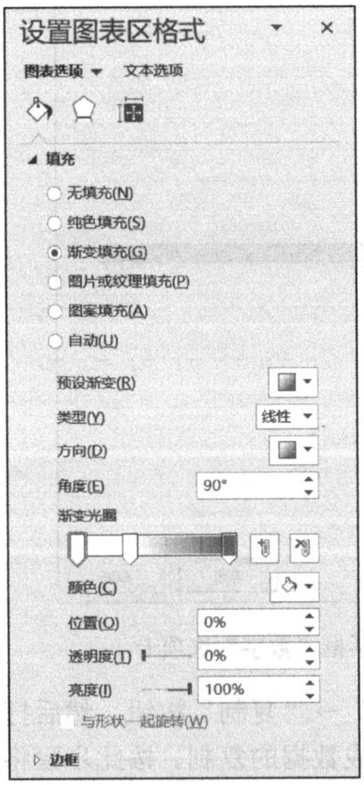

图 2-13 “设置图表区格式”对话框

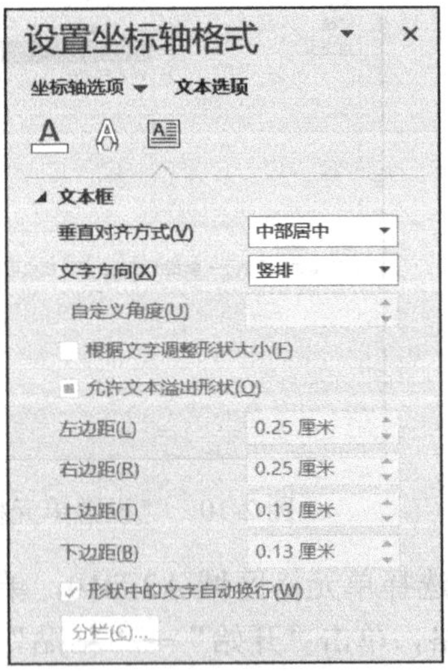

图 2-14 “设置坐标轴格式”对话框

案例 2.2 员工月工资情况表

1．题目要求

（1）将单元格区域 A1:G1 合并，水平对齐和垂直对齐均设置为居中，设置字体为“黑体”，字形为“加粗”，字号为“24”。

（2）第一行行高设置为“32”。

（3）设置数据验证，将区域 E3:E10 限定数据为“整数、值介于 0～60”，输入信息“范围 0～60”，出错警告中提示信息为“无效数据错误”。

（4）设置单元格区域 A2:G2 的底纹颜色为蓝色。

（5）设置单元格区域 A2:G10 边框，内部为绿色单实线边框，外部为橙色双实线边框。

（6）利用公式和函数分别计算薪水（工作时间×小时报酬）、等级（薪水大于等于 4000 为“优秀”，否则为“普通”）。

（7）设置单元格区域 F3:F10 中数值的小数位数为 2 位。

（8）利用条件格式设置单元格区域 E3:E10 中数值介于 20～25 的为红色显示。

（9）将“Sheet1”中区域 A1:G10 进行复制，分别复制到“Sheet2”“Sheet3”中的 A1 单元格。

（10）打开“Sheet2”，自动筛选出薪水小于 3500 的记录。

（11）打开“Sheet3”，按等级进行分类汇总，计算各类薪水的平均值，结果如样张所示。

（12）打开“Sheet1”，选择数据区域 A3:A10 和 D3:F10，创建簇状柱形图，图表标题为“员工月工资情况图”，字体为“黑体”“红色”“18”，图表区域填充效果设置为纹理“蓝色面巾纸”。

“Sheet1”、“Sheet2”和“Sheet3”完成后的样张分别如图 2-15、图 2-16 和图 2-17 所示。

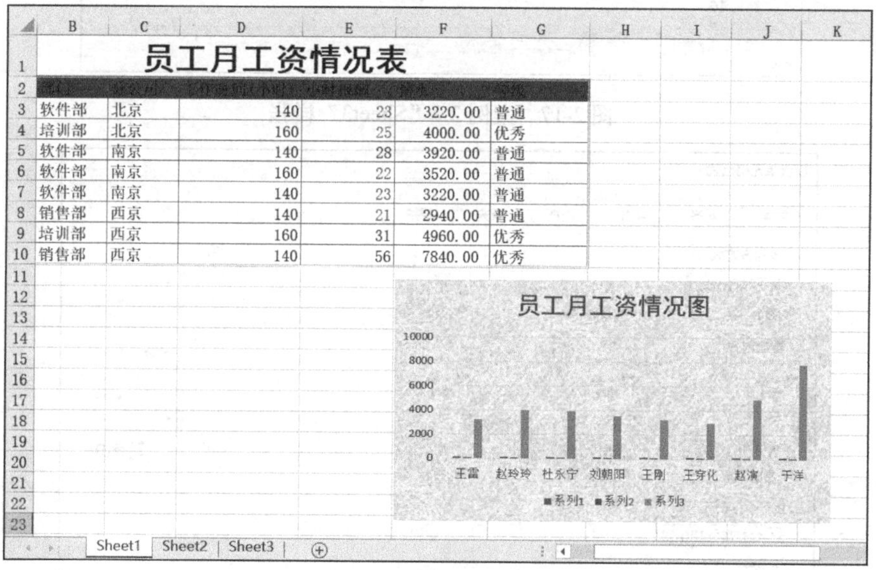

图 2-15　案例 2.2“Sheet1”样张

2. 操作步骤

第一步：选择单元格区域 A1:G1，单击鼠标右键，在弹出的快捷菜单中选择“设置单元格格式”选项，打开“设置单元格格式”对话框。选择“对齐”选项卡，将水平对齐和垂直对齐均设置为“居中”，在“文本控制”中选择“合并单元格”复选框，如图 2-18 所示。选择“字体”选项卡，分别设置字体为“黑体”、字形为“加粗”、字号为“24”，如图 2-19 所示。

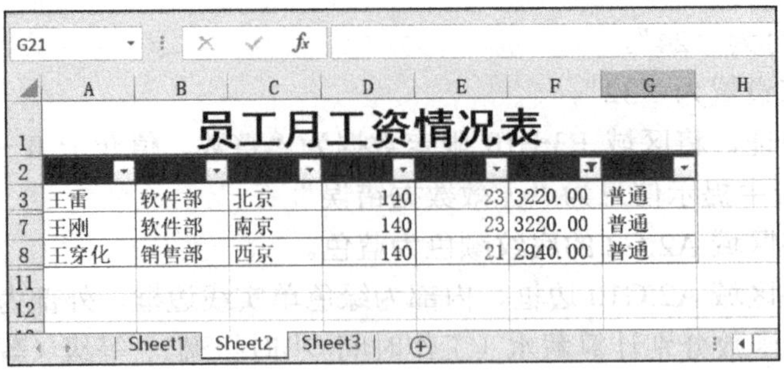

图 2-16 案例 2.2“Sheet2”样张

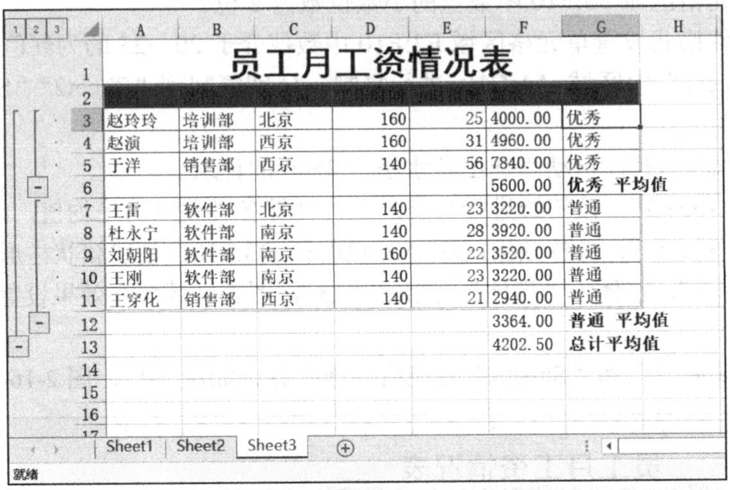

图 2-17 案例 2.2“Sheet3”样张

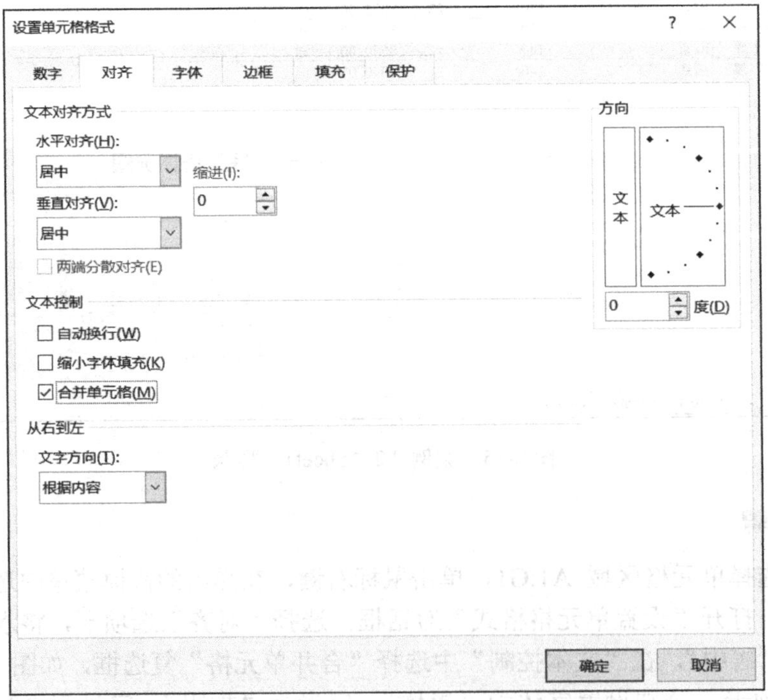

图 2-18 “设置单元格格式”对话框“对齐”选项卡

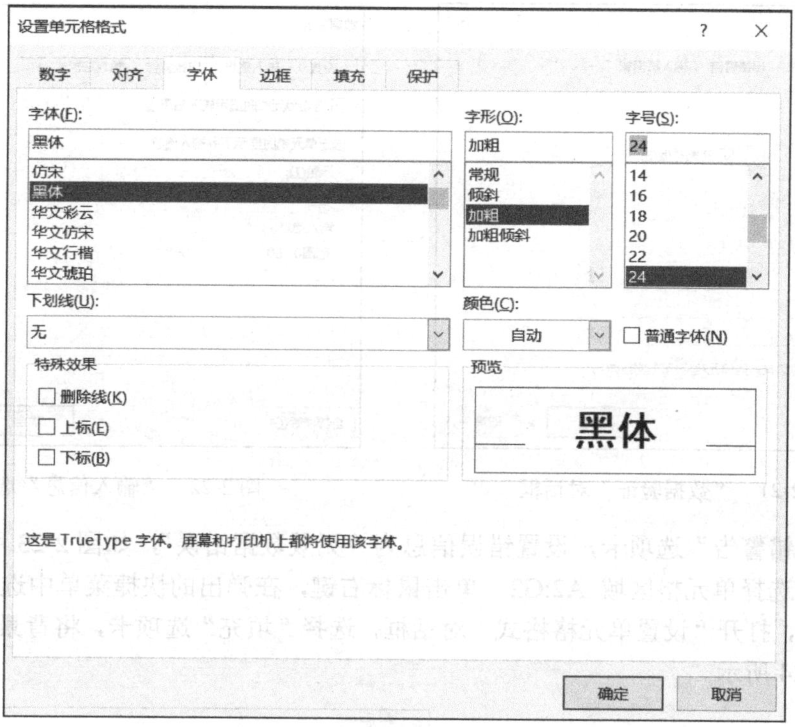

图 2-19　“设置单元格格式”对话框“字体”选项卡

第二步：将光标放在第一行的行号“1”上，当光标变成黑色箭头时，单击鼠标右键，在弹出的快捷菜单中选择“行高”选项，在打开的“行高”对话框中设定行高的精确值为“32”，如图 2-20 所示。

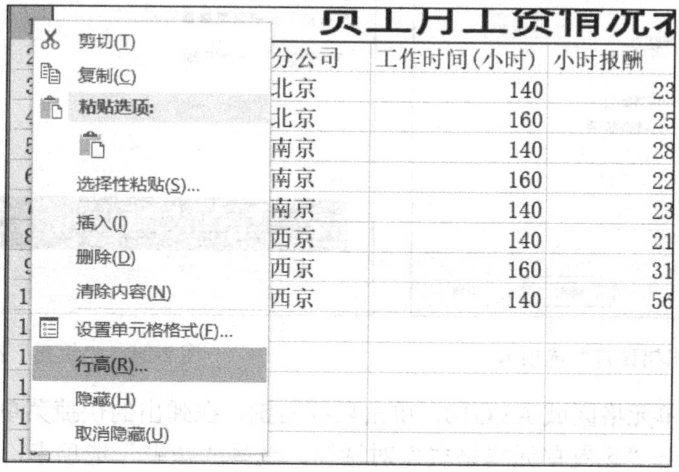

图 2-20　设置行高

第三步：选择单元格区域 E3:E10，单击“数据”选项卡，选择“数据验证”右侧的下拉按钮，选择“数据验证”，打开“数据验证”对话框。单击“设置”选项卡，在“允许”下拉列表框中选择“整数”；在“数据”下拉列表框中选择“介于”，输入最小值 0、最大值 60。如图 2-21 所示。

单击“输入信息”选项卡，设置输入信息为“范围 0～60”，如图 2-22 所示。

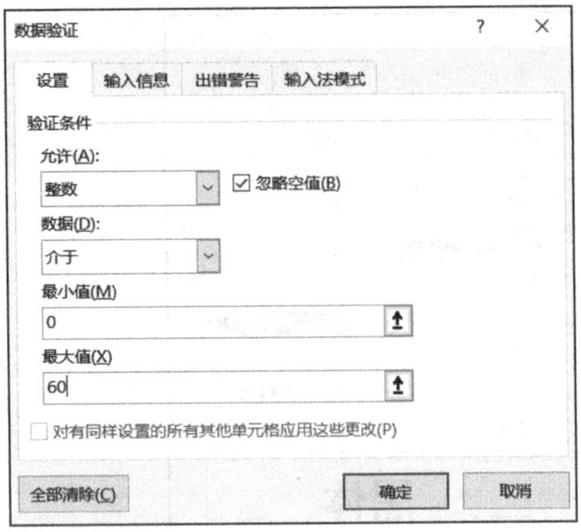

图 2-21　“数据验证”对话框

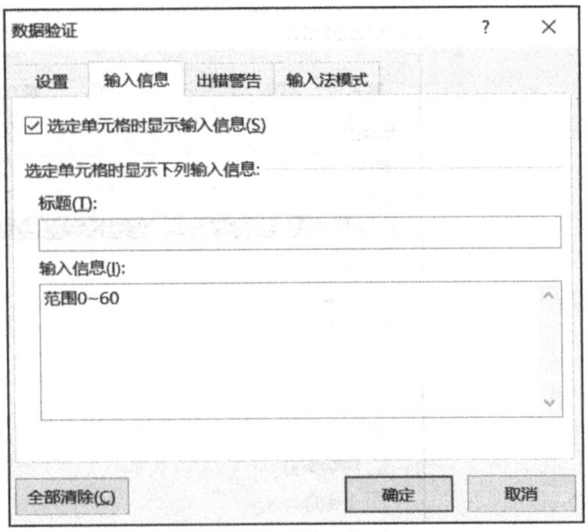

图 2-22　“输入信息”选项卡

单击“出错警告”选项卡，设置错误信息为“无效数据错误”，如图 2-23 所示。

第四步：选择单元格区域 A2:G2，单击鼠标右键，在弹出的快捷菜单中选择“设置单元格格式”选项，打开“设置单元格格式”对话框，选择“填充”选项卡，将背景色设置为“蓝色”，如图 2-24 所示。

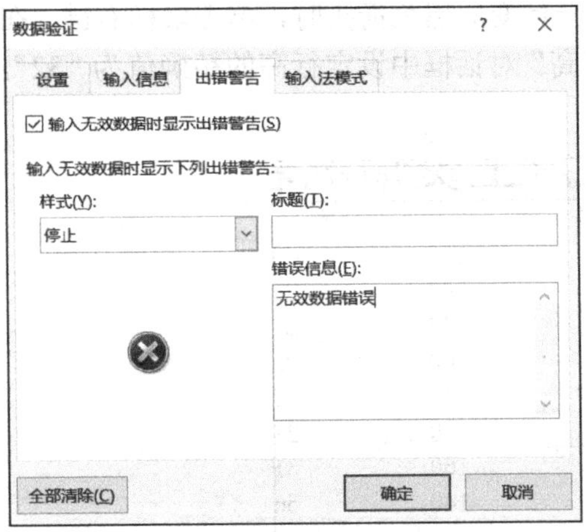

图 2-23　“出错警告”选项卡

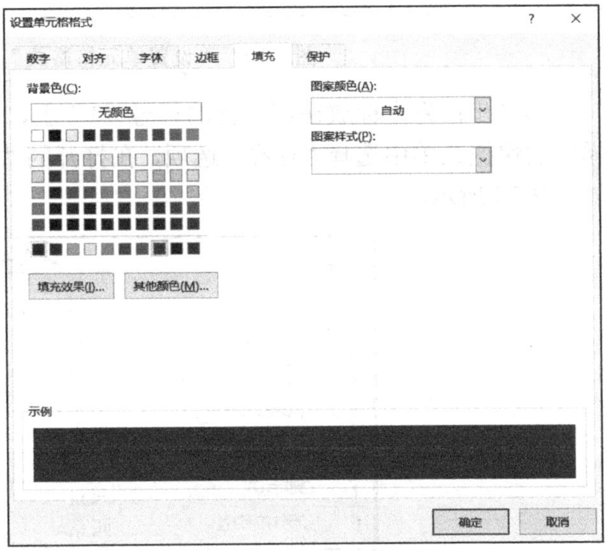

图 2-24　“填充”选项卡

第五步：选择单元格区域 A2:G10，单击鼠标右键，在弹出的快捷菜单中选择“设置单元格格式”选项，打开“设置单元格格式”对话框。选择“边框”选项卡，线条样式选择“单实线”，颜色选择“绿色”，单击预置区域里的“内部”；然后选择线条样式为“双实线”，颜色选择“橙色”，单击预置区域里的“外边框”，如图 2-25 所示。

第六步：选择单元格 F3，在 F3 单元格里输入“=D3*E3”，如图 2-26 所示，然后按回车键得到计算值“3220”，拖动单元格 F3 的填充柄将公式依次复制到单元格 F10 后释放鼠标，如图 2-27 所示。

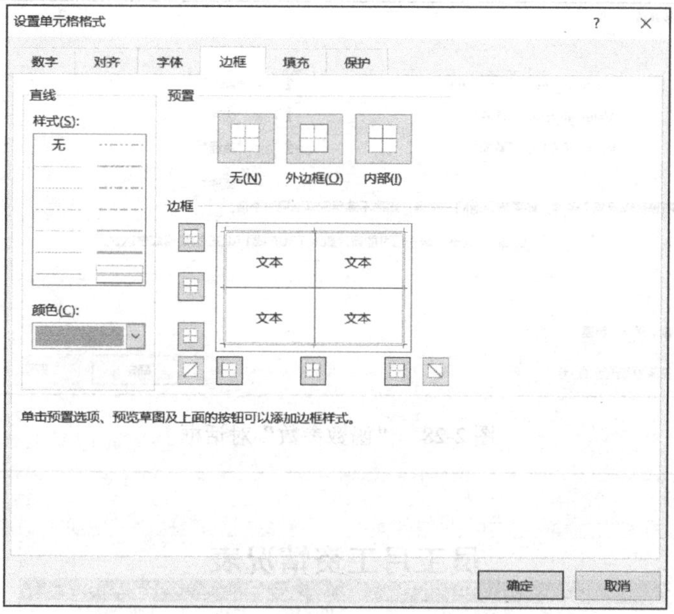

图 2-25 外部边框设置结果

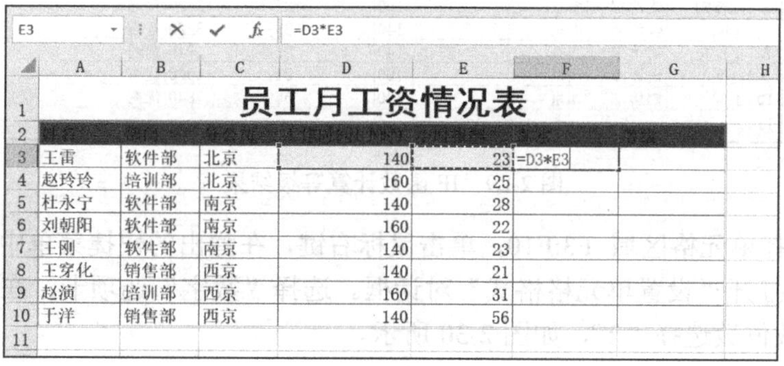

E3 =D3*E3

	A	B	C	D	E	F	G
1	员工月工资情况表						
2	[illegible]	[illegible]	[illegible]	[illegible]	[illegible]	[illegible]	[illegible]
3	王雷	软件部	北京	140	23	=D3*E3	
4	赵玲玲	培训部	北京	160	25		
5	杜永宁	软件部	南京	140	28		
6	刘朝阳	软件部	南京	160	22		
7	王刚	软件部	南京	140	23		
8	王穿化	销售部	西京	140	21		
9	赵演	培训部	西京	160	31		
10	于洋	销售部	西京	140	56		
11							

图 2-26 建立公式

H12

	A	B	C	D	E	F	G
1	员工月工资情况表						
2	[illegible]	[illegible]	[illegible]	[illegible]	[illegible]	[illegible]	[illegible]
3	王雷	软件部	北京	140	23	3220	
4	赵玲玲	培训部	北京	160	25	4000	
5	杜永宁	软件部	南京	140	28	3920	
6	刘朝阳	软件部	南京	160	22	3520	
7	王刚	软件部	南京	140	23	3220	
8	王穿化	销售部	西京	140	21	2940	
9	赵演	培训部	西京	160	31	4960	
10	于洋	销售部	西京	140	56	7840	

图 2-27 复制公式

用 IF 函数求等级：选择 G3 单元格，单击“公式”→“插入函数”按钮，在打开的“插入函数”对话框中选择类别为“常用函数”，在函数列表框中选择“IF”函数，在打开的“函数参数”对话框中，将 Logical_test 设置为“F3>=4000”、Value_if_true 设置为“优秀”、Value_if_false 设置为“普通”，如图 2-28 所示，按回车键得到等级为“普通”。拖动单元格 G3 的填充柄将公式依次复制到单元格 G10 后释放鼠标，如图 2-29 所示。

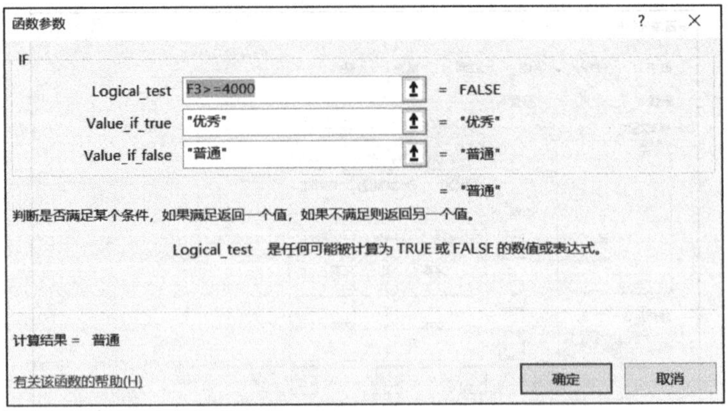

图 2-28 “函数参数”对话框

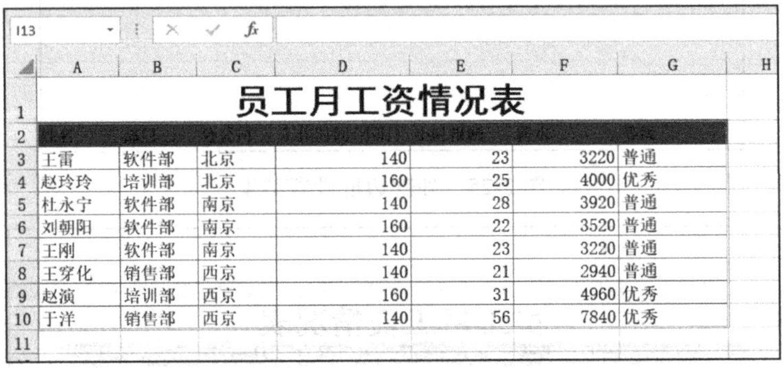

	A	B	C	D	E	F	G
3	王雷	软件部	北京	140	23	3220	普通
4	赵玲玲	培训部	北京	160	25	4000	优秀
5	杜永宁	软件部	南京	140	28	3920	普通
6	刘朝阳	软件部	南京	160	22	3520	普通
7	王刚	软件部	南京	140	23	3220	普通
8	王穿化	销售部	西京	140	21	2940	普通
9	赵演	培训部	西京	160	31	4960	优秀
10	于洋	销售部	西京	140	56	7840	优秀

图 2-29 IF 函数计算等级结果

第七步：选择单元格区域 F3:F10，单击鼠标右键，在弹出的快捷菜单中选择“设置单元格格式”选项，打开“设置单元格格式”对话框。选择“数字”选项卡，在“分类”区域选择“数值”，小数位数选择“2”，如图 2-30 所示。

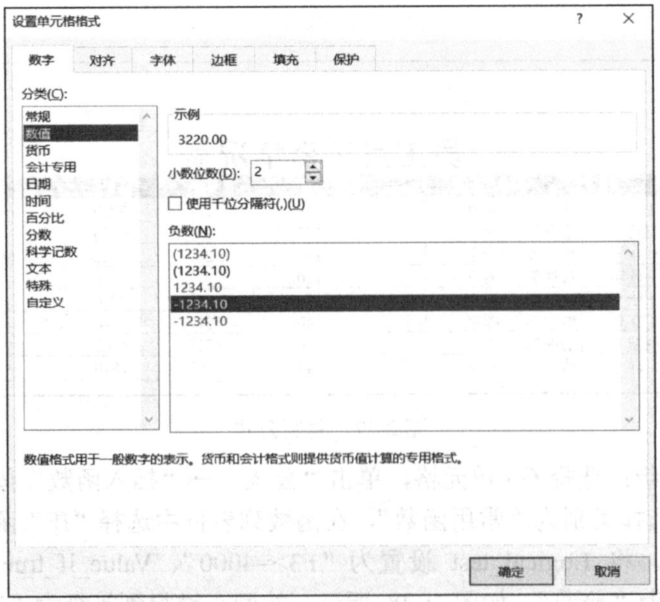

图 2-30 “数字”选项卡

第八步：选择单元格区域 E3:E10，单击“开始”→“条件格式”→“新建规则”选项，打开如图 2-31 所示“新建格式规则”对话框，设置“选择规则类型”为“只为包含以下内容的单元格设置格式”，“编辑规则说明”为“单元格值”、“介于”、“20”到“25”。然后单击“格式”按钮，在打开的“设置单元格格式”对话框中将字体颜色设置为“红色”。

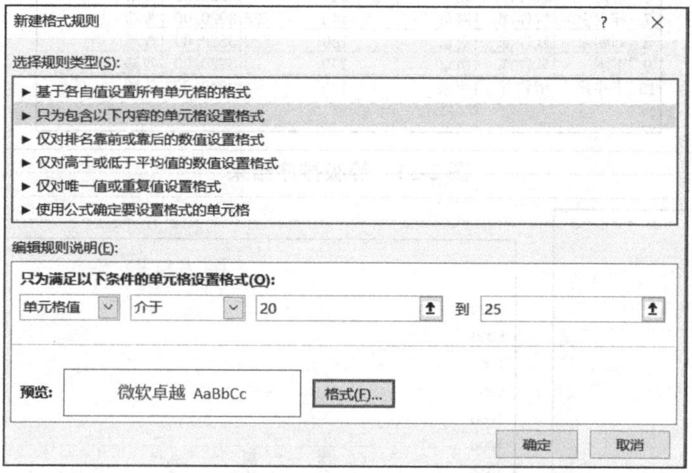

图 2-31 “新建格式规则”对话框

第九步：选择单元格区域 A1:G10，单击“开始”→“复制”按钮，然后打开“Sheet2”，选择 A1 单元格，单击“开始”→“粘贴”按钮，完成数据的复制。按此步骤将数据复制、粘贴到“Sheet3”。

第十步：打开“Sheet2”工作表，选定数据清单中的任意单元格，单击“数据”→“筛选”选项，在每个字段名的右侧都有一个下拉按钮，单击“薪水”右侧的下拉按钮，选择“数字筛选”→“小于”，在打开的“自定义自动筛选方式”对话框中设定数值为 3500，如图 2-32 所示。

图 2-32 “自定义自动筛选方式”对话框

第十一步：打开“Sheet3”工作表，对数据清单中的等级进行排序，排序结果如图 2-33 所示。选定数据清单中的任意单元格，单击“数据”→“分类汇总”选项，在打开的“分类汇总”对话框的“分类字段”下拉列表框中选择“等级”，在“汇总方式”下拉列表框中选择“平均值”，在“选定汇总项”列表框中选择“薪水”，如图 2-34 所示。

第十二步：打开“Sheet1”工作表，同时选定 A3:A10 区域和 D3:F10 区域，单击“插入”→“柱形图”→“簇状柱形图”选项，结果如图 2-35 所示。

1	员工月工资情况表						
2							
3	赵玲玲	培训部	北京	160	25	4000.00	优秀
4	赵演	培训部	西京	160	31	4960.00	优秀
5	于洋	销售部	西京	140	56	7840.00	优秀
6	王雷	软件部	北京	140	23	3220.00	普通
7	杜永宁	软件部	南京	140	28	3920.00	普通
8	刘朝阳	软件部	南京	160	22	3520.00	普通
9	王刚	软件部	南京	140	23	3220.00	普通
10	王穿化	销售部	西京	140	21	2940.00	普通

图 2-33　等级排序结果

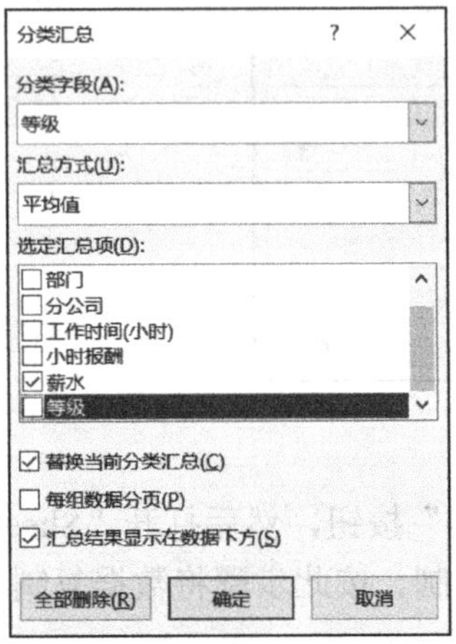

图 2-34　“分类汇总”对话框

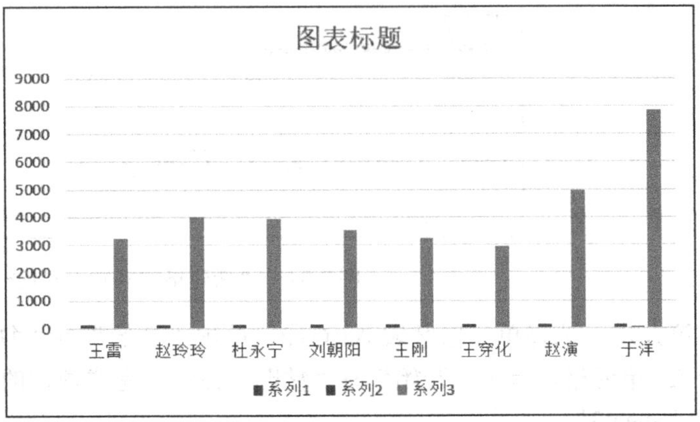

图 2-35　簇状柱形图结果

将“图表标题”设置为“员工月工资情况图”，字体设置为“黑体”“18”“红色”。在图表区域单击鼠标右键，在弹出的快捷菜单中选择“设置图表区域格式”选项，在打开的“设置图表区格式”对话框中选择“填充”→“图片或纹理填充”，设置纹理为“蓝色面巾纸”，如图 2-36 所示。

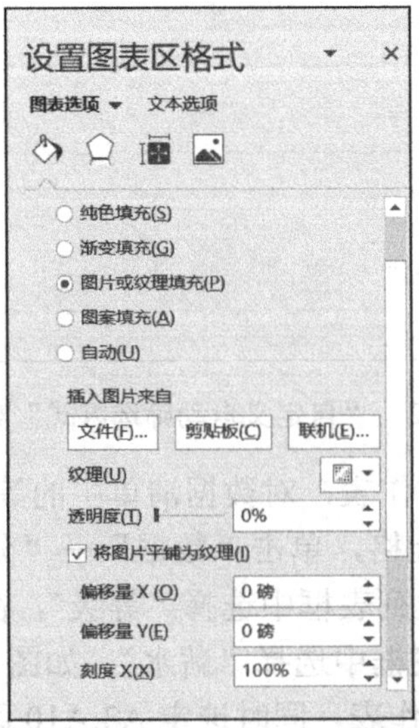

图 2-36　“设置图表区格式”对话框

案例 2.3 1月份员工工资表

1. 题目要求

（1）合并单元格 A1:H1，设置填充背景色为橙色，图案样式为“6.25%灰色”。

（2）设置第一行行高为 30，标题字体为“黑体”、18 号字、水平居中、垂直居中。

（3）用 SUM 函数计算应发合计（基本工资+效益工资）。

（4）用 IF 函数计算应扣税款，“应发合计”大于等于 2500 元的，“应扣税款”为（应发合计-2500）×10%，否则为 0。

（5）输入公式，计算“实发工资”（应发合计-应扣税款）。

（6）用条件格式实现，“实发工资”小于 2000 的，字体颜色为“红色”“倾斜”。

（7）用 AVERAGE 函数计算平均工资，放在 H20 单元格中。

（8）设置所有单元格水平方向居中。

（9）设置 A1:H18 单元格边框，外边框为双线，内部为单实线。

（10）将“工资表”中 A1:H18 单元格复制后，分别粘贴到“排序”、“筛选”和“分类汇总”表的 A1 单元格处，删除 Sheet5。

（11）在“排序”工作表中，按照“实发工资”降序排序。

（12）在“筛选”工作表中，自动筛选出职称是“高级工程师”且“实发工资”大于 5000 元的人。

（13）在“分类汇总”工作表中，按照“职称”分类，汇总出“实发工资”的平均值（按“职称”升序排序）。

（14）在“分类汇总”工作表中，选取 B2:B6、D2:E6 和 H2:H6 区域，制作“簇状柱形图”图表，设置标题为“高级工程师工资图”，图表区填充效果选为“画布”纹理。

“工资表”、“排序”表、“筛选”表、“分类汇总”表和“图表”完成后样张分别如图 2-37、图 2-38、图 2-39、图 2-40 和图 2-41 所示。

	A	B	C	D	E	F	G	H	I
1	1月份员工工资表								
2	员工编号	姓名	职称	基本工资	效益工资	应发合计	应扣税款	实发工资	
3	101	李勇	助理技师	800	970	1770	0	*1770*	
4	102	王伟	技师	1300	1120	2420	0	2420	
5	103	叶丽	工程师	2000	1800	3800	130	3670	
6	104	朱斌	高级工程师	3000	2120	5120	262	4858	
7	105	张涛	技师	1300	1200	2500	0	2500	
8	106	袁野	技师	1300	1350	2650	15	2635	
9	107	王品	工程师	2000	1650	3650	115	3535	
10	108	明静	高级工程师	3000	3240	6240	374	5866	
11	109	邓洁	技师	1300	1430	2730	23	2707	
12	110	赵飞	高级工程师	3000	2830	5830	333	5497	
13	111	曾涛	技师	1300	1420	2720	22	2698	
14	112	童辉	工程师	2000	1870	3870	137	3733	
15	113	郑玉	工程师	2000	2010	4010	151	3859	
16	114	李浩	高级工程师	3000	2400	5400	290	5110	
17	115	熊能	助理技师	800	780	1580	0	*1580*	
18	116	朱博	工程师	2000	1500	3500	100	3400	
19									
20							平均工资	3489.875	
21									

工资表 | 排序 | 筛选 | 分类汇总 | Sheet5

图 2-37 案例 2.3“工资表”样张

	A	B	C	D	E	F	G	H
1	1月份员工工资表							
2	员工编号	姓名	职称	基本工资	效益工资	应发合计	应扣税款	实发工资
3	108	明静	高级工程师	3000	3240	6240	374	5866
4	110	赵飞	高级工程师	3000	2830	5830	333	5497
5	114	李浩	高级工程师	3000	2400	5400	290	5110
6	104	朱斌	高级工程师	3000	2120	5120	262	4858
7	113	郑玉	工程师	2000	2010	4010	151	3859
8	112	童辉	工程师	2000	1870	3870	137	3733
9	103	叶丽	工程师	2000	1800	3800	130	3670
10	107	王品	工程师	2000	1650	3650	115	3535
11	116	朱博	工程师	2000	1500	3500	100	3400
12	109	邓洁	技师	1300	1430	2730	23	2707
13	111	曾涛	技师	1300	1420	2720	22	2698
14	106	袁野	技师	1300	1350	2650	15	2635
15	105	张涛	技师	1300	1200	2500	0	2500
16	102	王伟	技师	1300	1120	2420	0	2420
17	101	李勇	助理技师	800	970	1770	0	1770
18	115	熊能	助理技师	800	780	1580	0	1580

工资表 | 排序 | 筛选 | 分类汇总

图 2-38　案例 2.3“排序”表样张

	A	B	C	D	E	F	G	H
1	1月份员工工资表							
2	员工编	姓名	职称	基本工	效益工	应发合	应扣税	实发工
10	108	明静	高级工程师	3000	3240	6240	374	5866
12	110	赵飞	高级工程师	3000	2830	5830	333	5497
16	114	李浩	高级工程师	3000	2400	5400	290	5110

工资表 | 排序 | 筛选 | 分类汇总

在 16 条记录中找到 3 个

图 2-39　案例 2.3“筛选”表样张

	A	B	C	D	E	F	G	H
1	1月份员工工资表							
2	员工编号	姓名	职称	基本工资	效益工资	应发合计	应扣税款	实发工资
3	104	朱斌	高级工程师	3000	2120	5120	262	4858
4	108	明静	高级工程师	3000	3240	6240	374	5866
5	110	赵飞	高级工程师	3000	2830	5830	333	5497
6	114	李浩	高级工程师	3000	2400	5400	290	5110
7		高级工程师 平均值						5332.75
8	103	叶丽	工程师	2000	1800	3800	130	3670
9	107	王品	工程师	2000	1650	3650	115	3535
10	112	童辉	工程师	2000	1870	3870	137	3733
11	113	郑玉	工程师	2000	2010	4010	151	3859
12	116	朱博	工程师	2000	1500	3500	100	3400
13		工程师 平均值						3639.4
14	102	王伟	技师	1300	1120	2420	0	2420
15	105	张涛	技师	1300	1200	2500	0	2500
16	106	袁野	技师	1300	1350	2650	15	2635
17	109	邓洁	技师	1300	1430	2730	23	2707
18	111	曾涛	技师	1300	1420	2720	22	2698
19		技师 平均值						2592
20	101	李勇	助理技师	800	970	1770	0	1770
21	115	熊能	助理技师	800	780	1580	0	1580
22		助理技师 平均值						1675
23		总计平均值						3489.875

工资表 排序 筛选 分类汇总

图 2-40　案例 2.3“分类汇总”表样张

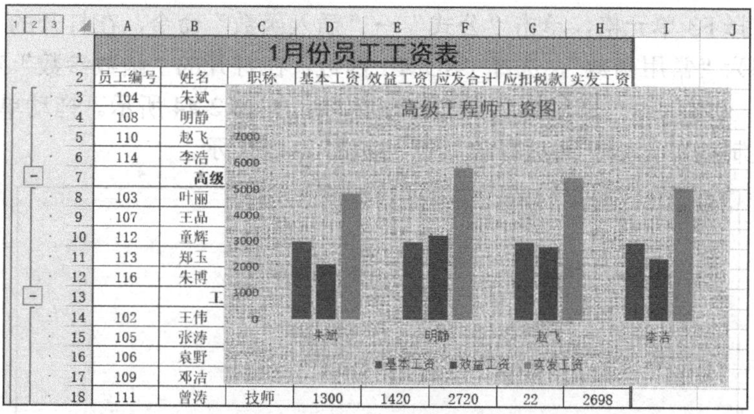

图 2-41　案例 2.3“图表”样张

2．操作步骤

第一步：选择单元格区域 A1:H1，单击鼠标右键，在弹出的快捷菜单中选择“设置单元格格式”选项，打开“设置单元格格式”对话框。选择“对齐”选项卡，在“文本控制”中选择“合并单元格”复选框；选择“填充”选项卡，将背景色设置为“橙色”，图案样式选择“6.25%灰色”，如图 2-42 所示。

第二步：将光标放在第一行的行号“1”上，当光标变成黑色箭头时，单击鼠标右键，在弹出的快捷菜单中选择“行高”选项，在打开的“行高”对话框中设定行高的精确值为“30”，如图 2-43 所示。

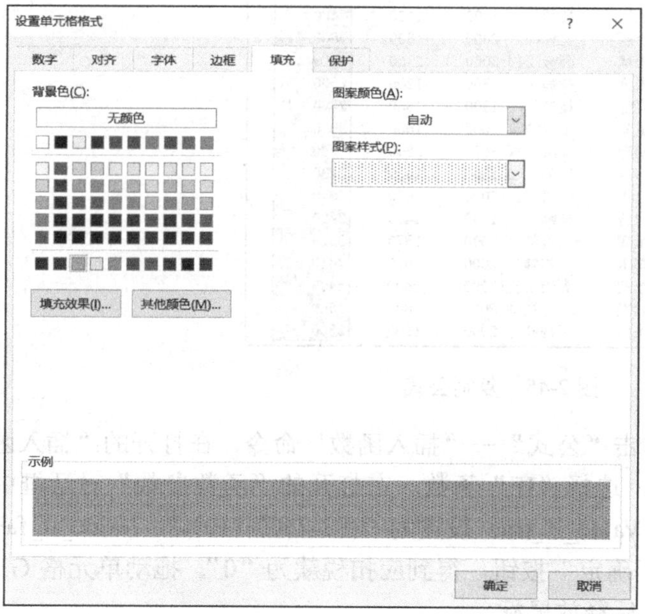

图 2-42　“设置单元格格式”对话框“填充”选项卡

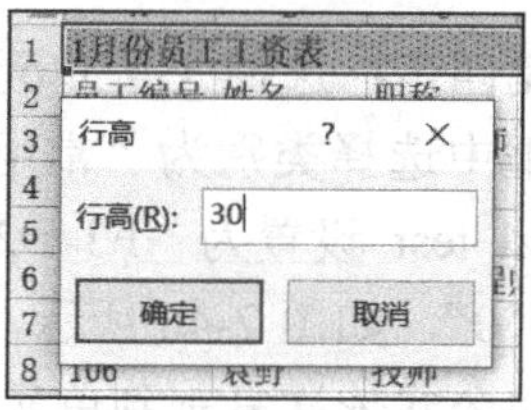

图 2-43　“行高”对话框

选择第一行，单击鼠标右键，在弹出的快捷菜单中选择“设置单元格格式”选项，打开“设置单元格格式”对话框。选择“字体”选项卡，分别设置字体为“黑体”、字号为“18”；选择“对齐”选项卡，将水平对齐和垂直对齐均设置为“居中”。

第三步：选择 F3 单元格，单击“公式”→“插入函数”命令，在打开的“插入函数”对话框中选择类别为“常用函数”，选择“SUM”函数；在打开的“函数参数”对话框中将光标定位在 Number1 文本框中，用鼠标选中 D3:E3 区域，如图 2-44 所示。拖动单元格 F3 的填充柄将公式依次复制到单元格 F18 后释放鼠标，如图 2-45 所示。

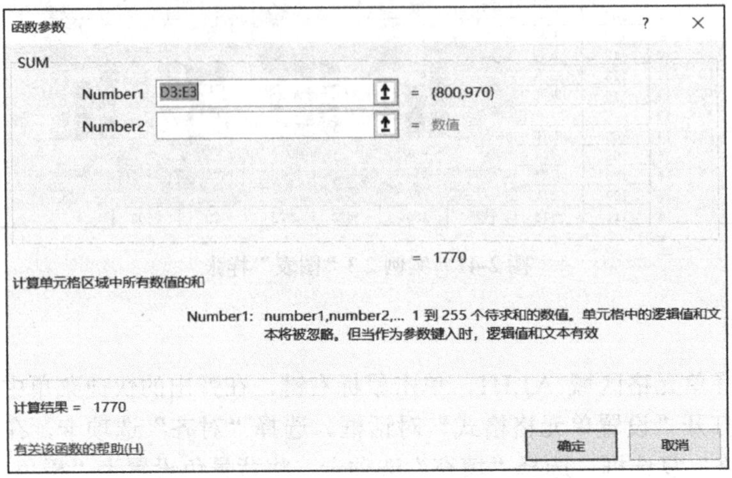

图 2-44　建立公式

	A	B	C	D	E	F
1	1月份员工工资表					
2	员工编号	姓名	职称	基本工资	效益工资	应发合计
3	101	李勇	助理技师	800	970	1770
4	102	王伟	技师	1300	1120	2420
5	103	叶丽	工程师	2000	1800	3800
6	104	朱斌	高级工程师	3000	2120	5120
7	105	张涛	技师	1300	1200	2500
8	106	袁野	技师	1300	1350	2650
9	107	王品	工程师	2000	1650	3650
10	108	明静	高级工程师	3000	3240	6240
11	109	邓洁	技师	1300	1430	2730
12	110	赵飞	高级工程师	3000	2830	5830
13	111	曾涛	技师	1300	1420	2720
14	112	童辉	工程师	2000	1870	3870
15	113	郑玉	工程师	2000	2010	4010
16	114	李浩	高级工程师	3000	2400	5400
17	115	熊能	助理技师	800	780	1580
18	116	朱博	工程师	2000	1500	3500

图 2-45　复制公式

第四步：选择 G3 单元格，单击“公式”→“插入函数”命令，在打开的“插入函数”对话框中选择类别为“常用函数”，选择“IF”函数。在打开的“函数参数”对话框中，将 Logical_test 设置为“F3>=2500”、Value_if_true 设置为“(F3-2500)*10%”、Value_if_false 设置为“0”，如图 2-46 所示，单击“确定”按钮，得到应扣税款为“0”。拖动单元格 G3 的填充柄将公式依次复制到单元格 G18 后释放鼠标。

第五步：选择单元格 H3，在 H3 单元格中输入“=F3-G3”，如图 2-47 所示，然后按回车键得到计算值“1770”。拖动单元格 H3 的填充柄将公式依次复制到单元格 H18 后释放鼠标，如图 2-48 所示。

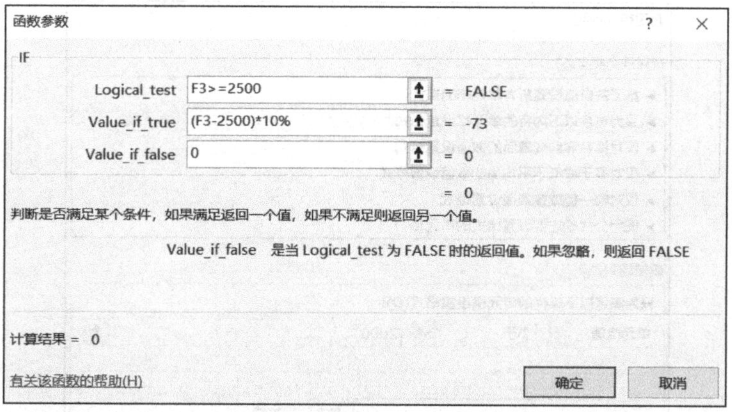

图 2-46 IF 函数参数设置对话框

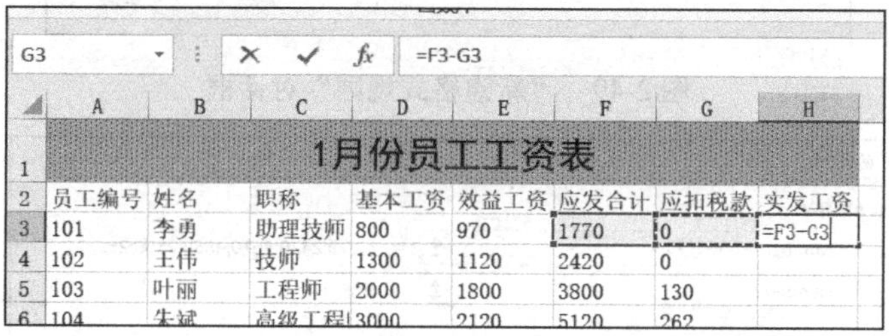

G3 =F3-G3

	A	B	C	D	E	F	G	H
1	1月份员工工资表							
2	员工编号	姓名	职称	基本工资	效益工资	应发合计	应扣税款	实发工资
3	101	李勇	助理技师	800	970	1770	0	=F3-G3
4	102	王伟	技师	1300	1120	2420	0	
5	103	叶丽	工程师	2000	1800	3800	130	
6	104	朱斌	高级工程	3000	2120	5120	262	

图 2-47 建立公式

	A	B	C	D	E	F	G	H	I
1	1月份员工工资表								
2	员工编号	姓名	职称	基本工资	效益工资	应发合计	应扣税款	实发工资	
3	101	李勇	助理技师	800	970	1770	0	1770	
4	102	王伟	技师	1300	1120	2420	0	2420	
5	103	叶丽	工程师	2000	1800	3800	130	3670	
6	104	朱斌	高级工程	3000	2120	5120	262	4858	
7	105	张涛	技师	1300	1200	2500	0	2500	
8	106	袁野	技师	1300	1350	2650	15	2635	
9	107	王品	工程师	2000	1650	3650	115	3535	
10	108	明静	高级工程	3000	3240	6240	374	5866	
11	109	邓洁	技师	1300	1430	2730	23	2707	
12	110	赵飞	高级工程	3000	2830	5830	333	5497	
13	111	曾涛	技师	1300	1420	2720	22	2698	
14	112	童辉	工程师	2000	1870	3870	137	3733	
15	113	郑玉	工程师	2000	2010	4010	151	3859	
16	114	李浩	高级工程	3000	2400	5400	290	5110	
17	115	熊能	助理技师	800	780	1580	0	1580	
18	116	朱博	工程师	2000	1500	3500	100	3400	
19									
20							平均工资		

图 2-48 复制公式

第六步：选择单元格区域 H3:H18，选择“开始”→“条件格式”→“新建规则”，打开“新建格式规则”对话框，设置“选择规则类型”为“只为包含以下内容的单元格设置格式”，“编辑规则说明”为“单元格值”“小于”“2000”。然后单击“格式”按钮，在弹出的“设置单元格格式”对话框中将字体颜色设置为“红色”“倾斜”，如图 2-49 所示。

第七步：选择 H20 单元格，单击“公式”→“插入函数”按钮，在打开的“插入函数”对话框中选择类别为“常用函数”，在函数列表框中选择“AVERAGE”函数。在打开的“函数参数”对话框中，将光标定位在 Number1 文本框中，用鼠标选定 H3:H18 区域，如图 2-50 所示，单击“确定”按钮，求出平均工资。

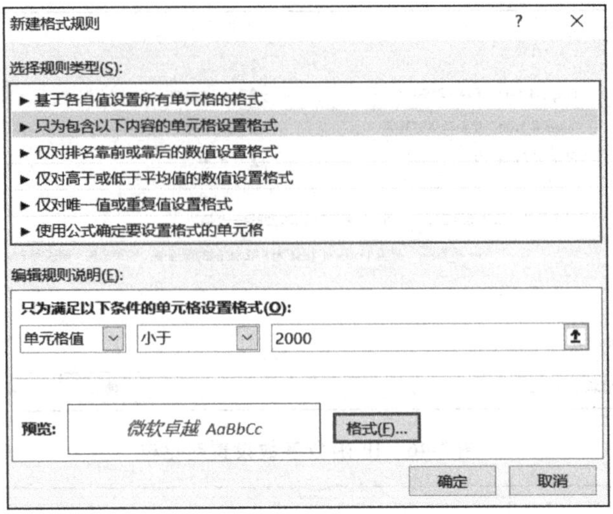

图 2-49　“新建格式规则”对话框

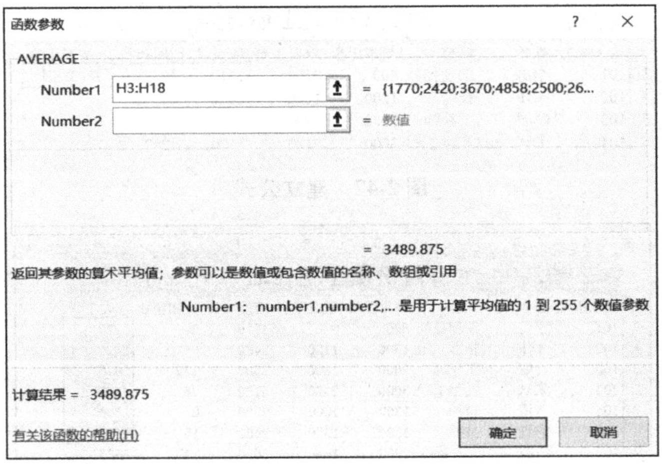

图 2-50　“函数参数”对话框

第八步：选择单元格区域 A1:H20，单击“开始”→“段落”区域中的“居中”按钮，如图 2-51 所示，将文字设置为水平方向居中。

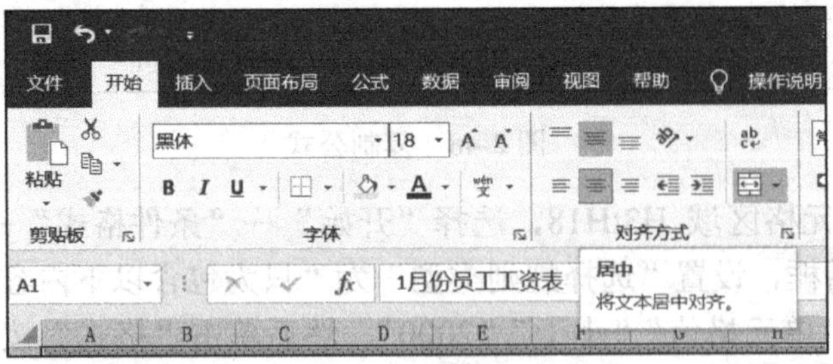

图 2-51　“开始”菜单

第九步：选择单元格区域 A1:H18，单击鼠标右键，在弹出的快捷菜单中选择“设置单元格格式”选项，打开“设置单元格格式”对话框。选择“边框”选项卡，线条样式选择“单实线”，单击预置区域里的“内部”；然后选择线条样式为“双实线”，单击预置区域里的“外边框”，如图 2-52 所示。

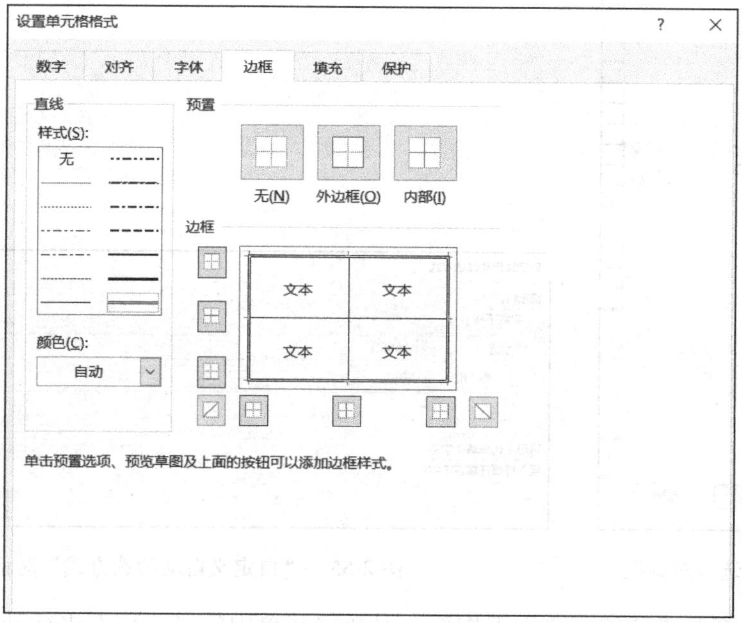

图 2-52 “边框”选项卡

第十步：选择单元格区域 A1:H18，单击“开始”→“复制”按钮，然后打开“排序”表，选择 A1 单元格，单击“开始”→“粘贴”按钮，完成数据的复制。按此操作步骤将数据分别复制、粘贴到“筛选”表和“分类汇总”表。右键单击“Sheet5”表名称，在弹出的快捷菜单中选择“删除”命令，即可删除“Sheet5”工作表。

第十一步：打开“排序”表，选定 A1:H18 区域中的任意单元格，单击“数据”→“排序”按钮，打开“排序”对话框，在“主要关键字”下拉列表框中选择关键词“实发工资”，同时选择“降序”的排序方式，如图 2-53 所示。

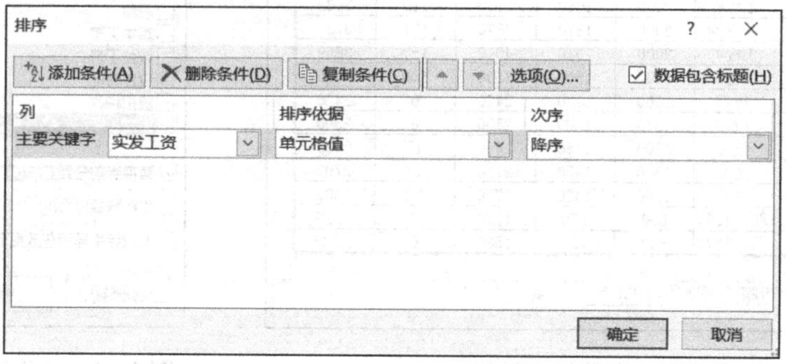

图 2-53 “排序”对话框

第十二步：打开“筛选”工作表，选定数据清单中的任意单元格，单击“数据”→“筛选”命令，在每个字段名的右侧都有一个下拉按钮，单击“职称”右侧的下拉按钮，选择“高级工程师”，如图 2-54 所示。然后单击“实发工资”右侧的下拉按钮，选择“数字筛选”→“大于”，在打开的“自定义自动筛选方式”对话框中设定数值为“5000”，如图 2-55 所示。

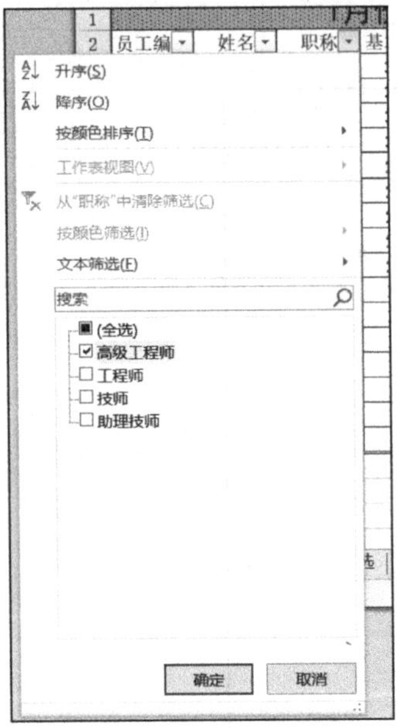

图 2-54 “筛选”对话框

图 2-55 “自定义自动筛选方式”对话框

第十三步：打开“分类汇总”工作表，对数据清单中的“职称”进行升序排序，排序结果如图 2-56 所示。选定数据清单中的任意单元格，单击“数据”→“分类汇总”命令，在打开的“分类汇总”对话框的“分类字段”下拉列表框中选择“职称”，在“汇总方式”下拉列表框中选择“平均值”，在“选定汇总项”列表框中选择“实发工资”，如图 2-57 所示。

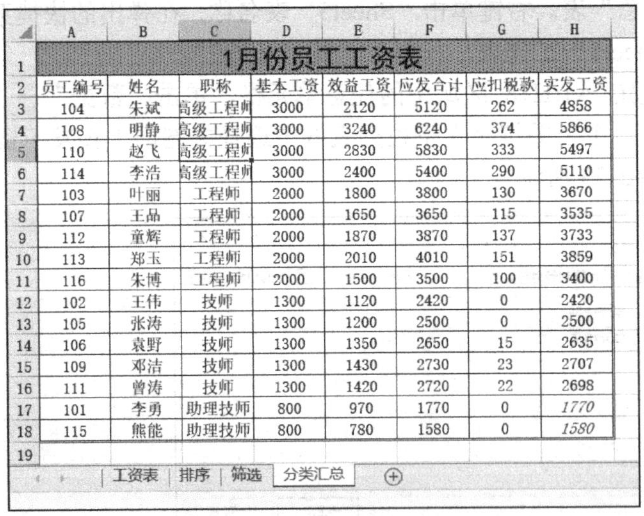

1月份员工工资表

员工编号	姓名	职称	基本工资	效益工资	应发合计	应扣税款	实发工资
104	朱斌	高级工程师	3000	2120	5120	262	4858
108	明静	高级工程师	3000	3240	6240	374	5866
110	赵飞	高级工程师	3000	2830	5830	333	5497
114	李浩	高级工程师	3000	2400	5400	290	5110
103	叶丽	工程师	2000	1800	3800	130	3670
107	王晶	工程师	2000	1650	3650	115	3535
112	童辉	工程师	2000	1870	3870	137	3733
113	郑玉	工程师	2000	2010	4010	151	3859
116	朱博	工程师	2000	1500	3500	100	3400
102	王伟	技师	1300	1120	2420	0	2420
105	张涛	技师	1300	1200	2500	0	2500
106	袁野	技师	1300	1350	2650	15	2635
109	邓洁	技师	1300	1430	2730	23	2707
111	曾涛	技师	1300	1420	2720	22	2698
101	李勇	助理技师	800	970	1770	0	1770
115	熊能	助理技师	800	780	1580	0	1580

工资表 | 排序 | 筛选 | 分类汇总

图 2-56 职称排序结果

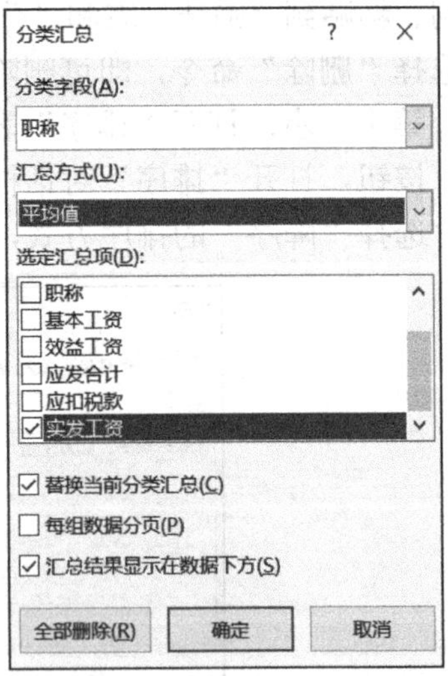

图 2-57 “分类汇总”对话框

第十四步：打开“分类汇总”工作表，同时选定 B2:B6、D2:E6 和 H2:H6 单元格区域，单击“插入”→“柱形图”→“簇状柱形图”，结果如图 2-58 所示。选择图表标题，修改标题为“高级工程师工资图”。在图表区域单击鼠标右键，在弹出的快捷菜单中选择“设置图表区域格式”选项，在右侧弹出的“设置图表区格式”对话框中选择“填充”→“图片或纹理填充”，选择“画布”纹理，如图 2-59 所示。

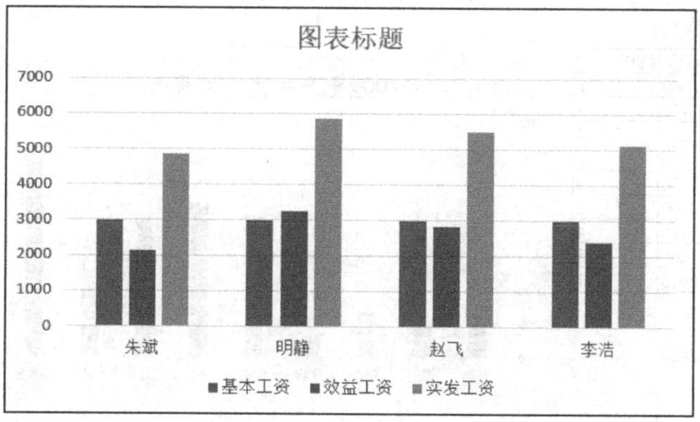

图 2-58 柱形图结果

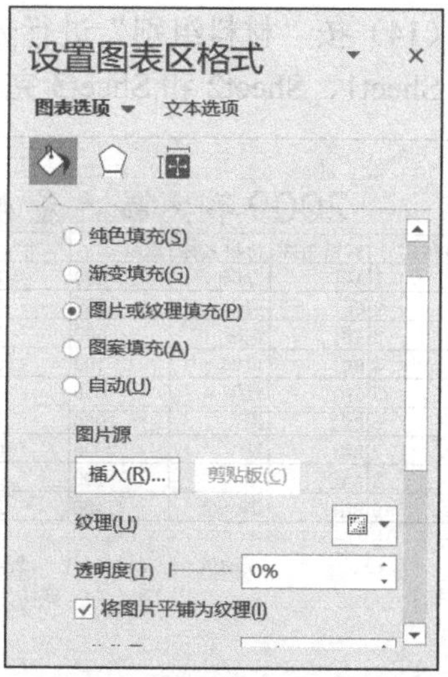

图 2-59 “设置图表区格式”对话框

案例 2.4 2009 年产品产量汇总表

1. 题目要求

● 在 Sheet1 中完成下列操作：

（1）利用填充柄在 A3:A11 单元格中输入序号 1～9。

（2）合并单元格 A1:G1，行高设为 30，将标题水平居中、垂直居中，设置标题字体为“华文新魏”、红色、24 号字。

（3）设置标题单元格的图案样式为“25%灰色”，图案颜色设置为“橙色，个性色 6，淡色 40%”。

（4）利用公式计算“产品总价”（产品总价=数量×单价），并填入相应的单元格。

（5）条件格式：产品总价大于 2000 的用红色字体显示。

（6）使用 RANK 函数按照产品总价计算“排序”列的数据。

（7）在 D13、E13 单元格计算数量、单价的平均值，保留两位小数。

（8）在 F14 单元格计算产品总价的总计。

（9）设置单元格区域 A2:G11，内、外部均为细单实线边框。

（10）选择单元格区域 C2:C11 和 F2:F11，创建二维簇状柱形图，标题为“2009 年产品产量汇总表”，标题格式设置为“华文新魏”、红色、16 号字，加单下画线，图表区纹理填充为“新闻纸”，边框样式为“圆角”。

（11）将 Sheet1 中单元格 A1:G11 的内容复制后，分别粘贴到 Sheet2、Sheet3 的 A1 单元格处。

● 在 Sheet2 中完成下列操作：

（12）自动筛选出“产品总价”小于等于 1000 的材料。

● 在 Sheet3 中完成下列操作：

（13）按“材料组别”降序排序（即顺序为 C 组、B 组、A 组）。

（14）按“材料组别”进行分类汇总，求出每一组“产品总价”的平均值。

Sheet1、Sheet2 和 Sheet3 完成后样张分别如图 2-60、图 2-61 和图 2-62 所示。

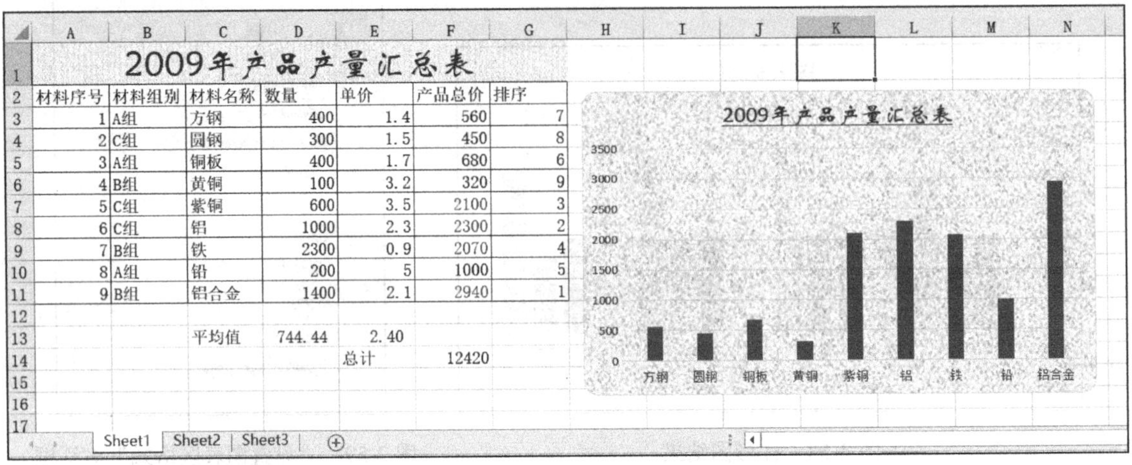

2009年产品产量汇总表						
材料序号	材料组别	材料名称	数量	单价	产品总价	排序
1	A组	方钢	400	1.4	560	7
2	C组	圆钢	300	1.5	450	8
3	A组	铜板	400	1.7	680	6
4	B组	黄铜	100	3.2	320	9
5	C组	紫铜	600	3.5	2100	3
6	C组	铝	1000	2.3	2300	2
7	B组	铁	2300	0.9	2070	4
8	A组	铅	200	5	1000	5
9	B组	铝合金	1400	2.1	2940	1
		平均值	744.44	2.40		
				总计	12420	

图 2-60　案例 2.4 Sheet1 样张

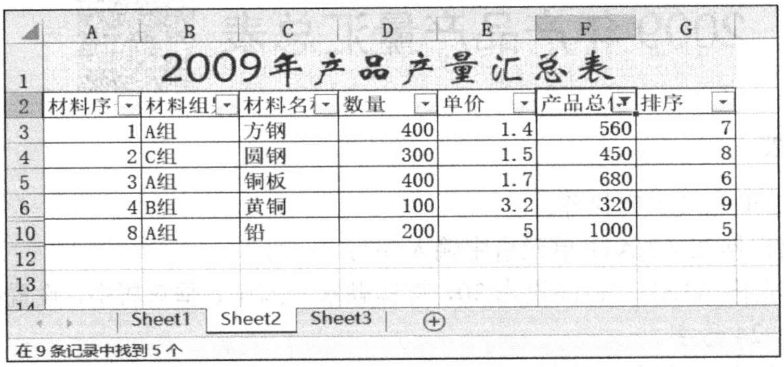

2009年产品产量汇总表						
材料序号	材料组别	材料名称	数量	单价	产品总价	排序
1	A组	方钢	400	1.4	560	7
2	C组	圆钢	300	1.5	450	8
3	A组	铜板	400	1.7	680	6
4	B组	黄铜	100	3.2	320	9
8	A组	铅	200	5	1000	5

图 2-61　案例 2.4 Sheet2 样张

2009年产品产量汇总表						
材料序号	材料组别	材料名称	数量	单价	产品总价	排序
2	C组	圆钢	300	1.5	450	10
5	C组	紫铜	600	3.5	2100	3
6	C组	铝	1000	2.3	2300	2
	C组 平均值				1616.667	
4	B组	黄铜	100	3.2	320	11
7	B组	铁	2300	0.9	2070	4
9	B组	铝合金	1400	2.1	2940	1
	B组 平均值				1776.667	
1	A组	方钢	400	1.4	560	9
3	A组	铜板	400	1.7	680	8
8	A组	铅	200	5	1000	7
	A组 平均值				746.6667	
	总计平均值				1380	

图 2-62　案例 2.4 Sheet3 样张

2. 操作步骤

第一步：选择 A3 单元格，输入“1”，选择 A4 单元格，输入“2”，按住鼠标左键拖动鼠标选中 A3:A4 单元格区域，按住填充柄向下进行列填充，填充到“9”时松开鼠标左键，如图 2-63 所示。

第二步：选择单元格区域 A1:G1，单击鼠标右键，在弹出的快捷菜单中选择“设置单元格格式”选项，打开“设置单元格格式”对话框。选择“对齐”选项卡，将水平对齐和垂直对齐均设置为“居中”，在“文本控制”中选择“合并单元格”复选框；然后选择“字体”选项卡，分别设置字体为“华文新魏”“红色”“24”。将光标放在第一行的行号“1”上，当光标变成黑色箭头时，单击鼠标右键，在弹出的快捷菜单中选择“行高”选项，在打开的“行高”对话框中设定行高的精确值为“30”。

图 2-63 填充柄输入规律数据

第三步：选择标题单元格，单击鼠标右键，在弹出的快捷菜单中选择“设置单元格格式”选项，打开“设置单元格格式”对话框，选择“填充”选项卡，将图案样式设置为“25%灰色”，图案颜色设置为“橙色，个性色 6，淡色 40%”，如图 2-64 所示。

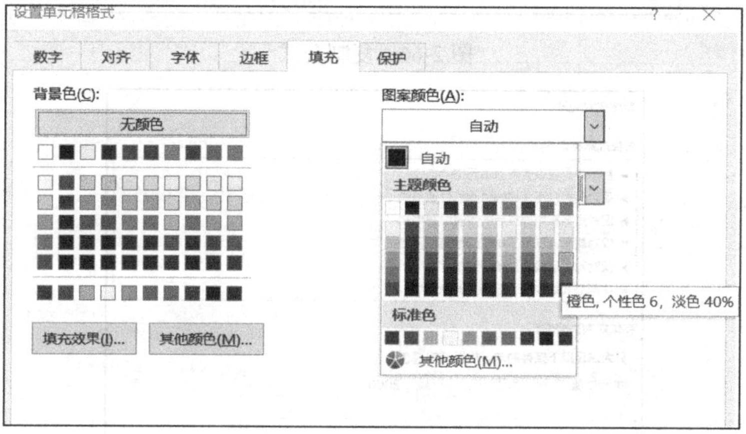

图 2-64 “设置单元格格式”对话框“填充”选项卡

第四步：选择 F3 单元格，在 F3 单元格中输入“=D3*E3”，如图 2-65 所示，然后按回车键得到计算值“560”。拖动单元格 F3 的填充柄将公式依次复制到单元格 F11 后释放鼠标，如图 2-66 所示。

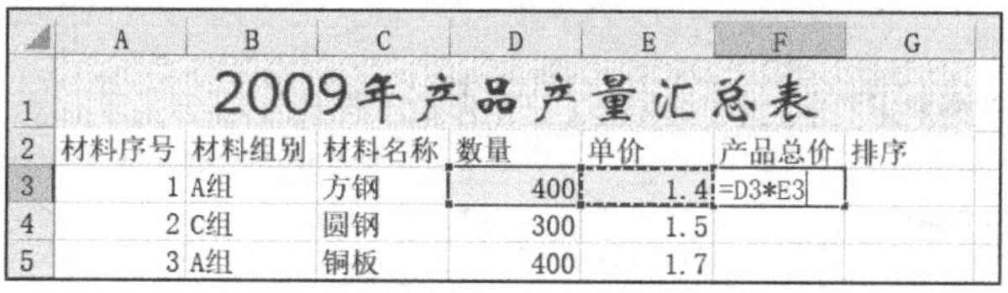

图 2-65 建立公式

第五步：选择单元格区域 F3:F11，选择“开始”→“条件格式”→“新建规则”选项，打开“新建格式规则”对话框，设置“选择规则类型”为“只为包含以下内容的单元格设置格式”，“编辑规则说明”为“单元格值”“大于”“2000”。然后单击“格式”按钮，在打开的“设置单元格格式”对话框中将字体颜色设置为“红色”，如图 2-67 所示。

第六步：选择 G3 单元格，单击“公式”→“插入函数”选项，在打开的“插入函数”

对话框中选择类别为“常用函数”，在函数列表框中选择“RANK”函数，打开“函数参数”对话框。将光标定位在 Number 文本框中，用鼠标选定 F3 单元格；将光标定位在 Ref 文本框中，用鼠标选定 F3:F11 单元格区域；然后将 Ref 文本框中相对地址“F3:F11”修改为绝对地址“$F$3:$F$11”，如图 2-68 所示。拖动 G3 单元格的填充柄将公式依次复制到 G11 单元格后松开鼠标，得到正确结果，如图 2-69 所示。

2009年产品产量汇总表

材料序号	材料组别	材料名称	数量	单价	产品总价	排序
1	A组	方钢	400	1.4	560	
2	C组	圆钢	300	1.5	450	
3	A组	铜板	400	1.7	680	
4	B组	黄铜	100	3.2	320	
5	C组	紫铜	600	3.5	2100	
6	C组	铝	1000	2.3	2300	
7	B组	铁	2300	0.9	2070	
8	A组	铅	200	5	1000	
9	B组	铝合金	1400	2.1	2940	
		平均值				
				总计		

图 2-66　复制公式

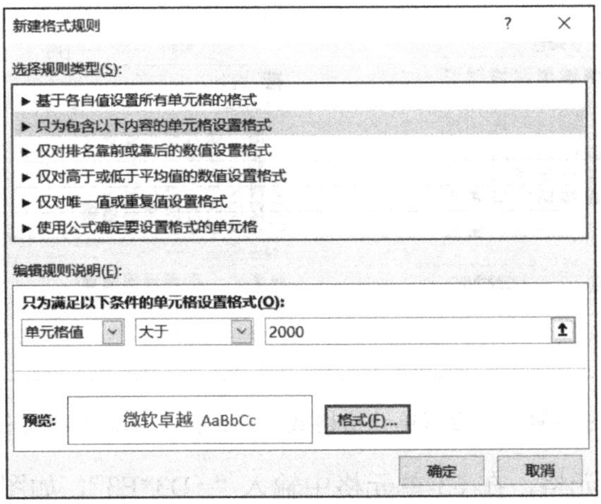

图 2-67　“新建格式规则”对话框

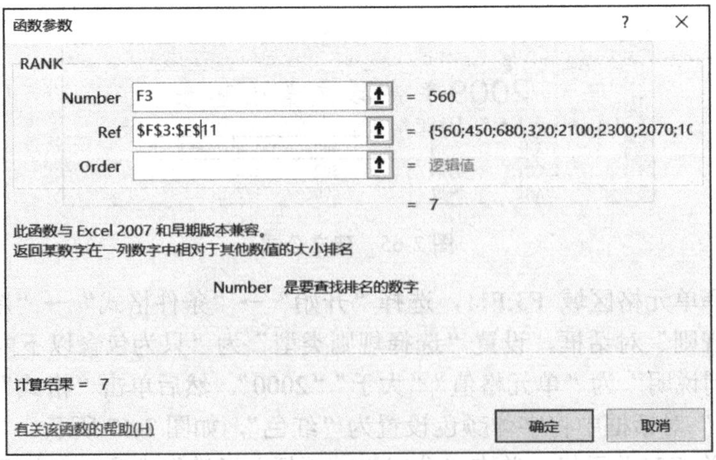

图 2-68　“函数参数”对话框

	材料序号	材料组别	材料名称	数量	单价	产品总价	排序
1	2009年产品产量汇总表						
2	材料序号	材料组别	材料名称	数量	单价	产品总价	排序
3	1	A组	方钢	400	1.4	560	7
4	2	C组	圆钢	300	1.5	450	8
5	3	A组	铜板	400	1.7	680	6
6	4	B组	黄铜	100	3.2	320	9
7	5	C组	紫铜	600	3.5	2100	3
8	6	C组	铝	1000	2.3	2300	2
9	7	B组	铁	2300	0.9	2070	4
10	8	A组	铅	200	5	1000	5
11	9	B组	铝合金	1400	2.1	2940	1
12							
13			平均值				

图 2-69　引用绝对地址求排序

第七步：选择 D13 单元格，单击“公式”→“插入函数”选项，在打开的“插入函数”对话框中选择类别为“常用函数”，在函数列表框中选择“AVERAGE”函数，打开“函数参数”对话框。将光标定位在 Number1 文本框中，用鼠标选定 D3:D11 区域，如图 2-70 所示，单击“确定”按钮，求出平均值。拖动 D13 单元格的填充柄将公式依次复制到 E13 单元格后松开鼠标。

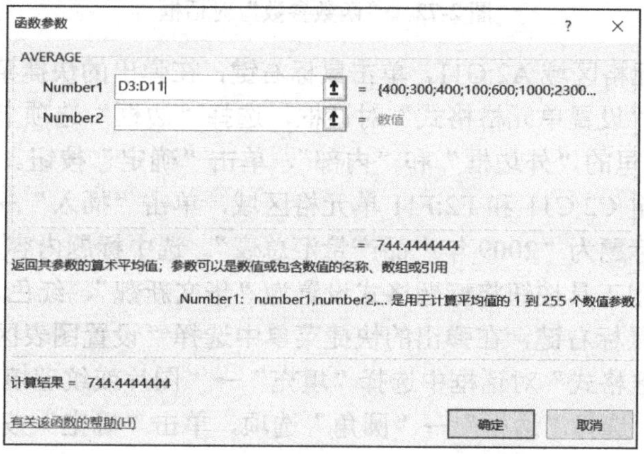

图 2-70　“函数参数”对话框

选择单元格区域 D13:E13，单击鼠标右键，在弹出的快捷菜单中选择“设置单元格格式”选项，打开“设置单元格格式”对话框，选择“数字”选项卡，在“分类”区域选择“数值”选项，并将“小数位数”设定为“2”，如图 2-71 所示。

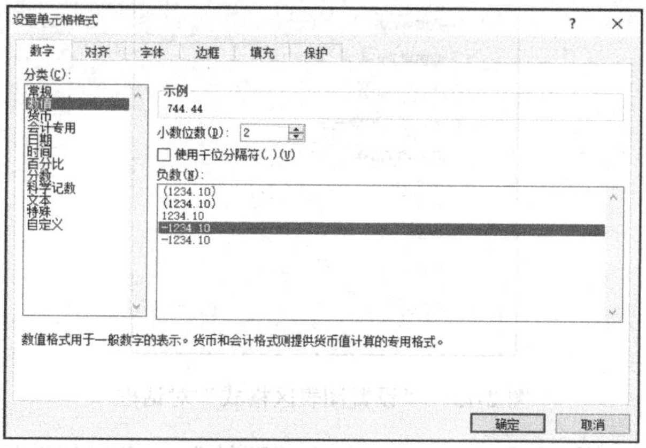

图 2-71　“设置单元格格式”对话框“数字”选项卡

第八步：选择 F14 单元格，单击“公式”→“插入函数”选项，在打开的“插入函数”对话框中选择类别为“常用函数”，在函数列表框中选择“SUM”函数，打开“函数参数”对话框。将光标定位在 Number1 文本框中，用鼠标选定 F3:F11 区域，如图 2-72 所示，单击“确定”按钮，求出总计。

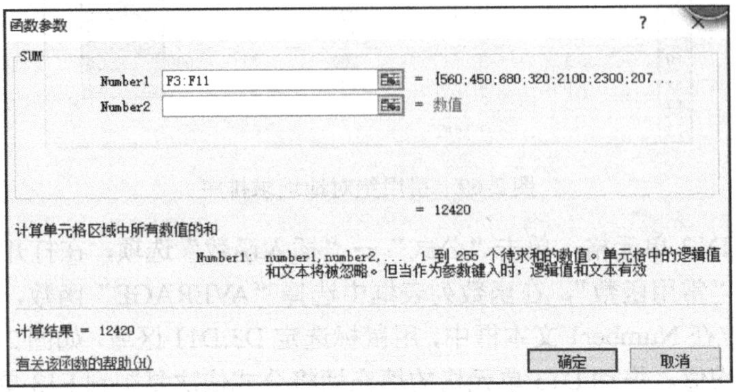

图 2-72 “函数参数”对话框

第九步：选择单元格区域 A2:G11，单击鼠标右键，在弹出的快捷菜单中选择“设置单元格格式”选项，打开“设置单元格格式”对话框，选择“边框”选项卡，线条样式选择“单实线”，单击预置区域里的“外边框”和“内部”，单击“确定”按钮。

第十步：同时选定 C2:C11 和 F2:F11 单元格区域，单击“插入”→“柱形图”→“簇状柱形图”选项，修改标题为“2009 年产品产量汇总表”。选中标题内容，单击“开始”菜单，在“字体”区域用常用工具按钮将标题格式设置为“华文新魏”、红色、16 号字，加单下画线。在图表区域单击鼠标右键，在弹出的快捷菜单中选择“设置图表区域格式”选项，在右侧弹出的“设置图表区格式”对话框中选择“填充”→“图片或纹理填充”，纹理选择“新闻纸”，如图 2-73 所示。选择“边框”→“圆角”选项，单击“确定”按钮。

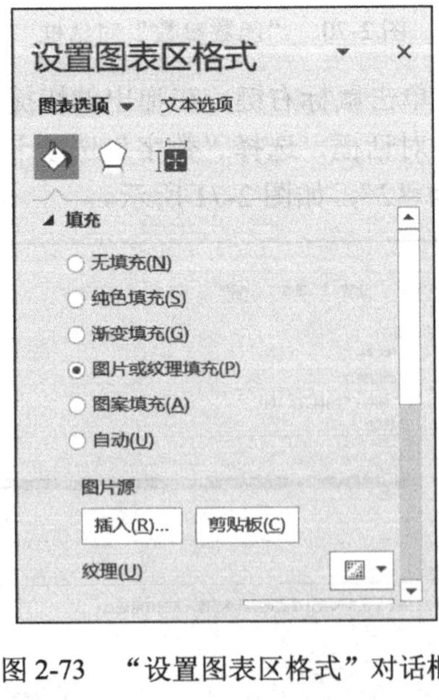

图 2-73 “设置图表区格式”对话框

第十一步：选择单元格区域 A1:G11，单击“开始”→“复制”按钮，然后打开 Sheet2

工作表，选择 A1 单元格，单击“开始”→“粘贴”按钮，完成数据的复制。按此操作步骤将数据复制、粘贴到 Sheet3 工作表。

第十二步：打开 Sheet2 工作表，选定数据清单中 A2:G2 单元格中的任意单元格，单击“数据”→“筛选”命令，在每个字段名的右侧都出现一个下拉按钮，单击“产品总价”右侧的下拉按钮，选择“数字筛选”→“小于或等于”，在打开的“自定义自动筛选方式”对话框中设定数值为 1000，单击“确定”按钮，即可完成自动筛选工作。

第十三步：打开 Sheet3 工作表，选定单元格区域 A2:G11，单击“数据”→“排序”按钮，打开“排序”对话框，在“主要关键字”下拉列表框中选择关键词“材料组别”，同时选择“降序”的排序方式，单击“确定”按钮，得到降序排序结果。

第十四步：选定数据清单中的任意单元格，单击“数据”→“分类汇总”选项，在打开的“分类汇总”对话框的“分类字段”下拉列表框中选择“材料组别”，在“汇总方式”下拉列表框中选择“平均值”，在“选定汇总项”列表框中选择“产品总价”，单击“确定”按钮。

案例 2.5　各地区优秀农民经济作物收成表

1. 题目要求

● 设置“原始工作表”：

（1）将行高和列宽分别调整为 20、12，并将标题所在的行高调整为 40。

（2）将单元格 A1:J1 合并及居中，将标题“各地区优秀农民经济作物收成表”设置为“黑体”、加粗、26 号字、单下画线。

（3）利用 SUM 函数求出总计。

（4）利用 AVERAGE 函数求出平均产量。

（5）利用 IF 函数求出每名农民的总评，标准为：产量总计大于或等于 6200 的为“一级”，否则为“二级”。

（6）为表格添加边框，外边框为绿色的粗实线，内边框为绿色的单细线。

（7）标题所在单元格的底纹设置为紫色。

（8）将“原始工作表”的数据分别复制到“图表”“排序”“自动筛选”三个工作表中的 A1 单元格。

● 设置“图表”：

（9）选择“地区”“小麦”“水稻”“玉米”“红薯” 5 列数据生成“簇状柱形图”，设置图表标题“各作物收成图表”，字体为“楷体”、16 号字。

（10）图表区格式的填充效果为形状样式中的“彩色轮廓-蓝色，强调颜色 1”。

● 设置“排序”表：

（11）按照“总计”的降序排列。

● 设置“自动筛选”表

（12）筛选出小麦产量大于或等于 1300 的“一级”农民。

“原始工作表”、“图表”、“排序”和“自动筛选”表完成后样张分别如图 2-74、图 2-75、图 2-76 和图 2-77 所示。

各地区优秀农民经济作物收成表

单位：吨

序号	地区	姓名	小麦	水稻	玉米	红薯	总计	平均产量	总评
1	北京	张忠	1200	1000	1100	1300	4600	1150	二级
2	天津	王强	1100	1100	1000	1200	4400	1100	二级
3	黑龙江	李铁	1900	1000	1600	1700	6200	1550	一级
4	江苏	杨东	1801	1900	1200	1300	6201	1550.25	一级
5	河南	高志	1702	1840	1210	1450	6202	1550.5	一级
6	湖北	石头	1603	1760	1310	1605	6278	1569.5	一级
7	湖南	五福	1610	1970	1500	1400	6480	1620	一级
8	新疆	范亮	1305	1007	0	1007	3319	829.75	二级
9	内蒙古	士水	1900	1008	1700	1800	6408	1602	一级
10	西藏	李可	1401	0	0	1000	2401	600.25	二级

原始工作表 | 图表 | 排序 | 自动筛选

图 2-74　案例 2.5“原始工作表”表样张

各地区优秀农民经济作物收成表

单位：吨

序号	地区	姓名	小麦	水稻	玉米	红薯	总计	平均产量	总评
1	北京	张忠	1200						
2	天津	王强	1100						
3	黑龙江	李铁	1900						
4	江苏	杨东	1801						
5	河南	高志	1702						
6	湖北	石头	1603						
7	湖南	五福	1610						
8	新疆	范亮	1305						
9	内蒙古	士水	1900						
10	西藏	李可	1401						

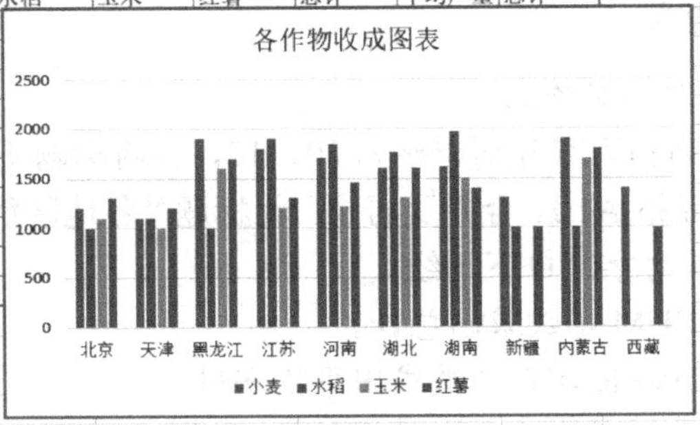

原始工作表 | 图表 | 排序 | 自动筛选

图 2-75　案例 2.5“图表”表样张

各地区优秀农民经济作物收成表

单位：吨

序号	地区	姓名	小麦	水稻	玉米	红薯	总计	平均产量	总评
7	湖南	五福	1610	1970	1500	1400	6480	1620	一级
9	内蒙古	士水	1900	1008	1700	1800	6408	1602	一级
6	湖北	石头	1603	1760	1310	1605	6278	1569.5	一级
5	河南	高志	1702	1840	1210	1450	6202	1550.5	一级
4	江苏	杨东	1801	1900	1200	1300	6201	1550.25	一级
3	黑龙江	李铁	1900	1000	1600	1700	6200	1550	一级
1	北京	张忠	1200	1000	1100	1300	4600	1150	二级
2	天津	王强	1100	1100	1000	1200	4400	1100	二级
8	新疆	范亮	1305	1007	0	1007	3319	829.75	二级
10	西藏	李可	1401	0	0	1000	2401	600.25	二级

原始工作表 | 图表 | 排序 | 自动筛选

图 2-76　案例 2.5“排序”表样张

	A	B	C	D	E	F	G	H	I	J
1	各地区优秀农民经济作物收成表									
2									单位：吨	
3	序号	地区	姓名	小麦	水稻	玉米	红薯	总计	平均产	总评
6	3	黑龙江	李铁	1900	1000	1600	1700	6200	1550	一级
7	4	江苏	杨东	1801	1900	1200	1300	6201	1550.25	一级
8	5	河南	高志	1702	1840	1210	1450	6202	1550.5	一级
9	6	湖北	石头	1603	1760	1310	1605	6278	1569.5	一级
10	7	湖南	五福	1610	1970	1500	1400	6480	1620	一级
12	9	内蒙古	士水	1900	1008	1700	1800	6408	1602	一级
14										
15										
16										

图 2-77　案例 2.5“自动筛选”表样张

2. 操作步骤

第一步：将光标放在 A 列的列名“A”上，当光标变成黑色箭头时，拖动鼠标至 J 列，单击鼠标右键，在弹出的快捷菜单中选择“列宽”选项，如图 2-78 所示，在打开的“列宽”对话框中设定精确值为“12”。将光标放在第一行的行号“1”上，当光标变成黑色箭头时，拖动鼠标至 13 行，单击鼠标右键，在弹出的快捷菜单中选择“行高”选项，在打开的“行高”对话框中设定行高的精确值为“20”。同理，将第一行的行高设置为“40”。

第二步：选择单元格区域 A1:J1，单击鼠标右键，在弹出的快捷菜单中选择“设置单元格格式”选项，打开“设置单元格格式”对话框。选择“对齐”选项卡，将水平对齐和垂直对齐均设置为“居中”，在“文本控制”中选择“合并单元格”复选框。选择“字体”选项卡，分别设置字体为“黑体”“加粗”“26”“单下画线”。

第三步：选择单元格 H4，单击“公式”→“插入函数”选项，在打开的“插入函数”对话框中选择类别为“常用函数”，选择“SUM”函数，在打开的“函数参数”对话框中将光标定位在 Number1 文本框中，用鼠标选中单元格 D4:G4 区域，如图 2-79 所示。拖动单元格 H4 的填充柄将公式依次复制到单元格 H13 后释放鼠标，如图 2-80 所示。

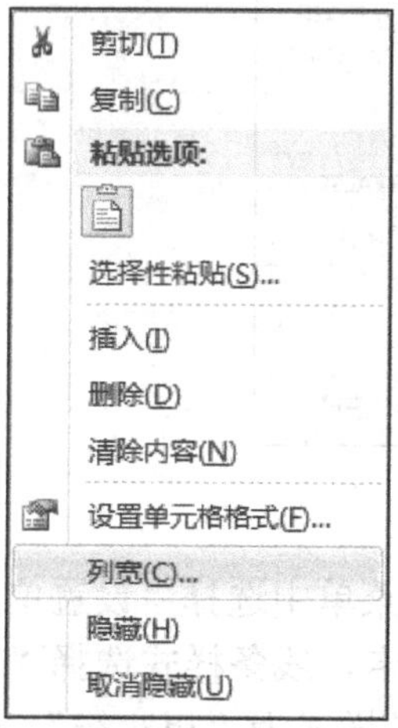

图 2-78　设置列宽

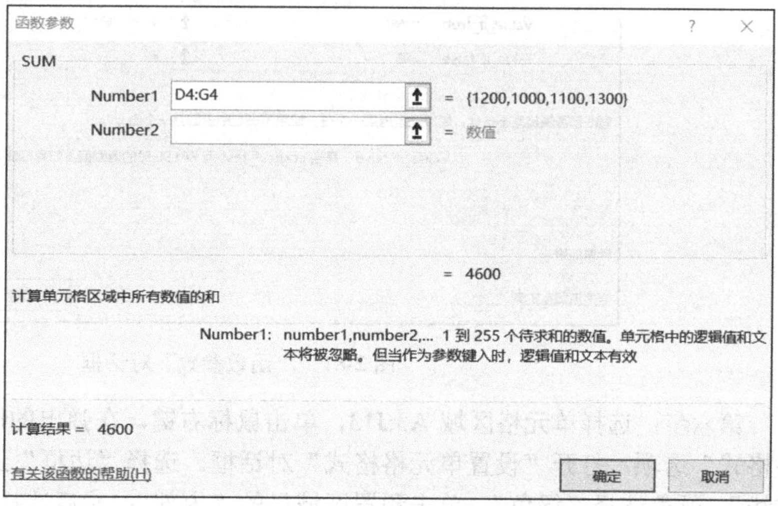

图 2-79　“函数参数”对话框

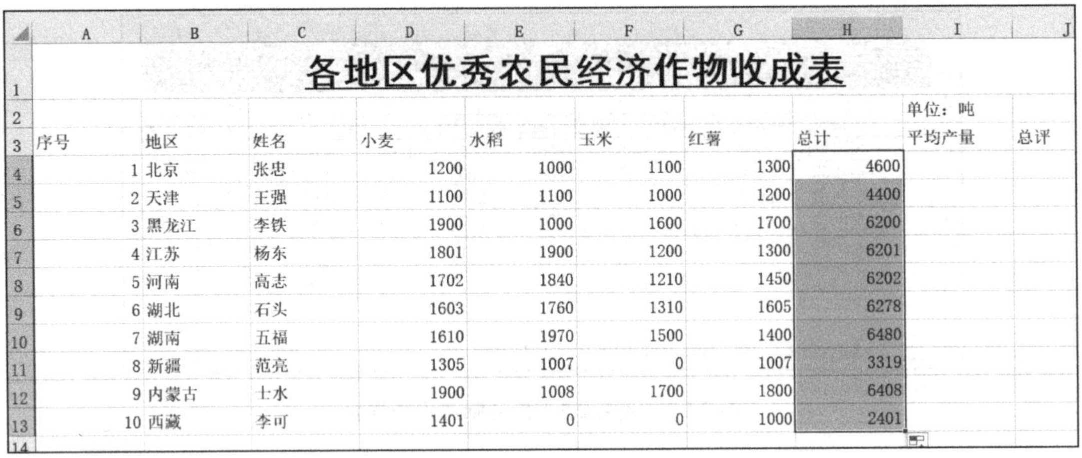

	A	B	C	D	E	F	G	H	I	J
1	各地区优秀农民经济作物收成表									
2									单位：吨	
3	序号	地区	姓名	小麦	水稻	玉米	红薯	总计	平均产量	总评
4	1	北京	张忠	1200	1000	1100	1300	4600		
5	2	天津	王强	1100	1100	1000	1200	4400		
6	3	黑龙江	李铁	1900	1000	1600	1700	6200		
7	4	江苏	杨东	1801	1900	1200	1300	6201		
8	5	河南	高志	1702	1840	1210	1450	6202		
9	6	湖北	石头	1603	1760	1310	1605	6278		
10	7	湖南	五福	1610	1970	1500	1400	6480		
11	8	新疆	范亮	1305	1007	0	1007	3319		
12	9	内蒙古	士水	1900	1008	1700	1800	6408		
13	10	西藏	李可	1401	0	0	1000	2401		
14										

图 2-80　复制公式

第四步：选择 I4 单元格，单击“公式”→“插入函数”选项，在打开的“插入函数”对话框中选择类别为“常用函数”，在函数列表框中选择“AVERAGE”函数，打开“函数参数”对话框，将光标定位在 Number1 文本框中，用鼠标选中单元格区域 D4:G4，单击“确定”按钮，求出平均产量。拖动单元格 I4 的填充柄将公式依次复制到单元格 I13 后释放鼠标，完成公式的复制并求出所有平均产量。

第五步：选择单元格 J4，单击“公式”→“插入函数”选项，在打开的“插入函数”对话框中选择类别为“常用函数”，在函数列表框中选择“IF”函数，在弹出的“函数参数”对话框中，将 Logical_test 设置为“H4>=6200”、Value_if_true 设置为“一级”、Value_if_false 设置为“二级”，如图 2-81 所示，按回车键得到总评为“二级”。拖动单元格 J4 的填充柄将公式依次复制到单元格 J13 后释放鼠标，如图 2-82 所示。

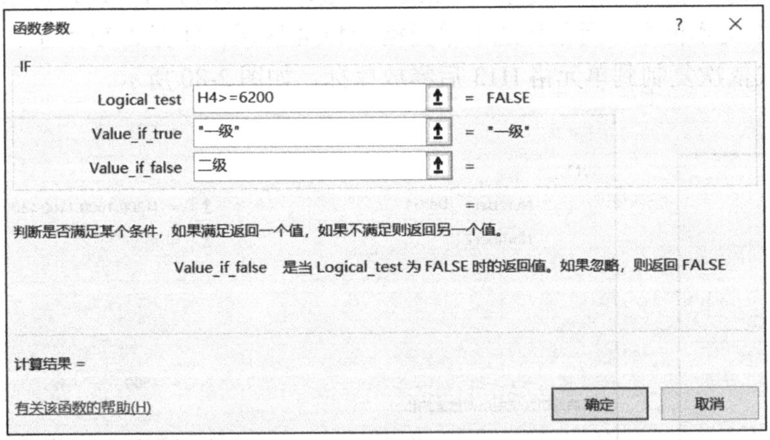

图 2-81　“函数参数”对话框

第六步：选择单元格区域 A3:J13，单击鼠标右键，在弹出的快捷菜单中选择“设置单元格格式”选项，打开“设置单元格格式”对话框。选择“边框”选项卡，线条样式选择“单实线”，颜色选择“绿色”，单击预置区域里的“内部”；然后选择线条样式为“粗实线”，颜色选择“绿色”，单击预置区域里的“外边框”，如图 2-83 所示。

各地区优秀农民经济作物收成表

单位：吨

序号	地区	姓名	小麦	水稻	玉米	红薯	总计	平均产量	总评
1	北京	张忠	1200	1000	1100	1300	4600	1150	二级
2	天津	王强	1100	1100	1000	1200	4400	1100	二级
3	黑龙江	李铁	1900	1000	1600	1700	6200	1550	一级
4	江苏	杨东	1801	1900	1200	1300	6201	1550.25	一级
5	河南	高志	1702	1840	1210	1450	6202	1550.5	一级
6	湖北	石头	1603	1760	1310	1605	6278	1569.5	一级
7	湖南	五福	1610	1970	1500	1400	6480	1620	一级
8	新疆	范亮	1305	1007	0	1007	3319	829.75	二级
9	内蒙古	士水	1900	1008	1700	1800	6408	1602	一级
10	西藏	李可	1401	0	0	1000	2401	600.25	二级

图 2-82 IF 函数计算总评结果

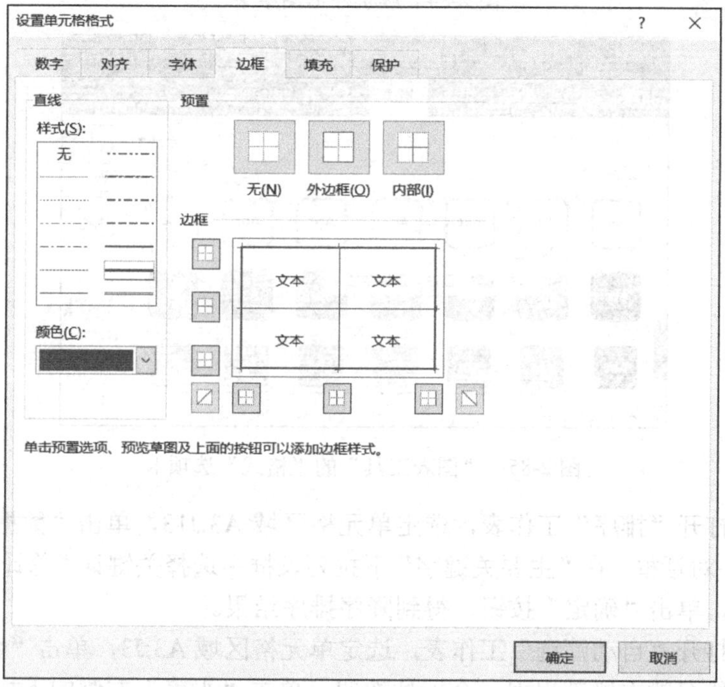

图 2-83 “设置单元格格式”对话框“边框”选项卡

第七步：选择单元格 A1，单击鼠标右键，在弹出的快捷菜单中选择“设置单元格格式”选项，打开“设置单元格格式”对话框，选择“填充”选项卡，将背景色设置为“紫色”。

第八步：选择单元格区域 A1:J13，单击“开始”→“复制”按钮，然后打开“图表”工作表，选择单元格 A1，单击“开始”→“粘贴”按钮，完成数据的复制。按此操作步骤将数据分别复制、粘贴到“图表”表、排序”表和“自动筛选”表。

第九步：打开“图表”工作表，同时选定 B3:B13 和 D3:G13 单元格区域，单击“插入”→“柱形图”→“簇状柱形图”选项，选中图表标题，修改标题为“各作物收成图表”“楷体”“16”，结果如图 2-84 所示。

第十步：选择图表，单击“格式”→“形状样式”中的下拉箭头，在弹出的形状样式区域选择“彩色轮廓-蓝色，强调颜色 1”，如图 2-85 所示。

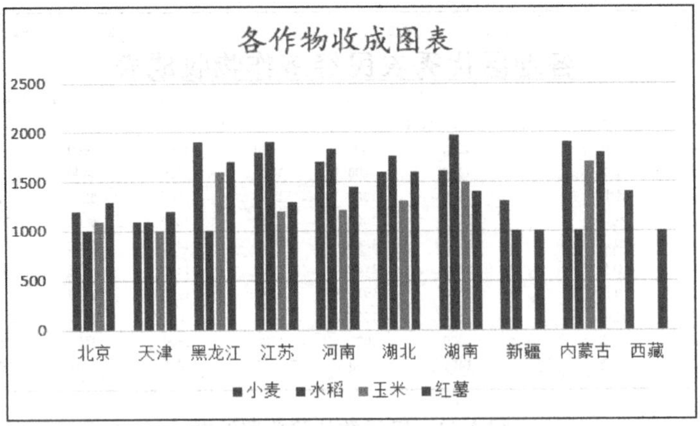

图 2-84　簇状柱形图结果

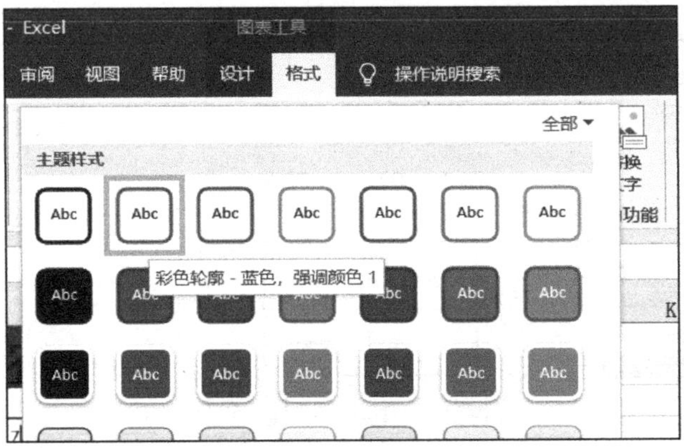

图 2-85　“图表工具”的“格式”选项卡

第十一步：打开“排序”工作表，选定单元格区域 A3:J13，单击“数据”→“排序”按钮，打开“排序”对话框，在“主要关键字”下拉列表框中选择关键词“总计”，同时选择“降序”的排序方式，单击“确定”按钮，得到降序排序结果。

第十二步：打开“自动筛选”工作表，选定单元格区域 A3:J3，单击“数据”→“筛选”选项，在每个字段名的右侧都出现一个下拉按钮，单击“小麦”右侧的下拉按钮，选择“数字筛选”→“大于或等于”，在打开的“自定义自动筛选方式”对话框中设定数值为“1300”，如图 2-86 所示。单击“总评”右侧的下拉按钮，选择“一级”，如图 2-87 所示。

图 2-86　“自定义自动筛选方式”对话框

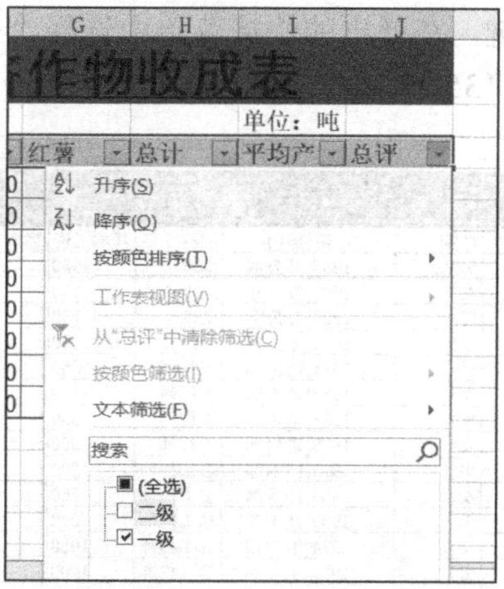

图 2-87　“筛选”对话框

案例 2.6　工资表

1．题目要求

● 设置“工资表”：

（1）合并单元格 A1:I1，调整行高为 35.25，设置标题水平居中、垂直居中，字体为“华文新魏”、加下画线、28 号字。

（2）利用函数计算每个人的工资总额，计算所有人的总工资总额（放在 B19 单元格）、平均工资总额（放在 H19 单元格）、最高工资（放在 B20 单元格）、工资总额少于 1000 元的职工人数（放在 H20 单元格）。

（3）设置条件格式：设置工资总额小于 1000 的红色显示、大于 5000 的蓝色显示。

（4）为标题单元格 A1 加蓝色底纹，数据区域 A1:I16 加内外实线型边框。

（5）选择所有的数据并复制到“分类汇总表”单元格 A1 处。

● 设置“分类汇总表”：

（6）按职称进行分类汇总，求助理、工程师、总工程师的基本工资及工资总额的平均值。

（7）选择数据区域 B8:B11、G8:G11 和 I8:I11，创建工程师的基本工资、工资总额的簇状柱形图，标题为“工程师工资”，格式为“宋体”“加粗”“红色”“20”。

（8）图表数据系列上要求标注值，分类轴（*X* 轴）名称为“姓名”，数值轴（*Y* 轴）名称为“工资”。

（9）删除 Sheet3。

“工资表”和“分类汇总表”完成后样张分别如图 2-88 和图 2-89 所示。

2．操作步骤

第一步：选择单元格区域 A1:I1，单击鼠标右键，在弹出的快捷菜单中选择“设置单元格格式”选项，打开“设置单元格格式”对话框。选择“对齐”选项卡，将水平对齐和垂直对齐均设置为“居中”，在“文本控制”中选择“合并单元格”复选框；选择“字体”选项卡，分别设置字体为“华文新魏”“28”“单下画线”。将光标放在第一行的行号“1”上，当光标变成黑色箭头时，单击鼠标右键，在弹出的快捷菜单中选择“行高”选项，在打开的“行高”对话框中设定行高的精确值为“35.25”。

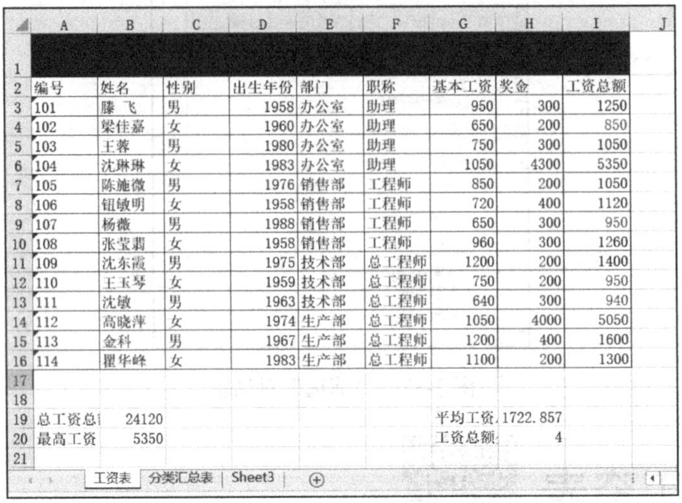

	A	B	C	D	E	F	G	H	I
2	编号	姓名	性别	出生年份	部门	职称	基本工资	奖金	工资总额
3	101	滕 飞	男	1958	办公室	助理	950	300	1250
4	102	梁佳嘉	女	1960	办公室	助理	650	200	850
5	103	王蓉	男	1980	办公室	助理	750	300	1050
6	104	沈琳琳	女	1983	办公室	助理	1050	4300	5350
7	105	陈施微	男	1976	销售部	工程师	850	200	1050
8	106	钮敏明	女	1958	销售部	工程师	720	400	1120
9	107	杨薇	男	1988	销售部	工程师	650	300	950
10	108	张莹翡	女	1958	销售部	工程师	960	300	1260
11	109	沈东霞	男	1975	技术部	总工程师	1200	200	1400
12	110	王玉琴	女	1959	技术部	总工程师	750	200	950
13	111	沈敏	男	1963	技术部	总工程师	640	300	940
14	112	高晓萍	女	1974	生产部	总工程师	1050	4000	5050
15	113	金科	男	1967	生产部	总工程师	1200	400	1600
16	114	瞿华峰	女	1983	生产部	总工程师	1100	200	1300
19	总工资总	24120					平均工资	1722.857	
20	最高工资	5350					工资总额	4	

工资表 | 分类汇总表 | Sheet3

图 2-88　案例 2.6“工资表”样张

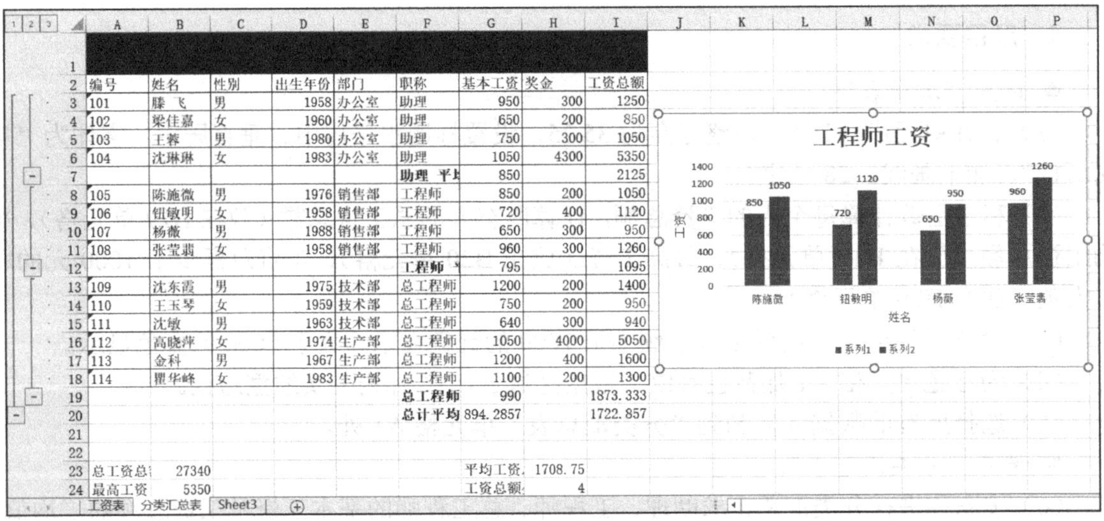

	A	B	C	D	E	F	G	H	I
2	编号	姓名	性别	出生年份	部门	职称	基本工资	奖金	工资总额
3	101	滕 飞	男	1958	办公室	助理	950	300	1250
4	102	梁佳嘉	女	1960	办公室	助理	650	200	850
5	103	王蓉	男	1980	办公室	助理	750	300	1050
6	104	沈琳琳	女	1983	办公室	助理	1050	4300	5350
7						助理 平均	850		2125
8	105	陈施微	男	1976	销售部	工程师	850	200	1050
9	106	钮敏明	女	1958	销售部	工程师	720	400	1120
10	107	杨薇	男	1988	销售部	工程师	650	300	950
11	108	张莹翡	女	1958	销售部	工程师	960	300	1260
12						工程师 平	795		1095
13	109	沈东霞	男	1975	技术部	总工程师	1200	200	1400
14	110	王玉琴	女	1959	技术部	总工程师	750	200	950
15	111	沈敏	男	1963	技术部	总工程师	640	300	940
16	112	高晓萍	女	1974	生产部	总工程师	1050	4000	5050
17	113	金科	男	1967	生产部	总工程师	1200	400	1600
18	114	瞿华峰	女	1983	生产部	总工程师	1100	200	1300
19						总工程师	990		1873.333
20						总计平均	894.2857		1722.857
23	总工资总	27340					平均工资	1708.75	
24	最高工资	5350					工资总额	4	

图 2-89　案例 2.6“分类汇总表”样张

第二步：选择单元格 I3，单击“公式”→“插入函数”选项，在打开的“插入函数”对话框中选择类别为“常用函数”，选择“SUM”函数，在打开的“函数参数”对话框中将光标定位在 Number1 文本框中，用鼠标选中 G3:H3 区域，单击“确定”按钮，求出工资总额。拖动单元格 I3 的填充柄将公式依次复制到单元格 I16 后释放鼠标，计算出所有人的工资总额。

选择单元格 B19，选择“SUM”函数，在打开的“函数参数”对话框中将光标定位在 Number1 文本框中，用鼠标选中 I3:I16 区域，单击“确定”按钮，求出所有人的总工资总额。

选择单元格 H19，选择“AVERAGE”函数，在打开的“函数参数”对话框中将光标定位在 Number1 文本框中，用鼠标选定 I3:I16 区域，单击“确定”按钮，求出平均工资。

选择单元格 B20，单击“公式”→“自动求和”→“最大值”选项，如图 2-90 所示，用鼠标选定 I3:I16 区域，单击“确定”按钮，求出最高工资。

选择单元格 H20，单击“公式”→“插入函数”命令选项，在打开的“插入函数”对话框中选择类别为“全部”，选择“COUNTIF”函数，在打开的“函数参数”对话框中将参数 Range 设置为“I3:I16”、Criteria 设置为“<1000”，如图 2-91 所示。

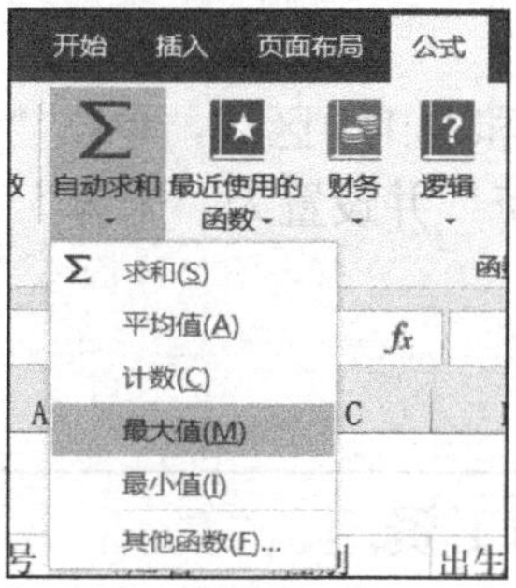

图 2-90 “自动求和”菜单

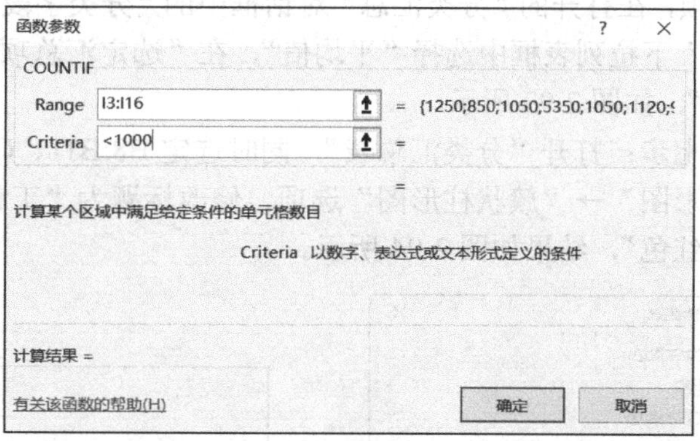

图 2-91 “函数参数”对话框

第三步：选择单元格区域 I3:I16，选择“开始”→“条件格式”→“新建规则”选项，打开“新建格式规则”对话框，设置“选择规则类型”为“只为包含以下内容的单元格设置格式”，“编辑规则说明”为“单元格值”“小于”“1000”。然后单击“格式”按钮，在打开的“设置单元格格式”对话框中将字体颜色设置为“红色”，按此操作步骤将工资总额大于 5000 的设置为“蓝色”。

第四步：选择单元格 A1，单击鼠标右键，在弹出的快捷菜单中选择“设置单元格格式”选项，打开“设置单元格格式”对话框，选择“填充”选项卡，将背景色设置为“蓝色”。选择单元格区域 A1:I16，单击鼠标右键，在弹出的快捷菜单中选择“设置单元格格式”选项，打开“设置单元格格式”对话框，选择“边框”选项卡，线条样式选择“单实线”，单击预置区域里的“内部”“外边框”，如图 2-92 所示。

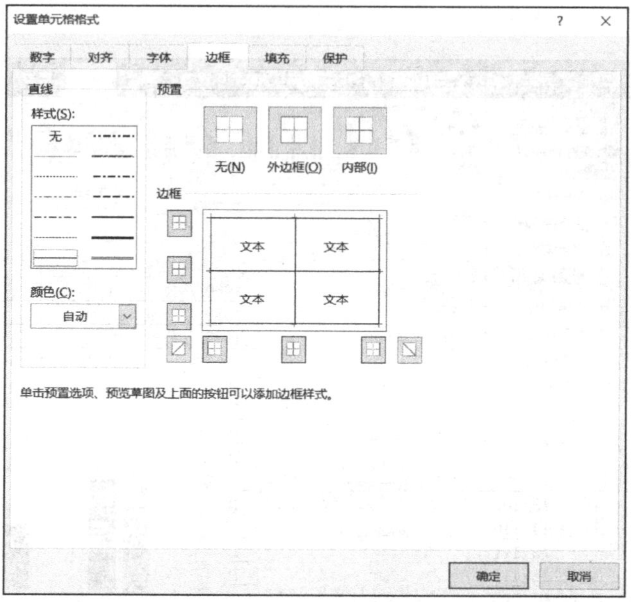

图 2-92 “设置单元格格式”对话框“边框”选项卡

第五步：选择单元格区域 A1:I20，单击“开始”→“复制”按钮，然后打开“分类汇总表”，选择 A1 单元格，单击“开始”→“粘贴”按钮，完成数据的复制。

第六步：打开“分类汇总表”，选定数据清单中的任意单元格，单击“数据”→“分类汇总”选项，在打开的“分类汇总”对话框中的“分类字段”下拉列表框中选择“职称”，在“汇总方式”下拉列表框中选择“平均值”，在“选定汇总项”列表框中选择“基本工资”和“工资总额”，如图 2-93 所示。

第七步：打开“分类汇总表”，同时选定 B8:B11、G8:G11 和 I8:I11 区域，单击“插入”→“柱形图”→“簇状柱形图”选项，修改标题为“工程师工资”并设置为“宋体”“加粗”“20”“红色”，结果如图 2-94 所示。

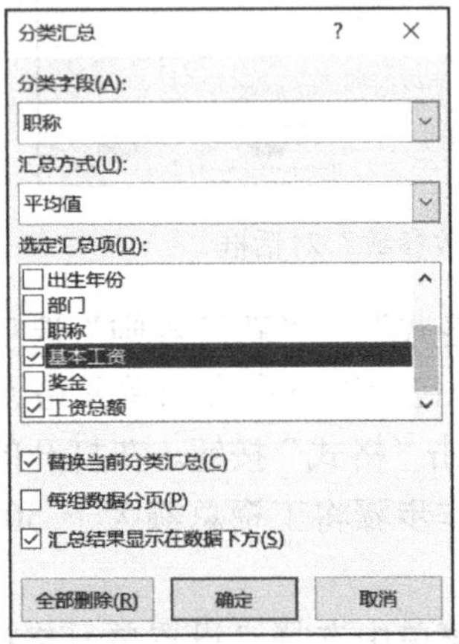

图 2-93 “分类汇总”对话框

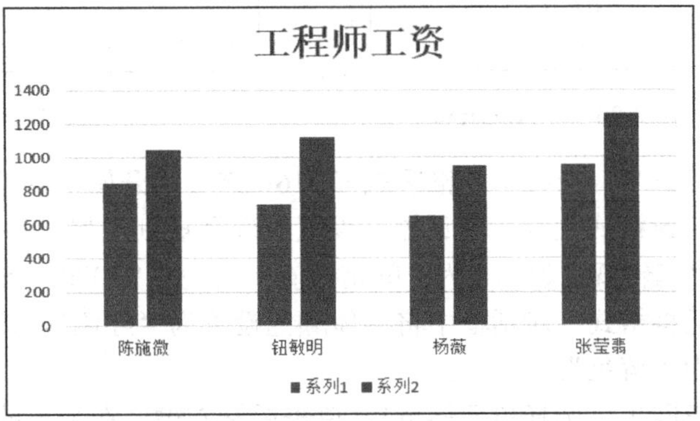

图 2-94 簇状柱形图结果

第八步：选中图表，在“设计”菜单中选择“添加图表元素”→“数据标签”→“数据标签外”选项，如图 2-95 所示。选中图表，在“设计”菜单中选择 “坐标轴标题”→“主要横坐标轴标题”选项，并修改标题为“姓名”，如图 2-96 所示。按此操作步骤完成纵坐标轴的设置。

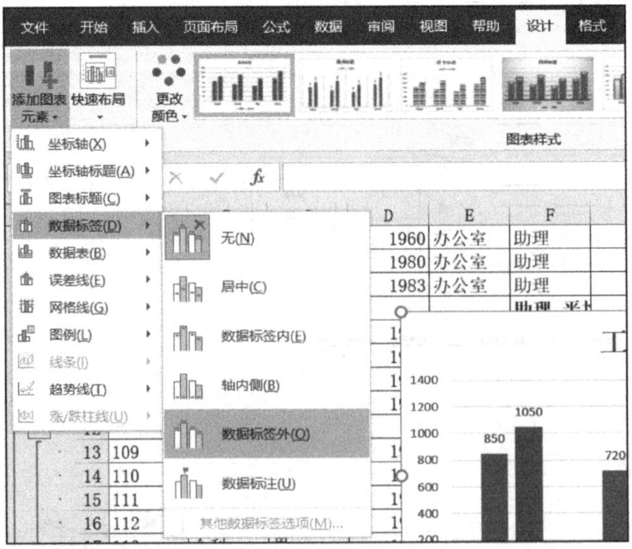

图 2-95 “数据标签”子菜单

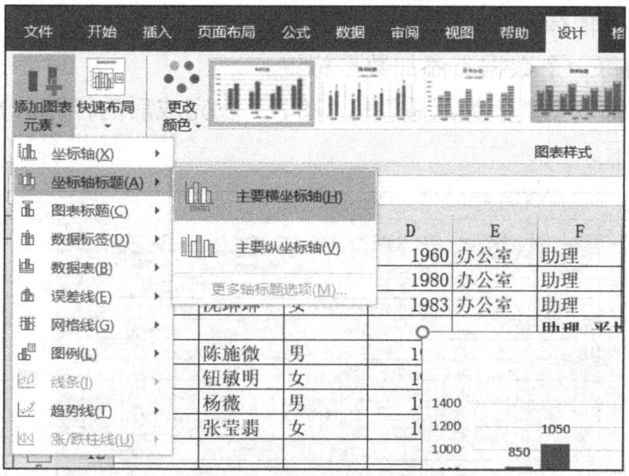

图 2-96 “坐标轴标题”子菜单

第九步：右键单击 Sheet3 表名称，在弹出的快捷菜单中选择“删除”选项，即可完成 Sheet3 工作表的删除。

案例 2.7 某小区 8 号楼 3 单元各户水费表

1. 题目要求

● 设置“水费表”：

（1）合并单元格 A1:F1，把标题文字设置成“黑体”、28 号字、蓝色，填充背景色设置为橙色，水平对齐和垂直对齐都居中。

（2）设置第一行的行高为 40。

（3）用公式计算各户“水字数”（水字数=水本月字数-水上月字数）。

（4）用公式计算各户“水费”（水费=水单价×水字数）（注意使用绝对地址）。

（5）用 SUM 函数计算各户水字数总和、各户水费总和，将结果分别放在 E16 和 E17 单元格中。

（6）用 COUNTIF 函数计算水字数超过 20 的用户数，结果放在 E18 单元格中。

（7）对单元格 F4:F14 设置条件格式，将水费超过 15 元的数据设置成红色、粗体。

（8）为单元格 A3:F14 添加双线外边框，内部为单实线，为单元格 D16:E18 添加绿色底纹。

（9）将“水费表”中的 A1:F14 单元格数据复制后分别粘贴到“自动筛选”“分类汇总”“图表”的 A1 单元格处，适当调整单元格宽度。

● 设置“自动筛选”表：

（10）自动筛选出人口数大于 3 人的用户，再筛选出水费大于 15 元的用户。

● 设置“分类汇总”表：

（11）按照人口数进行降序排序，人数相同时按照水字数降序排列。

（12）按照人口数进行分类汇总，汇总计算水字数和水费的平均值。

● 设置“图表”表：

（13）对单元格区域 A3:A14 和 F3:F14 创建一个二维“带数据标记的折线图”，图表的标题设置为“水费表”，*Y* 轴标题为“水费”。

（14）给折线图的每一个数据点添加数据标签。

“水费表”、“自动筛选”、“分类汇总”和“图表”表完成后的样张分别如图 2-97、图 2-98、图 2-99 和图 2-100 所示。

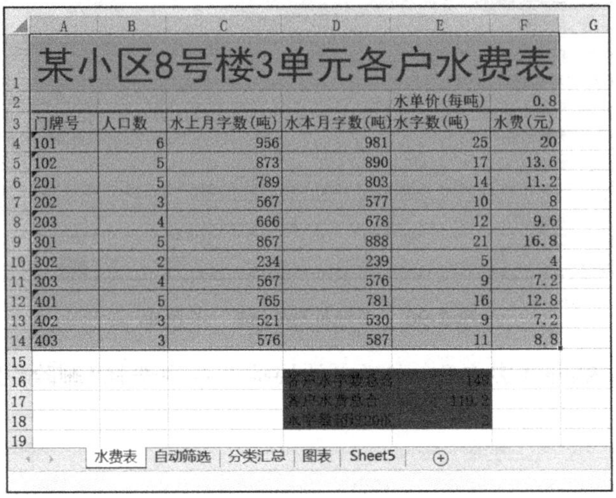

	A	B	C	D	E	F
1	某小区8号楼3单元各户水费表					
2					水单价(每吨)	0.8
3	门牌号	人口数	水上月字数(吨)	水本月字数(吨)	水字数(吨)	水费(元)
4	101	6	956	981	25	20
5	102	5	873	890	17	13.6
6	201	5	789	803	14	11.2
7	202	3	567	577	10	8
8	203	4	666	678	12	9.6
9	301	5	867	888	21	16.8
10	302	2	234	239	5	4
11	303	4	567	576	9	7.2
12	401	5	765	781	16	12.8
13	402	3	521	530	9	7.2
14	403	3	576	587	11	8.8
15						
16				各户水字数总合		149
17				各户水费总合		119.2
18				水字数超过20吨		2
19						

图 2-97　案例 2.7“水费表”表样张

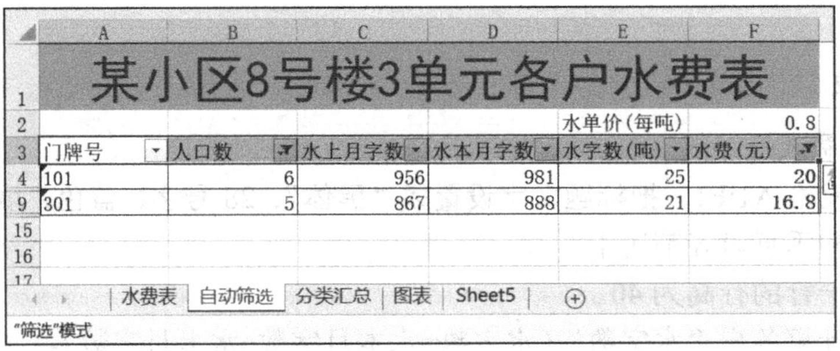

	A	B	C	D	E	F
1	某小区8号楼3单元各户水费表					
2					水单价(每吨)	0.8
3	门牌号	人口数	水上月字数	水本月字数	水字数(吨)	水费(元)
4	101	6	956	981	25	20
9	301	5	867	888	21	16.8
15						
16						

图 2-98　案例 2.7“自动筛选”表样张

	A	B	C	D	E	F
1	某小区8号楼3单元各户水费表					
2					水单价(每吨)	0.8
3	门牌号	人口数	水上月字数(吨	水本月字数(吨	水字数(吨)	水费(元)
4	101	6	956	981	25	20
5		6 平均值			25	20
6	301	5	867	888	21	16.8
7	102	5	873	890	17	13.6
8	401	5	765	781	16	12.8
9	201	5	789	803	14	11.2
10		5 平均值			17	13.6
11	203	4	666	678	12	9.6
12	303	4	567	576	9	7.2
13		4 平均值			10.5	8.4
14	403	3	576	587	11	8.8
15	202	3	567	577	10	8
16	402	3	521	530	9	7.2
17		3 平均值			10	8
18	302	2	234	239	5	4
19		2 平均值			5	4
20		总计平均值			13.54545455	10.83636364

图 2-99　案例 2.7“分类汇总”表样张

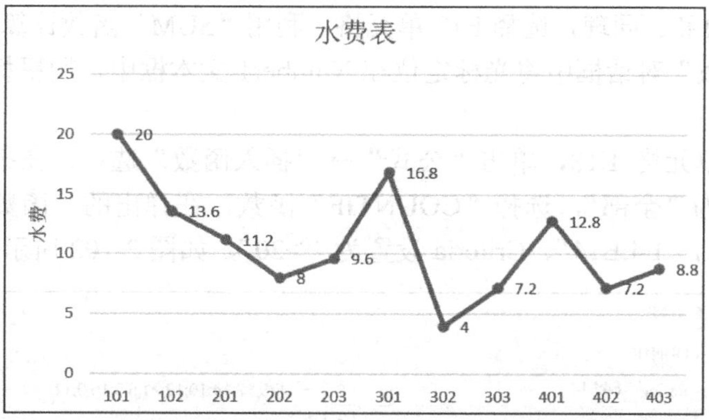

图 2-100　案例 2.7“图表”表样张

2．操作步骤

第一步：选择单元格区域 A1:F1，单击鼠标右键，在弹出的快捷菜单中选择“设置单元格格式”选项，打开“设置单元格格式”对话框。选择“对齐”选项卡，将水平对齐和垂直对齐均设置为“居中”，在“文本控制”中选择“合并单元格”复选框；选择“字体”选项卡，分别设置字体为“黑体”“28”“蓝色”；选择“填充”选项卡，将背景色设置为“橙色”，单击“确定”按钮。

第二步：将光标放在第一行的行号“1”上，当光标变成黑色箭头时，单击鼠标右键，在弹出的快捷菜单中选择“行高”选项，在打开的“行高”对话框中设定行高的精确值为“40”。

第三步：选择单元格 E4，在 E4 单元格里输入“=D4-C4”，然后按回车键得到计算值“25”，拖动单元格 E4 的填充柄将公式依次复制到单元格 E14 后释放鼠标，求出所有水字数。

第四步：选择 F4 单元格，在 F4 单元格里输入“=$F$2*E4”，其中“$F$2”为绝对地址，“E4”为相对地址，然后按回车键得到水费“20”，如图 2-101 所示。拖动单元格 F4 的填充柄将公式依次复制到单元格 F14 后释放鼠标。

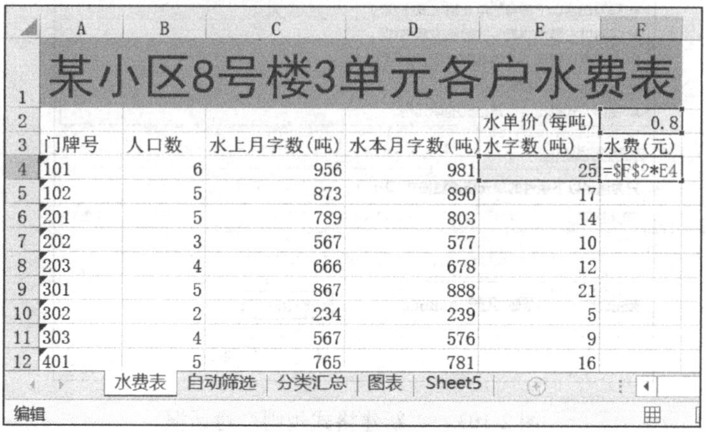

	A	B	C	D	E	F
1	某小区8号楼3单元各户水费表					
2					水单价(每吨)	0.8
3	门牌号	人口数	水上月字数(吨)	水本月字数(吨)	水字数(吨)	水费(元)
4	101	6	956	981	25	=$F$2*E4
5	102	5	873	890	17	
6	201	5	789	803	14	
7	202	3	567	577	10	
8	203	4	666	678	12	
9	301	5	867	888	21	
10	302	2	234	239	5	
11	303	4	567	576	9	
12	401	5	765	781	16	

图 2-101　建立公式

第五步：选择 E16 单元格，单击“公式”→“插入函数”选项，在打开的“插入函数”对话框中选择类别为“常用函数”，在函数列表框中选择“SUM”函数，打开“函数参数”对话框。将光标定位在 Number1 文本框中，用鼠标选定 E4:E14 区域，单击“确定”按钮，求出各户“水字数”总和。同理，选择 E17 单元格，利用“SUM”函数计算各户“水费”总和，在弹出的“函数参数”对话框中将光标定位在 Number1 文本框中，用鼠标选定 F4:F14 区域，单击“确定”按钮。

第六步：选择单元格 E18，单击“公式”→“插入函数”选项，在打开的“插入函数”对话框中选择类别为“全部”，选择“COUNTIF”函数，在弹出的“函数参数”对话框中，将参数 Range 设置为“E4:E14”、Criteria 设置为“>20”，如图 2-102 所示。

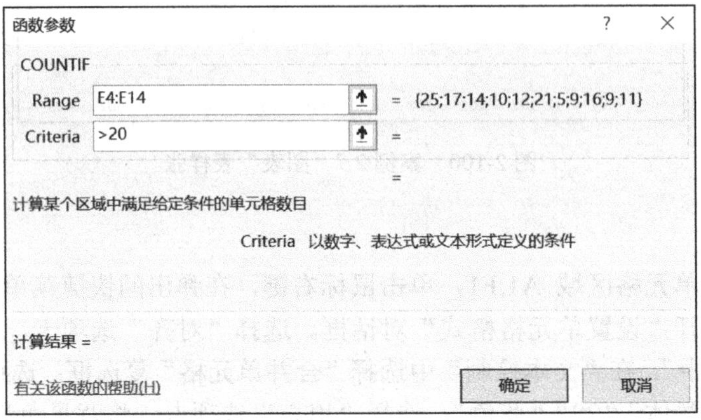

图 2-102　“函数参数”对话框

第七步：选择单元格区域 F4:F14，选择“开始”→“条件格式”→“新建规则”选项，打开“新建格式规则”对话框，设置“选择规则类型”为“只为包含以下内容的单元格设置格式”，“编辑规则说明”为“单元格值”“大于”“15”，如图 2-103 所示。然后单击“格式”按钮，在打开的“设置单元格格式”对话框中将字体颜色设置为“加粗”“红色”。

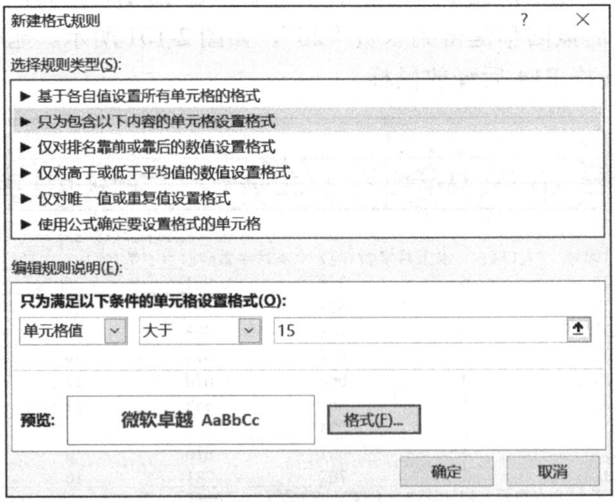

图 2-103　“新建格式规则”对话框

第八步：选择单元格区域 A3:F14，单击鼠标右键，在弹出的快捷菜单中选择“设置单元格格式”选项，打开“设置单元格格式”对话框。选择“边框”选项卡，线条样式选择“单实线”，单击预置区域里的“内部”；线条样式选择“双实线”，单击预置区域里的“外边框”，如图 2-104 所示。

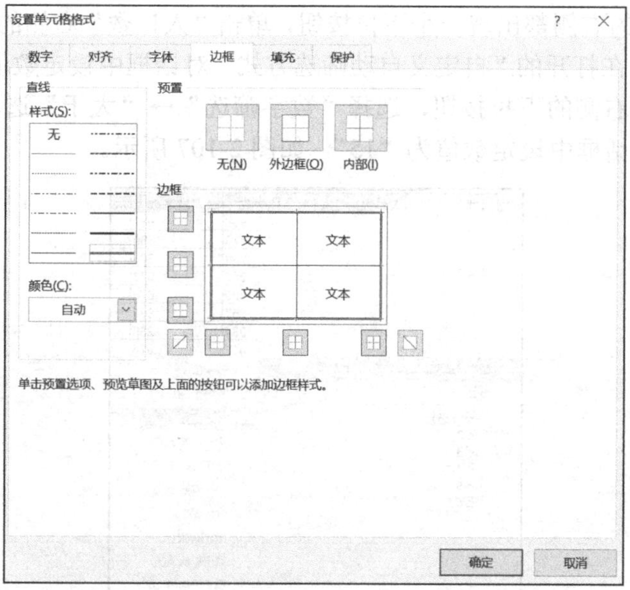

图 2-104 “设置单元格格式”对话框“边框”选项卡

选择单元格区域 D16:E18，单击鼠标右键，在弹出的快捷菜单中选择“设置单元格格式”选项，打开“设置单元格格式”对话框，选择“填充”选项卡，将背景色设置为“绿色”，如图 2-105 所示。

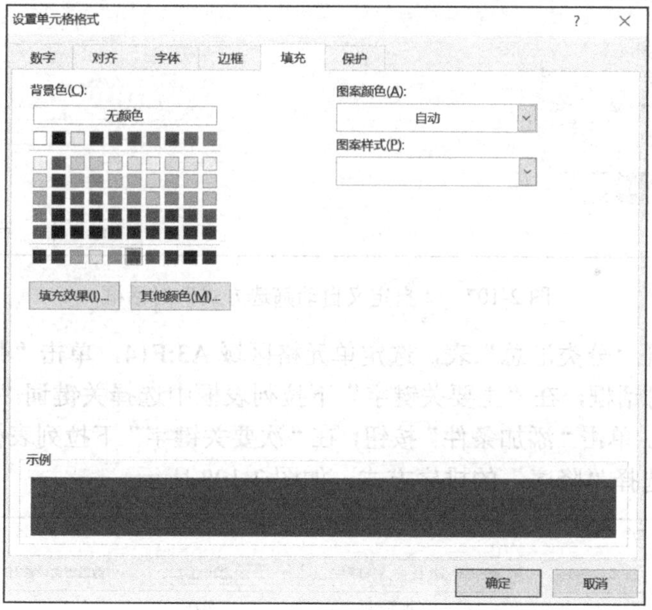

图 2-105 “设置单元格格式”对话框“填充”选项卡

第九步：选择单元格区域 A1:F14，单击“开始”→“复制”按钮，然后打开“自动筛选”表，选择 A1 单元格，单击“开始”→“粘贴”按钮，完成数据的复制。按此操作步骤将数据分别复制、粘贴到“分类汇总”表和“图表”表。

第十步：打开“自动筛选”工作表，选定单元格区域 A3:F3，单击“数据”→“筛选”

选项，在每个字段名的右侧都出现一个下拉按钮，单击“人口数”右侧的下拉按钮，选择“数字筛选”→“大于”，在打开的“自定义自动筛选方式”对话框中设定数值为“3”，如图 2-106 所示。单击“水费”右侧的下拉按钮，选择“数字筛选”→“大于”选项，在打开的“自定义自动筛选方式”对话框中设定数值为“15”，如图 2-107 所示。

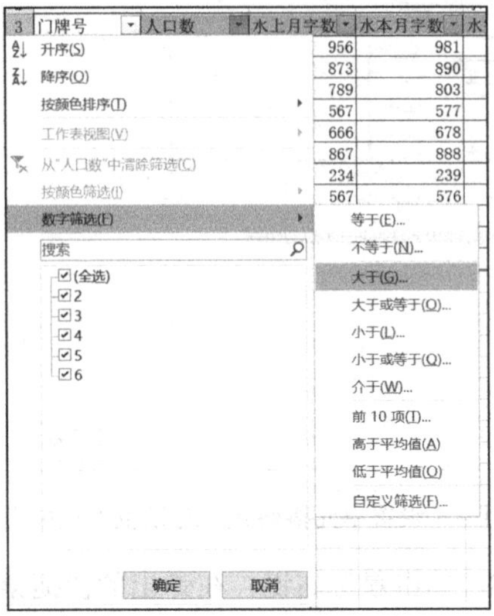

图 2-106　“数字筛选”菜单

图 2-107　“自定义自动筛选方式”对话框

第十一步：打开“分类汇总”表，选定单元格区域 A3:F14，单击“数据”→“排序”选项，打开“排序”对话框，在“主要关键字”下拉列表框中选择关键词“人口数”，同时选择“降序”的排序方式。单击“添加条件”按钮，在“次要关键字”下拉列表框中选择关键词“水字数（吨）”，同时选择“降序”的排序方式，如图 2-108 所示。

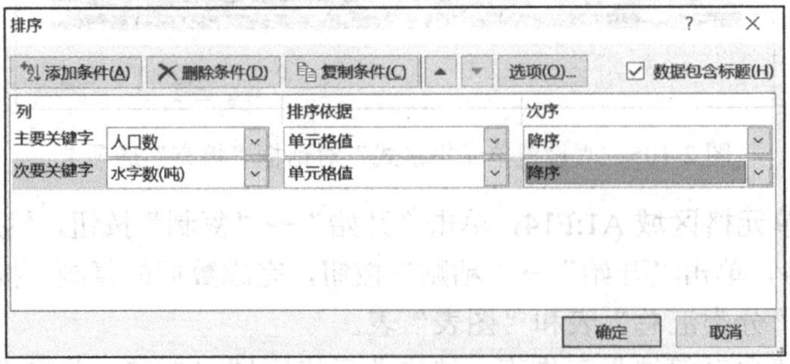

图 2-108　“排序”对话框

第十二步：选定单元格区域 A3:F14，单击“数据”→“分类汇总”选项，在打开的“分类汇总”对话框的“分类字段”下拉列表框中选择“人口数”，在“汇总方式”下拉列表框中选择“平均值”，在“选定汇总项”列表框中选择“水字数”（吨）和“水费”（元），如图 2-109 所示。

第十三步：打开“图表”工作表，同时选定 A3:A14 和 F3:F14 单元格区域，单击“插入”→“折线图”→“二维折线图”中的“带数据标记的折线图”选项，如图 2-110 所示，修改标题为“水费表”。选择图表，单击“设计”菜单，选择“添加图表元素”→“坐标轴标题”→“主要纵坐标轴”选项，并设置标题为“水费”，如图 2-111 所示。

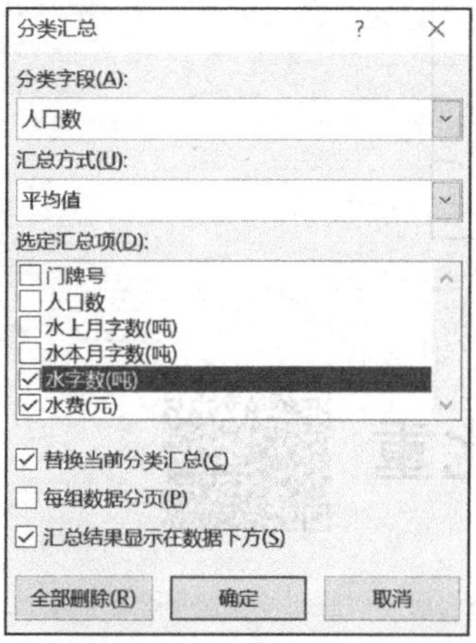

图 2-109 “分类汇总”对话框

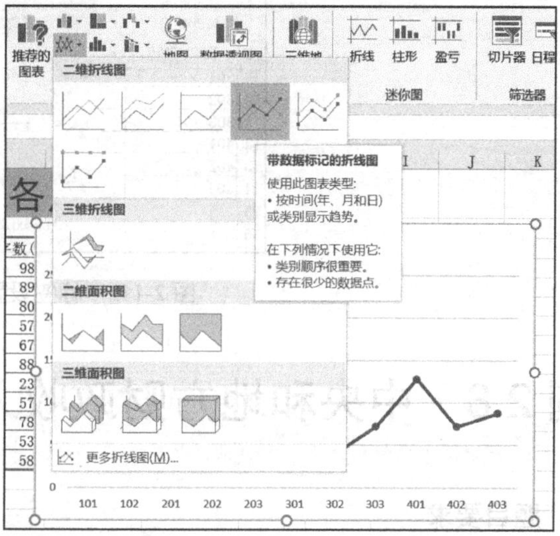

图 2-110 折线图制作路径

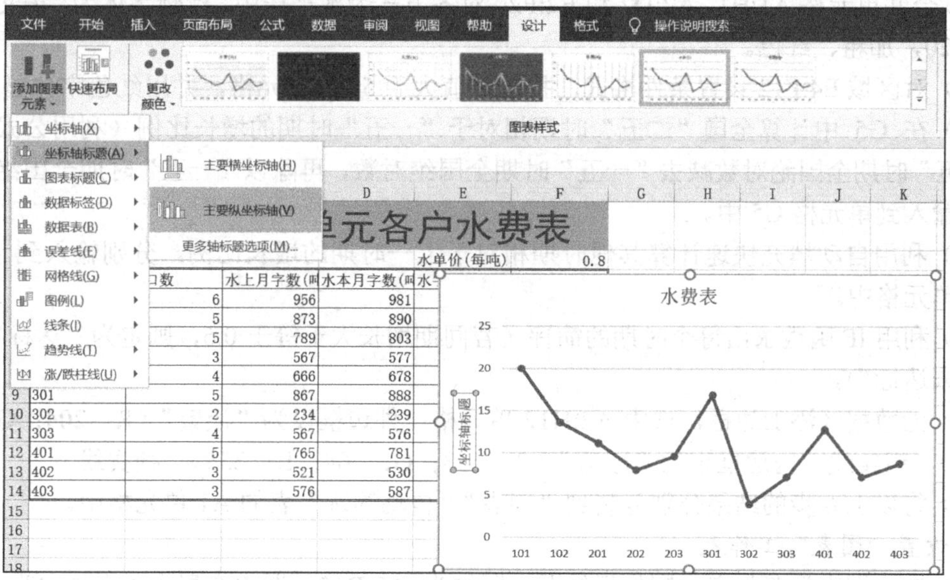

图 2-111 标题设置路径

第十四步：选择图表，单击“设计”菜单，选择“添加图表元素”→“数据标签”→“右侧”选项，如图 2-112 所示。

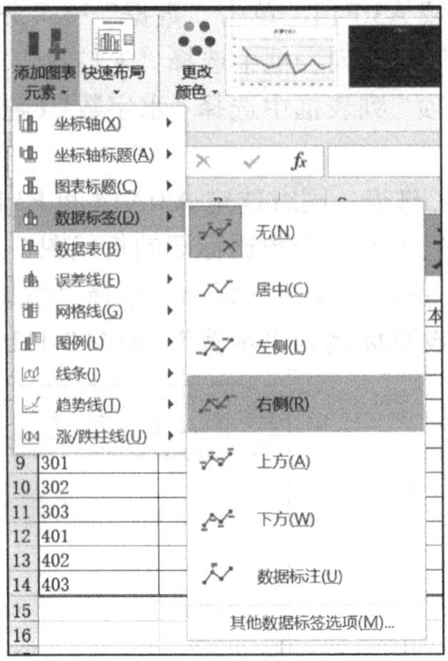

图 2-112　标签设置路径

案例 2.8　中央和地方财政收入及比重

1. 题目要求

● 设置“原文”工作表:

（1）合并单元格 A1:H1、A2:D2 和 E2:F2，对齐方式为水平居中，标题字体为“华文彩云”，字号为 20，加粗、红色。

（2）对区域 E4:F12 设置条件格式，找出数值大于 50 的单元格，并用红色字体显示。

（3）在 G5 中计算全国“二五”时期相对于“一五”时期的增长比例（利用公式计算，即“二五”时期全国绝对数减去“一五”时期全国绝对数，再除以“一五”时期全国绝对数），将结果输入到单元格 G5 中。

（4）利用自动填充快速计算其他时期相对于上一时期的增长比例，分别输入到 G6:G12 的相应单元格中。

（5）利用 IF 函数求出每个时期的简评（若同期增长大于等于 0.6，则定为“达标”，否则定为“未达标”）。

（6）为数据区添加边框，选中 A2:H12 单元格，外边框设为“淡紫”（R：204；G：153；B：255）、粗实线，内边框设为“冰蓝”（R：153；G：204；B：255）、细实线。

（7）将以上 6 步的结果分别复制到“图表”“自动筛选”表的 A1 单元格中。

● 设置“图表”工作表:

（8）在“图表”工作表中制作折线图，区域为 A3:D12，图表布局为“布局 1”，标题为“中央和地方财政收入”，设置图表标题为“楷体”、16 号字。

● 设置“自动筛选”工作表:

（9）自动筛选出“比重”中“地方比重”大于 50 并且“达标”的记录。

“原文”、“图表”和“自动筛选”表完成后样张分别如图 2-113、图 2-114 和图 2-115 所示。

中央和地方财政收入及比重							
	绝对数(亿元)			比重(%)			
年份	全国	中央	地方	中央	地方	同期增长	简评
一五时期	1291.07	1003.22	287.85	77.70454	22.29546		未达标
二五时期	2108.64	736.56	1372.08	34.93057	65.06943	0.63325	达标
三五时期	2528.98	790.09	1738.89	31.24145	68.75855	0.199342	未达标
四五时期	3919.71	576.43	3343.28	14.70593	85.29407	0.549917	未达标
五五时期	5089.61	904.32	4185.29	17.76796	82.23204	0.298466	未达标
六五时期	7402.75	2583.02	4819.73	34.89271	65.10729	0.454483	未达标
七五时期	12280.6	4104.41	8176.19	33.4219	66.5781	0.658924	达标
八五时期	22442.1	9038.39	13403.71	40.27426	59.72574	0.827443	达标
九五时期	50774.39	25618.37	25156.02	50.5	49.5	1.262462	达标

原文　图表　自动筛选

图 2-113　案例 2.8“原文”表样张

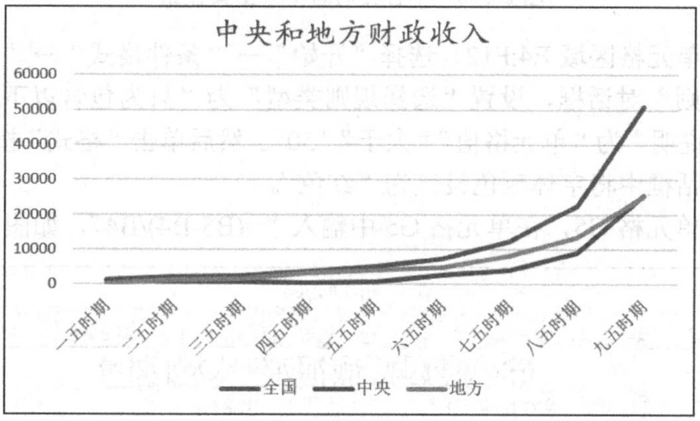

图 2-114　案例 2.8“图表”表样张

中央和地方财政收入及比重							
	绝对数(亿元)			比重(%)			
年份	全国	中央	地方	中央	地方	同期增长	简评
二五时期	2108.64	736.56	1372.08	34.93057	65.06943	0.63325	达标
七五时期	12280.6	4104.41	8176.19	33.4219	66.5781	0.658924	达标
八五时期	22442.1	9038.39	13403.71	40.27426	59.72574	0.827443	达标

原文　图表　自动筛选

在 9 条记录中找到 3 个

图 2-115　案例 2.8“自动筛选”表样张

2. 操作步骤

第一步：选择单元格区域 A1:H1，单击鼠标右键，在弹出的快捷菜单中选择“设置单元格格式”选项，打开“设置单元格格式”对话框。选择“对齐”选项卡，将水平对齐设置为“居中”，在“文本控制”中选择“合并单元格”复选框；选择“字体”选项卡，分别设置字体为“华文彩云”，字号为“20”“加粗”“红色”。

选择单元格区域 B2:D2，单击“开始”→“对齐方式”区域中的“合并后居中”按钮，如图 2-116 所示。按此操作步骤完成单元格区域 E2:F2 的“合并后居中”。

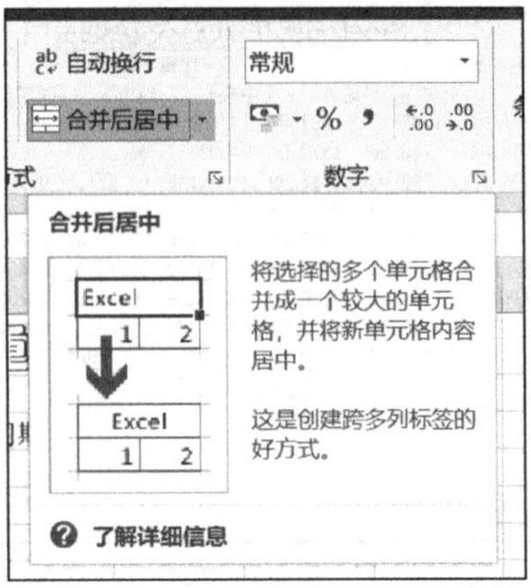

图 2-116　“合并后居中”工具按钮

第二步：选择单元格区域 E4:F12，选择“开始”→“条件格式”→“新建规则”选项，打开“新建格式规则”对话框，设置“选择规则类型”为“只为包含以下内容的单元格设置格式”，“编辑规则说明”为“单元格值”“大于”“50”。然后单击“格式”按钮，在打开的“设置单元格格式”对话框中将字体颜色设置为“红色”。

第三步：选择单元格 G5，在单元格 G5 中输入“=(B5-B4)/B4”，如图 2-117 所示。

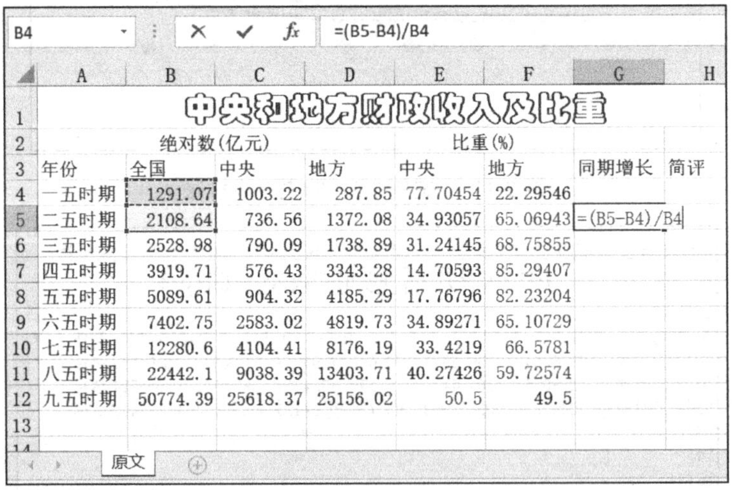

B4　=(B5-B4)/B4

	A	B	C	D	E	F	G	H
1	中央和地方财政收入及比重							
2		绝对数(亿元)			比重(%)			
3	年份	全国	中央	地方	中央	地方	同期增长	简评
4	一五时期	1291.07	1003.22	287.85	77.70454	22.29546		
5	二五时期	2108.64	736.56	1372.08	34.93057	65.06943	=(B5-B4)/B4	
6	三五时期	2528.98	790.09	1738.89	31.24145	68.75855		
7	四五时期	3919.71	576.43	3343.28	14.70593	85.29407		
8	五五时期	5089.61	904.32	4185.29	17.76796	82.23204		
9	六五时期	7402.75	2583.02	4819.73	34.89271	65.10729		
10	七五时期	12280.6	4104.41	8176.19	33.4219	66.5781		
11	八五时期	22442.1	9038.39	13403.71	40.27426	59.72574		
12	九五时期	50774.39	25618.37	25156.02	50.5	49.5		
13								

原文

图 2-117　建立公式

第四步：拖动单元格 G5 的填充柄将公式依次复制到单元格 G12 后释放鼠标，求出所有同期增长。

第五步：选择 H4 单元格，单击“公式”→“插入函数”选项，在打开的“插入函数”对话框中选择类别为“常用函数”，在函数列表框中选择“IF”函数，在打开的“函数参数”对话框中，将 Logical_test 设置为“G4>=0.6”、Value_if_true 设置为“达标”、Value_if_false 设置为“未达标”，如图 2-118 所示，按回车键得到简评为“未达标”。拖动单元格 H4 的填充柄将公式依次复制到单元格 H12 后释放鼠标。

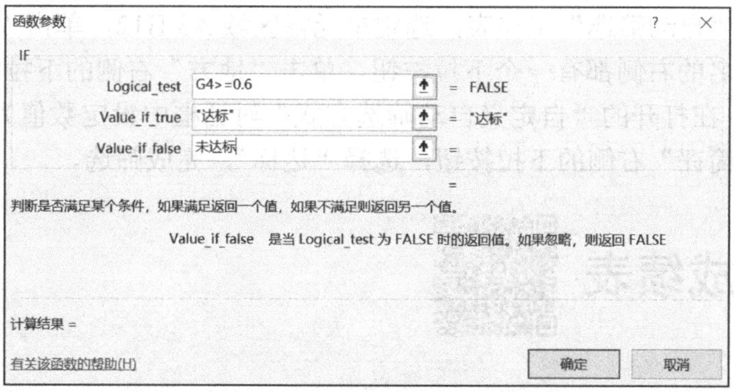

图 2-118　“函数参数”对话框

第六步：选择单元格区域 A2:H12，单击鼠标右键，在弹出的快捷菜单中选择“设置单元格格式”选项，打开“设置单元格格式”对话框。选择“边框”选项卡，线条样式选择“粗实线”，选择“颜色”右侧的下拉箭头，再选择“其他颜色”→“自定义”，“颜色模式”设置为“RGB”，“红绿蓝”颜色的数值分别设置为“204、153、255”，如图 2-119 所示，单击“确定”按钮，然后单击预置区域里的“外边框”。选择线条样式为“细实线”，选择“颜色”右侧的下拉箭头，再选择“其他颜色”→“自定义”，“颜色模式”设置为“RGB”，“红绿蓝”颜色的数值分别设置为“153、204、255”，单击“确定”按钮，然后单击预置区域里的“内部”，完成内、外边框设置。

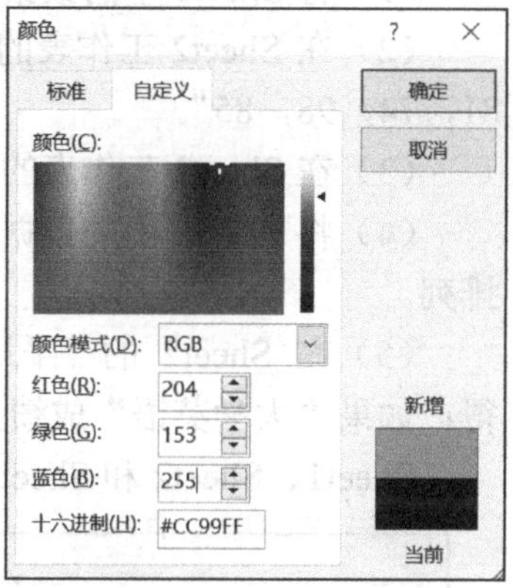

图 2-119　“颜色”对话框

第七步：选择单元格区域 A1:H12，单击“开始”→“复制”按钮，然后打开“图表”工作表，选择 A1 单元格，单击“开始”→“粘贴”按钮，完成数据的复制。按此步骤将数据复制、粘贴到“自动筛选”工作表。

第八步：打开“图表”工作表，选择单元格区域 A3:D12，单击“插入”→“折线图”→“二维折线图”中的“折线图”，如图 2-120 所示。选择图表，单击“设计”→“快速布局”右下角的下拉箭头→“布局 1”，如图 2-121 所示。修改标题为“中央和地方财政收入”并设置为“楷体”“16”。

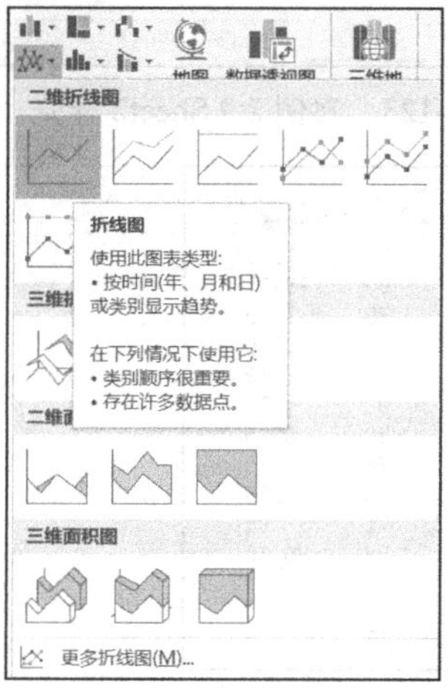

图 2-120　折线图制作路径

图 2-121　“布局 1”设置路径

第九步：打开“自动筛选”工作表，选定单元格区域 A3:H12，单击“数据”→“筛选”选项，在每个字段名的右侧都有一个下拉按钮。单击“地方”右侧的下拉按钮，选择“数字筛选”→“大于”，在打开的“自定义自动筛选方式”对话框中设定数值为“50”，单击“确定”按钮；单击“简评”右侧的下拉按钮，选择“达标”，完成筛选。

案例 2.9 成绩表

1．题目要求

（1）将 Sheet1 中的数据复制到 Sheet2 中。

（2）在 Sheet2 工作表的 D 列之前增加一列：“概率论，51，67，68，88，84，75，79，81，74，98，85”。

（3）在 Sheet2 工作表的 F 列输入“平均成绩”，并求出四门科目的相应平均成绩。

（4）将 Sheet2 中的数据复制到 Sheet3 中，并对 Sheet3 中 10 位学生按“平均成绩”升序排列。

（5）在 Sheet2 的“平均成绩”列之后增加一列“学习情况”，其中的内容由公式计算获得：如果“大学英语”成绩大于等于 90，则给出“好”，否则给出“继续努力”。

Sheet1、Sheet2 和 Sheet3 完成后样张分别如图 2-122、图 2-123 和图 2-124 所示。

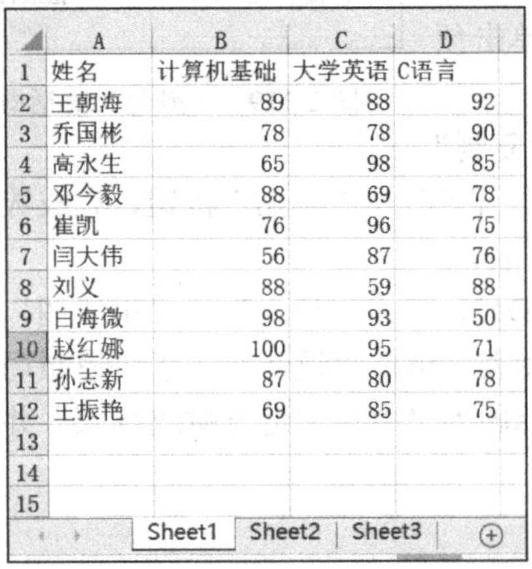

	A	B	C	D
1	姓名	计算机基础	大学英语	C语言
2	王朝海	89	88	92
3	乔国彬	78	78	90
4	高永生	65	98	85
5	邓今毅	88	69	78
6	崔凯	76	96	75
7	闫大伟	56	87	76
8	刘义	88	59	88
9	白海微	98	93	50
10	赵红娜	100	95	71
11	孙志新	87	80	78
12	王振艳	69	85	75
13				
14				
15				

Sheet1 Sheet2 Sheet3

图 2-122　案例 2.9 Sheet1 样张

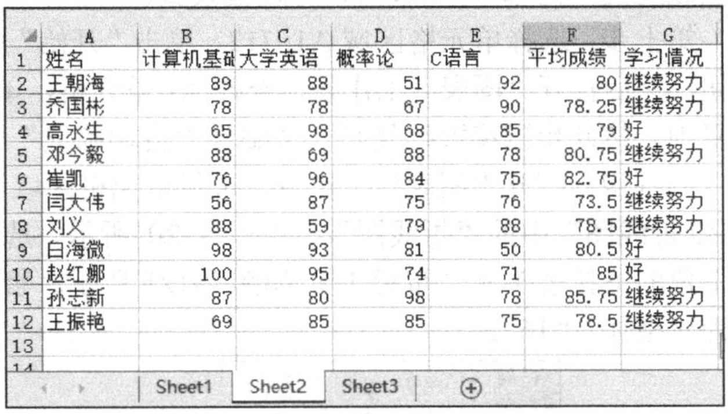

	A	B	C	D	E	F	G
1	姓名	计算机基础	大学英语	概率论	C语言	平均成绩	学习情况
2	王朝海	89	88	51	92	80	继续努力
3	乔国彬	78	78	67	90	78.25	继续努力
4	高永生	65	98	68	85	79	好
5	邓今毅	88	69	88	78	80.75	继续努力
6	崔凯	76	96	84	75	82.75	好
7	闫大伟	56	87	75	76	73.5	继续努力
8	刘义	88	59	79	88	78.5	继续努力
9	白海微	98	93	81	50	80.5	好
10	赵红娜	100	95	74	71	85	好
11	孙志新	87	80	98	78	85.75	继续努力
12	王振艳	69	85	85	75	78.5	继续努力
13							

Sheet1 Sheet2 Sheet3

图 2-123　案例 2.9 Sheet2 样张

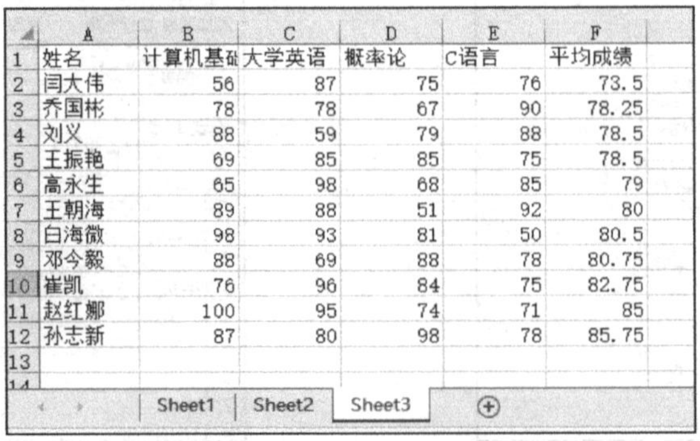

	A	B	C	D	E	F
1	姓名	计算机基础	大学英语	概率论	C语言	平均成绩
2	闫大伟	56	87	75	76	73.5
3	乔国彬	78	78	67	90	78.25
4	刘义	88	59	79	88	78.5
5	王振艳	69	85	85	75	78.5
6	高永生	65	98	68	85	79
7	王朝海	89	88	51	92	80
8	白海微	98	93	81	50	80.5
9	邓今毅	88	69	88	78	80.75
10	崔凯	76	96	84	75	82.75
11	赵红娜	100	95	74	71	85
12	孙志新	87	80	98	78	85.75
13						

Sheet1 Sheet2 Sheet3

图 2-124　案例 2.9 Sheet3 样张

2．操作步骤

第一步：选择单元格区域 A1:D12，单击“开始”→“复制”按钮，然后打开 Sheet2 工作表，选择 A1 单元格，单击“开始”→“粘贴”按钮，完成数据的复制。

第二步：打开 Sheet2 工作表，将光标放在 D 列的列名“D”上，当光标变成黑色箭头时，单击鼠标右键，在弹出的快捷菜单中选择“插入”选项，如图 2-125 所示。然后在 D 列输入数据“概率论，51，67，68，88，84，75，79，81，74，98，85”，如图 2-126 所示。

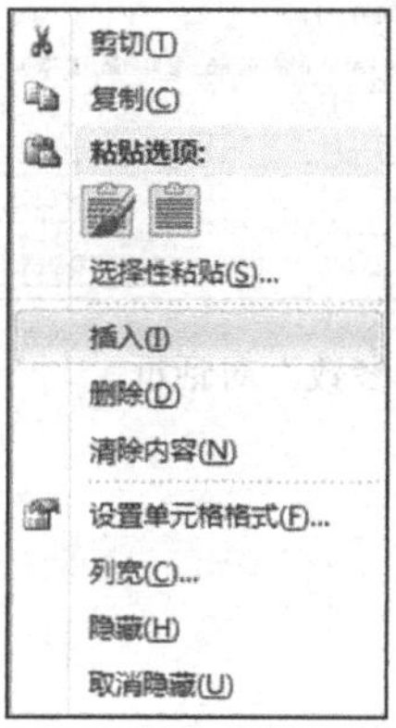

图 2-125 插入列

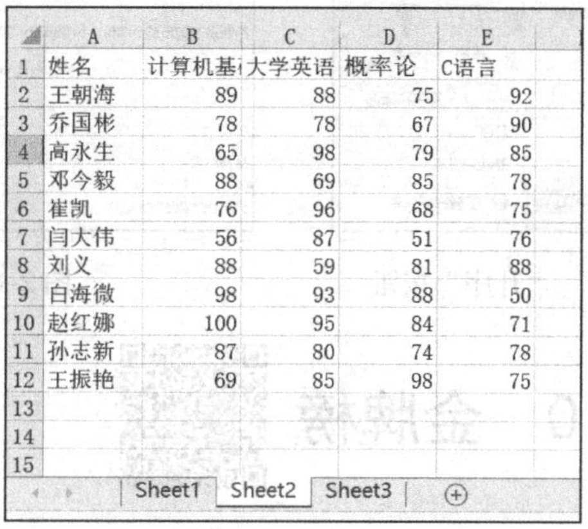

图 2-126 Sheet2 数据

第三步：选择单元格 F1，输入文字“平均成绩”，选择单元格 F2，单击“公式”→“自动求和”→“平均值”选项，如图 2-127 所示，按回车键，求出平均成绩。拖动单元格 F2 的填充柄将公式依次复制到单元格 F12 后释放鼠标，计算出所有同学的平均成绩。

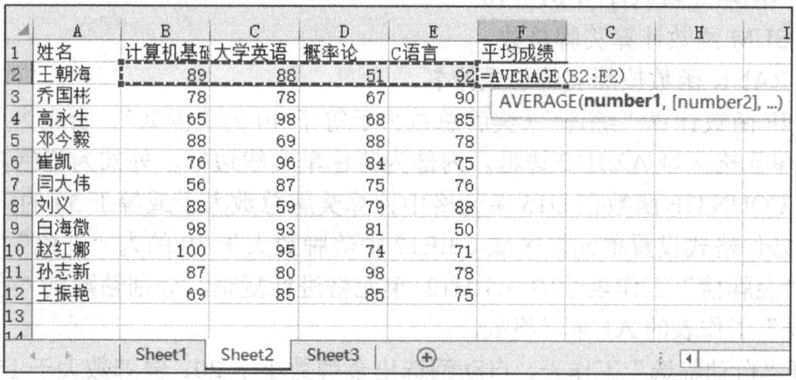

图 2-127 计算平均值

第四步：选择单元格区域 A1:F12，单击“开始”→“复制”按钮，然后打开 Sheet3 工作表，选择 A1 单元格，单击“开始”→“粘贴”按钮，完成数据的复制。

单击 A1:F12 区域的任意单元格，选择“数据”→“排序和筛选”中的“升序”按钮，如图 2-128 所示。

第五步：打开 Sheet2 工作表，在单元格 G1 中输入文字“学习情况”，单击单元格 G2，单击“公式”→“插入函数”按钮，在打开的“插入函数”对话框中选择类别为“常用函数”，在函数列表框中选择“IF”函数，在打开的“函数参数”对话框中，将 Logical_test 设置为

“C2>=90”、Value_if_true 设置为“好”、Value_if_false 设置为“继续努力”，如图 2-129 所示，按回车键得到等级为“继续努力”。拖动单元格 G2 的填充柄将公式依次复制到单元格 G12 后释放鼠标，计算出所有学习情况。

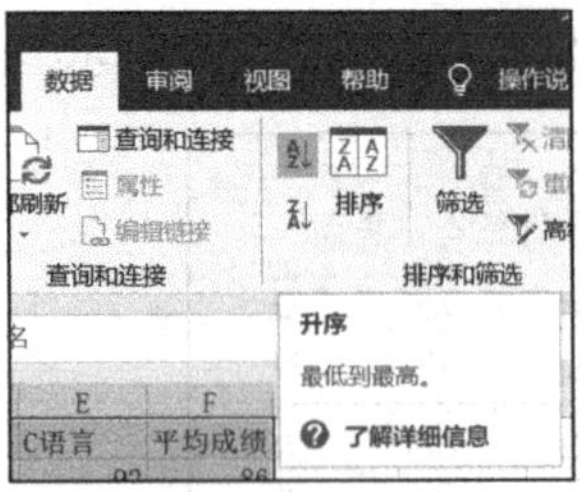

图 2-128 “升序”按钮

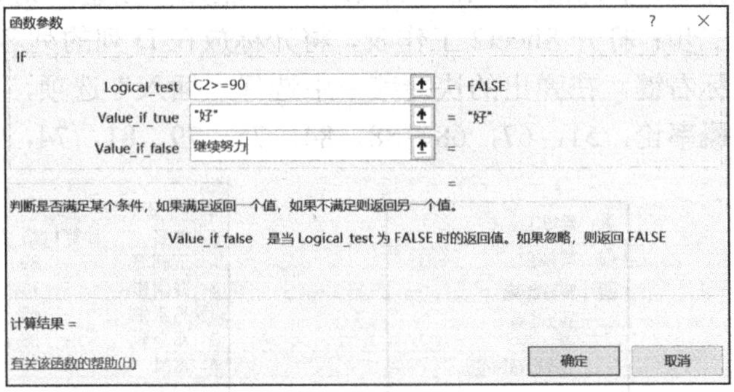

图 2-129 “函数参数”对话框

案例 2.10 金牌榜

1．题目要求

（1）将单元格区域 A1:H1 合并，水平对齐和垂直对齐均设置为居中，设置字体为“隶书”、加粗、字号为 24、蓝色，单元格填充背景颜色为橙色，图案样式为“6.25%灰色”。

（2）第一行行高设置为 35。

（3）利用自动填充输入序号 01～10。

（4）利用 SUM 函数计算奖牌总数。

（5）利用 RANK 函数按照奖牌总数排名。

（6）利用 IF 函数计算“综评”（奖牌总数大于等于 40 为“强队”，否则为“弱队”）。

（7）设置单元格区域 A2:H12 边框，内部为蓝色单实线边框，外部为蓝色双实线边框。

（8）利用 COUNTIF 函数在 G15 单元格中计算奖牌总数大于或等于 50 的国家数。

（9）利用条件格式设置单元格区域 C3:E12 中奖牌数大于 30 的为“红色”“斜体”显示。

（10）对“金牌榜”工作表中的 A1:H12 单元格进行复制，分别粘贴到“自动筛选”“分类汇总”“图表”工作表的 A1 单元格处。

（11）打开“自动筛选”工作表，自动筛选出金牌数小于 20、铜牌数大于 15 的国家记录。

（12）打开“分类汇总”工作表，按奖牌总数降序排序，按“综评”进行分类汇总，计算金牌数与奖牌总数的平均值。

（13）打开“图表”工作表，选择数据区域 B3:B5 和 F3:F5，创建“三维饼图”。

（14）图表标题设置为“奖牌信息图”，格式为“隶书”、24 号字。

（15）图表区边框样式为圆角，填充效果设为渐变填充，预设颜色为“顶部聚光灯，个性色 6”。

（16）删除工作表 Sheet2。

“金牌榜”、“自动筛选”、“分类汇总”和“图表”表完成后的样张分别如图 2-130、图 2-131、图 2-132 和图 2-133 所示。

金牌榜

序号	国家	金牌	银牌	铜牌	总数	排名	综评
01	中国	51	21	28	100	2	强队
02	英国	19	13	15	47	4	强队
03	意大利	8	10	10	28	9	弱队
04	日本	9	6	10	25	10	弱队
05	美国	36	38	36	110	1	强队
06	韩国	13	10	8	31	8	弱队
07	法国	7	16	17	40	7	强队
08	俄罗斯	23	21	28	72	3	强队
09	德国	16	10	15	41	6	强队
10	澳大利亚	14	15	17	46	5	强队
				奖牌超过50的国家数		3	

金牌榜 | 自动筛选 | 分类汇总 | 图表

图 2-130 案例 2.10“金牌榜”表样张

金牌榜

序号	国家	金牌	银牌	铜牌	总数	排名	综评
07	法国	7	16	17	40	7	强队
10	澳大利亚	14	15	17	46	5	强队

金牌榜 | 自动筛选 | 分类汇总 | 图表

"筛选"模式

图 2-131 案例 2.10“自动筛选”表样张

金牌榜

序号	国家	金牌	银牌	铜牌	总数	排名	综评
05	美国	36	38	36	110	1	强队
01	中国	51	21	28	100	2	强队
08	俄罗斯	23	21	28	72	3	强队
02	英国	19	13	15	47	5	强队
10	澳大利亚	14	15	17	46	6	强队
09	德国	16	10	15	41	7	强队
07	法国	7	16	17	40	8	强队
		23.71429			65.14286		**强队 平均值**
06	韩国	13	10	8	31	9	弱队
03	意大利	8	10	10	28	10	弱队
04	日本	9	6	10	25	11	弱队
		10			28		**弱队 平均值**
		19.6			54		**总计平均值**

金牌榜 | 自动筛选 | 分类汇总 | 图表

图 2-132 案例 2.10“分类汇总”表样张

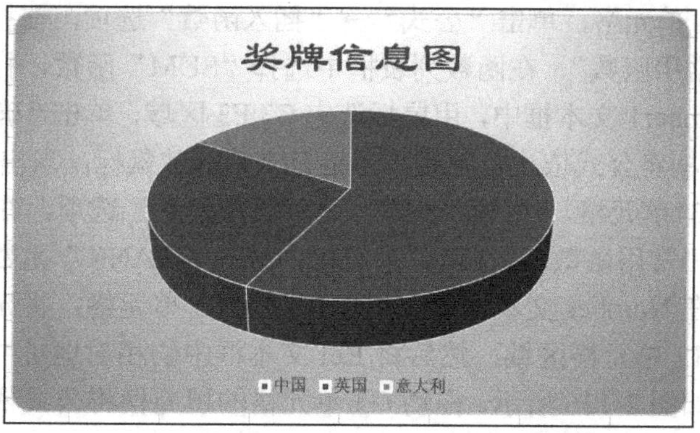

图 2-133 案例 2.10“图表”表样张

2．操作步骤

第一步：选择单元格区域 A1:H1，单击鼠标右键，在弹出的快捷菜单中选择“设置单元格格式”选项，打开“设置单元格格式”对话框。选择“对齐”选项卡，将水平对齐和垂直对齐均设置为“居中”，在“文本控制”中选择“合并单元格”复选框。选择“字体”选项卡，分别设置字体为“隶书”“加粗”“24”“蓝色”。选择“填充”选项卡，将背景色设置为“橙色”，图案样式选择“6.25%灰色”，如图 2-134 所示。

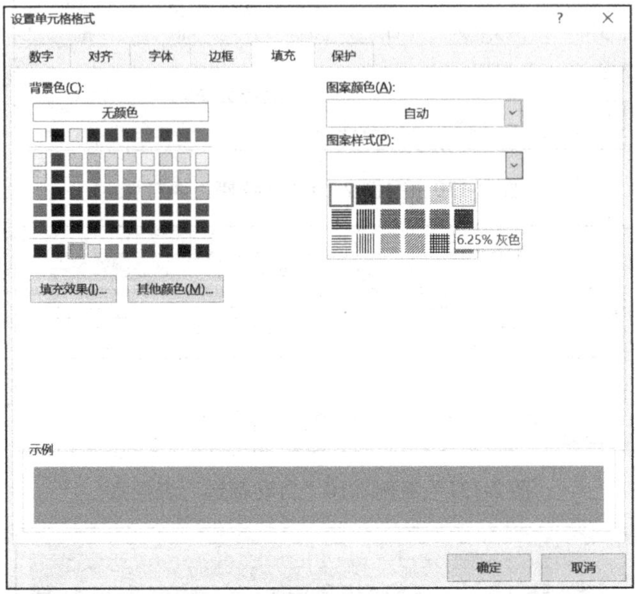

图 2-134　“设置单元格格式”对话框“填充”选项卡

第二步：将光标放在第一行的行号“1”上，当光标变成黑色箭头时，单击鼠标右键，在弹出的快捷菜单中选择“行高”选项，在打开的“行高”对话框中设定行高的精确值为“35”。

第三步：选择单元格区域 A3:A12，单击鼠标右键，在弹出的快捷菜单中选择“设置单元格格式”选项，打开“设置单元格格式”对话框。选择“数字”选项卡，将“分类”设置为“文本”，如图 2-135 所示，单击“确定”按钮。在 A3 单元格输入“01”、A4 单元格输入“02”，然后选择单元格区域 A3:A4，拖动单元格 A4 的填充柄向下进行列填充，填充到“10”松开鼠标左键。

第四步：选择 F3 单元格，单击“公式”→“插入函数”选项，在打开的“插入函数”对话框中选择类别为“常用函数”，在函数列表框中选择“SUM”函数，打开“函数参数”对话框。将光标定位在 Number1 文本框中，用鼠标选定 C3:E3 区域，单击“确定”按钮，求出总数。拖动单元格 F3 的填充柄将公式依次复制到单元格 F12 后释放鼠标，求出所有国家奖牌总数。

第五步：选择 G3 单元格，单击“公式”→“插入函数”选项，在打开的“插入函数”对话框中选择类别为“常用函数”，在函数列表框中选择“RANK”函数，打开“函数参数”对话框。将光标定位在 Number 文本框中，用鼠标选定 F3 单元格；将光标定位在 Ref 文本框中，用鼠标选定 F3:F12 单元格区域；然后将 Ref 文本框中的相对地址“F3:F12”修改为绝对地址“$F$3:$F$12”，如图 2-136 所示。拖动 G3 单元格的填充柄将公式依次复制到单元格 G12 后松开鼠标，得到正确排名结果。

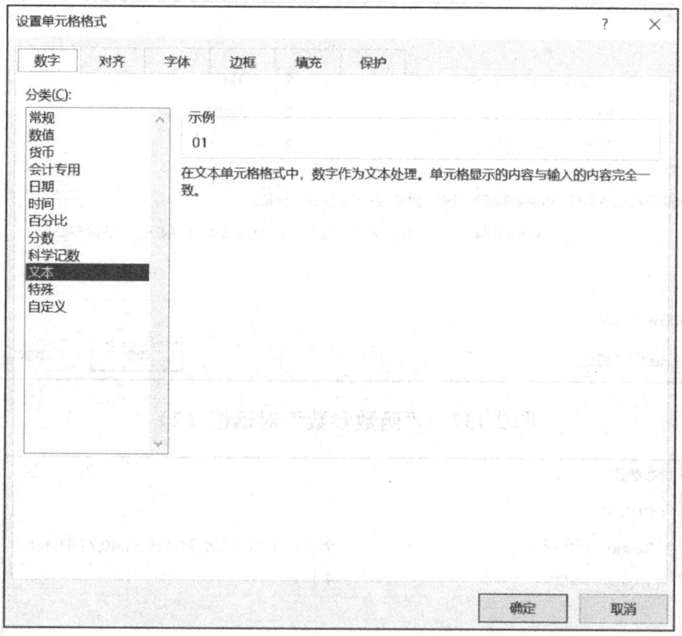

图 2-135 “设置单元格格式”对话框“数字”选项卡

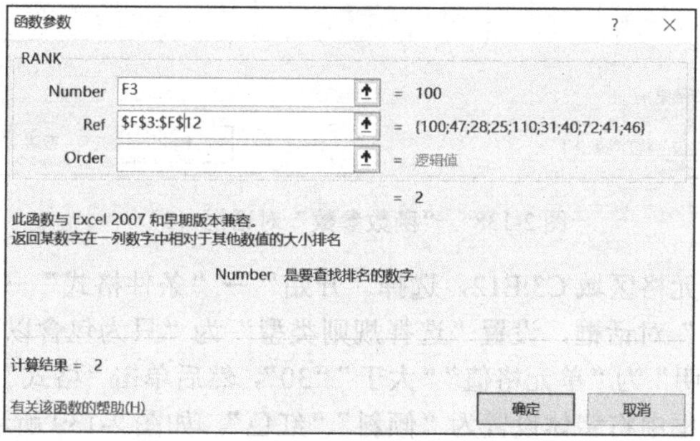

图 2-136 “函数参数”对话框（1）

第六步：选择单元格 H3，单击“公式”→“插入函数”选项，在打开的“插入函数”对话框中选择类别为“常用函数”，在函数列表框中选择“IF”函数，在打开的“函数参数”对话框中，将 Logical_test 设置为“F3>=40”、Value_if_true 设置为“强队”、Value_if_false 设置为“弱队”，如图 2-137 所示，按回车键得到综评为“强队”。拖动单元格 H3 的填充柄将公式依次复制到单元格 H12 后释放鼠标，求出所有国家综评。

第七步：选择单元格区域 A2:H12，单击鼠标右键，在弹出的快捷菜单中选择“设置单元格格式”选项，打开“设置单元格格式”对话框。选择“边框”选项卡，选择“单实线”，颜色选择“蓝色”，在“预置”区域单击“内部”；选择“双实线”，颜色选择“蓝色”，在“预置”区域单击“外边框”。

第八步：选择单元格 G15，单击“公式”→“插入函数”选项，在打开的“插入函数”对话框中选择类别为“全部”，选择“COUNTIF”函数，在弹出的“函数参数”对话框中，将参数 Range 设置为“F3:F12”、Criteria 设置为“>=50”，如图 2-138 所示。

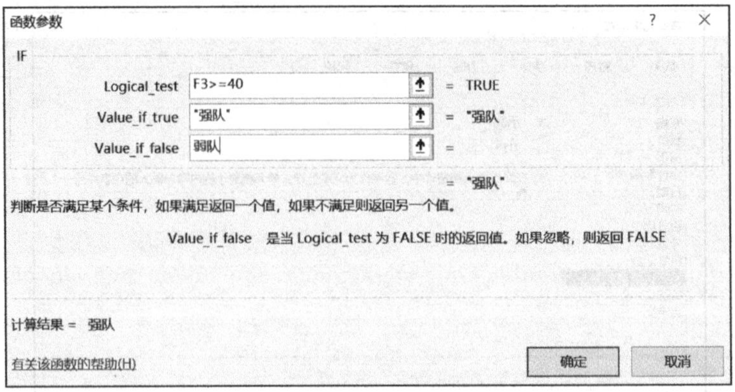

图 2-137 “函数参数”对话框（2）

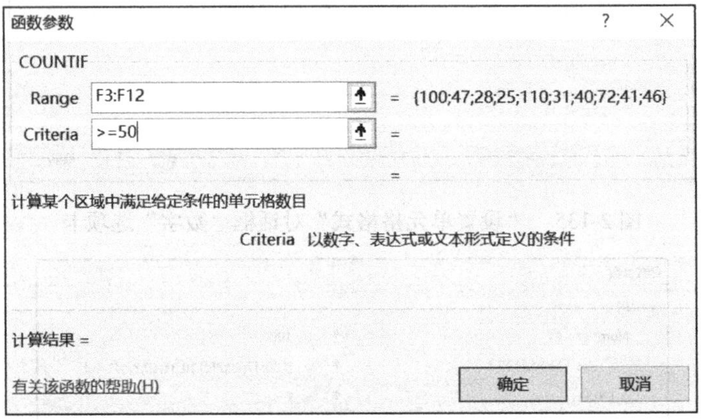

图 2-138 “函数参数”对话框（3）

第九步：选择单元格区域 C3:E12，选择“开始”→“条件格式”→“新建规则”选项，打开“新建格式规则”对话框，设置“选择规则类型”为“只为包含以下内容的单元格设置格式”，“编辑规则说明”为“单元格值”“大于”“30”，然后单击“格式”按钮，在打开的“设置单元格格式”对话框中将字体设置为“倾斜”“红色”，如图 2-139 所示。

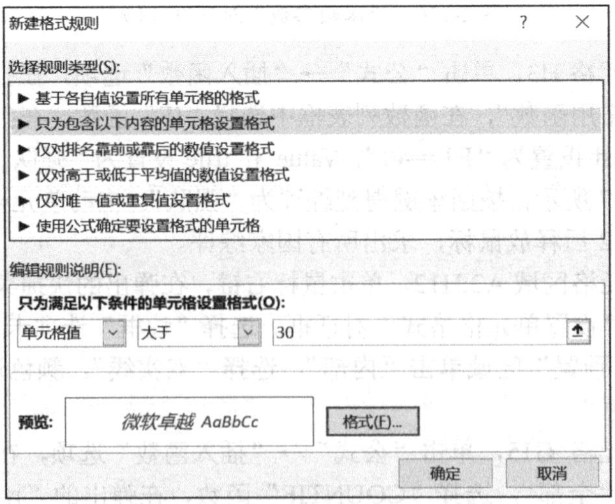

图 2-139 “新建格式规则”对话框

第十步：选择单元格区域 A1:H12，单击“开始”→“复制”按钮，然后打开“自动筛选”表，选择 A1 单元格，单击“开始”→“粘贴”按钮，完成数据的复制。按此操作步骤将数据复制、粘贴到“分类汇总”表和“图表”表。

第十一步：打开“自动筛选”工作表，选定数据清单中的任意单元格，单击“数据”→“筛选”命令，在每个字段名的右侧都出现一个下拉按钮。单击“金牌”右侧的下拉按钮，选择“数字筛选”→“小于”，在打开的“自定义自动筛选方式”对话框中设定数值为“20”，单击“确定”按钮；选择“铜牌”右侧的下拉按钮，选择“数字筛选”→“大于”，在打开的“自定义自动筛选方式”对话框中设定数值为“15”，单击“确定”按钮即可。

第十二步：打开“分类汇总”工作表，单击 F3:F12 区域的任意单元格，选择“数据”→“排序和筛选”工具栏中的“降序”按钮，如图 2-140 所示。单击“数据”→“分类汇总”选项，在打开的“分类汇总”对话框的“分类字段”下拉列表框中选择“综评”，在“汇总方式”下拉列表框中选择“平均值”，在“选定汇总项”列表框中选择“金牌”“总数”，如图 2-141 所示。

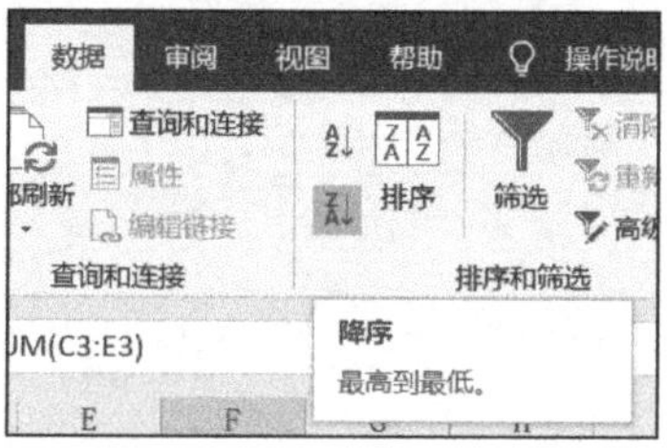

图 2-140 “降序”按钮

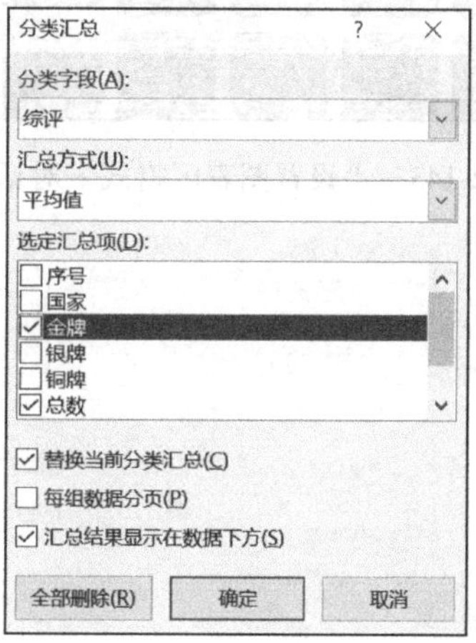

图 2-141 “分类汇总”对话框

第十三步：打开“图表”工作表，同时选定 B3:B5 和 F3:F5 区域，单击“插入”→“饼图”→“三维饼图”选项，如图 2-142 所示。

第十四步：修改标题为“奖牌信息图”并设置为“隶书”“24”。

第十五步：在图表区域单击鼠标右键，在弹出的快捷菜单中选择“设置图表区域格式”选项，在打开的“设置图表区格式”对话框中，选择“填充”→“渐变填充”，设置预设颜色为“顶部聚光灯，个性色 6”，如图 2-143 所示。选择“边框样式”→“圆角”，如图 2-144 所示。

第十六步：右键单击 Sheet2 表名称，在弹出的快捷菜单中选择“删除”选项，即可删除 Sheet2 工作表。

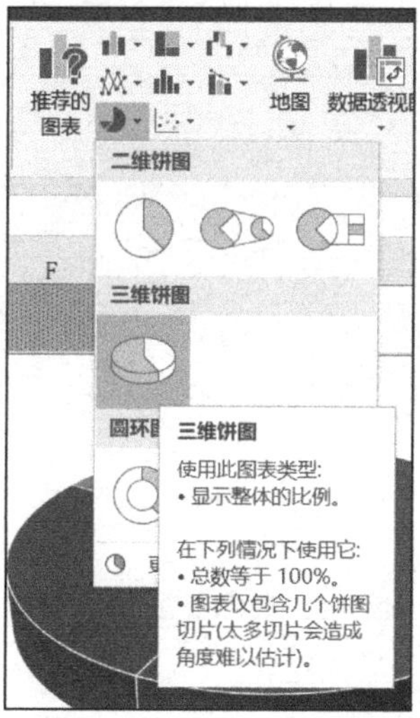

图 2-142 创建“三维饼图”路径

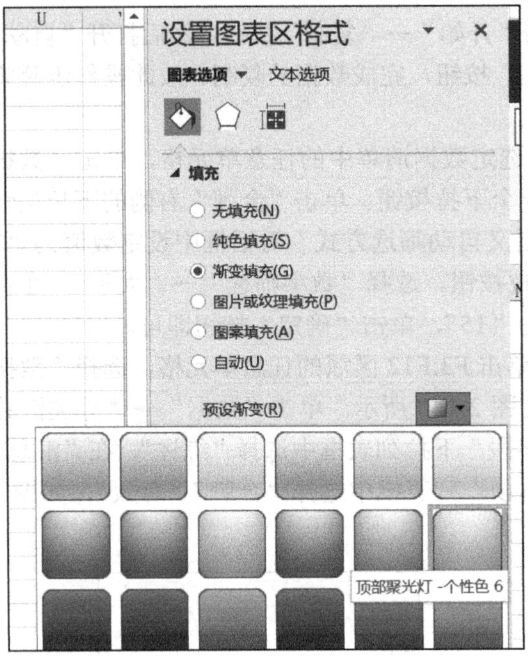

图 2-143 “设置图表区格式”对话框

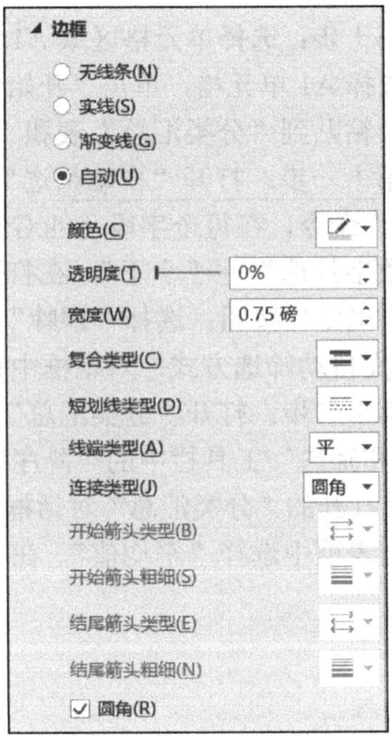

图 2-144 “边框样式”设置

第三篇 PowerPoint 2019

案例 3.1 同一个世界，同一个梦想

1．题目要求

（1）第一张幻灯片之后插入一张新幻灯片。

（2）两张幻灯片的主题设置为“柏林”。

（3）两张幻灯片的切换效果设置为“随机线条”。

（4）两张幻灯片内容版式设置为空白。

（5）在第一张幻灯片中插入一个横向文本框，输入内容“第 29 届奥林匹克运动会”，字体设置为“华文行楷”，字形为“加粗”，字号为 28 号，字体颜色为 RGB（R：191；G：181；B：22）。

（6）文本框进入动画为“轮子”，速度为“快速”（持续时间为 1 秒）。

（7）插入艺术字“同一个世界，同一个梦想”，样式为第 3 行第 4 列，高度为 3 厘米，宽度为 18 厘米。

（8）艺术字的进入动画设置为“飞入”。

（9）插入自选图形中的横向卷轴，添加文本“北京”，字体设置为“黑体”，字号为“44”。

（10）在第二张幻灯片中插入一张图片，进入动画设置为“飞入”。

（11）为图片设置超链接，链接到第一张幻灯片。

（12）两张幻灯片的底部显示幻灯片的编号。

案例 3.1 完成后样张分别如图 3-1 和图 3-2 所示。

图 3-1 案例 3.1 样张（a）

图 3-2　案例 3.1 样张（b）

2．操作步骤

第一步：单击“开始”选项卡，在“幻灯片”选项组中单击“新建幻灯片”按钮，插入一张新幻灯片，如图 3-3 所示。

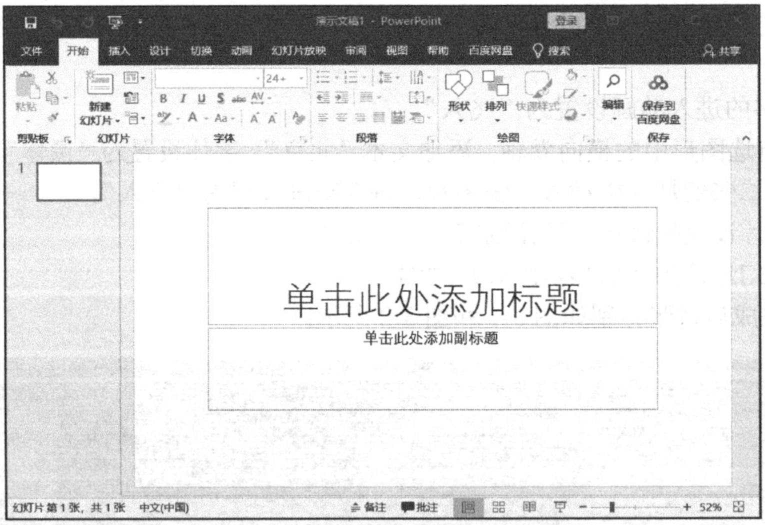

图 3-3　新建幻灯片

第二步：单击“设计”选项卡，如图 3-4 所示，在“主题”选项组中单击下拉按钮打开所有的内置主题，找到“柏林”。单击鼠标左键，为两张幻灯片添加主题，如图 3-5 所示。

第三步：选择第一张幻灯片，单击“切换”选项卡，在“切换到此幻灯片”选项组中选择“随机线条”切换效果，如图 3-6 所示。设置切换效果以后，单击“应用到全部”选项，如图 3-7 所示，第二张幻灯片效果同时设置完毕。

第四步：选择第一张幻灯片，在“开始”选项卡“幻灯片”选项组中选择“版式”按钮，在“版式”选择列表中选择“空白”版式，以同样的方法设置第二张幻灯片，如图 3-8 所示。

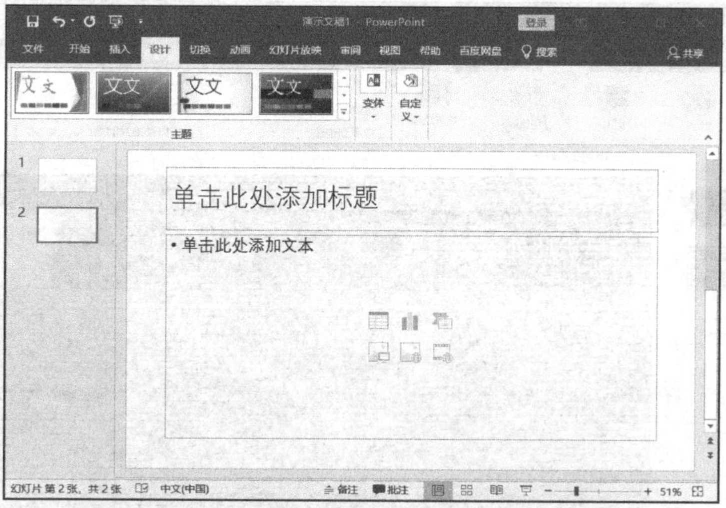

图 3-4 “设计”选项卡

图 3-5 添加“柏林”主题

图 3-6 设置第一张幻灯片的切换效果

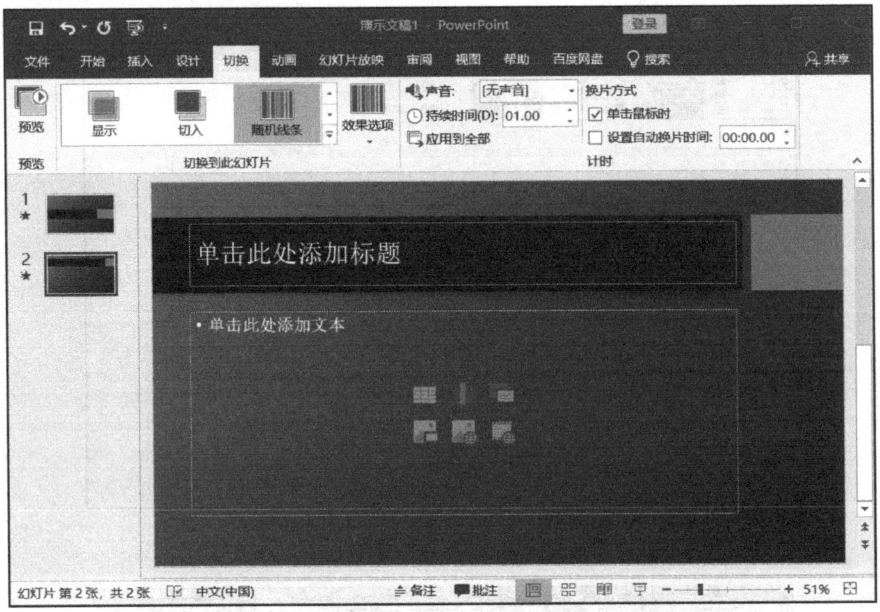

图 3-7　设置第二张幻灯片的切换效果

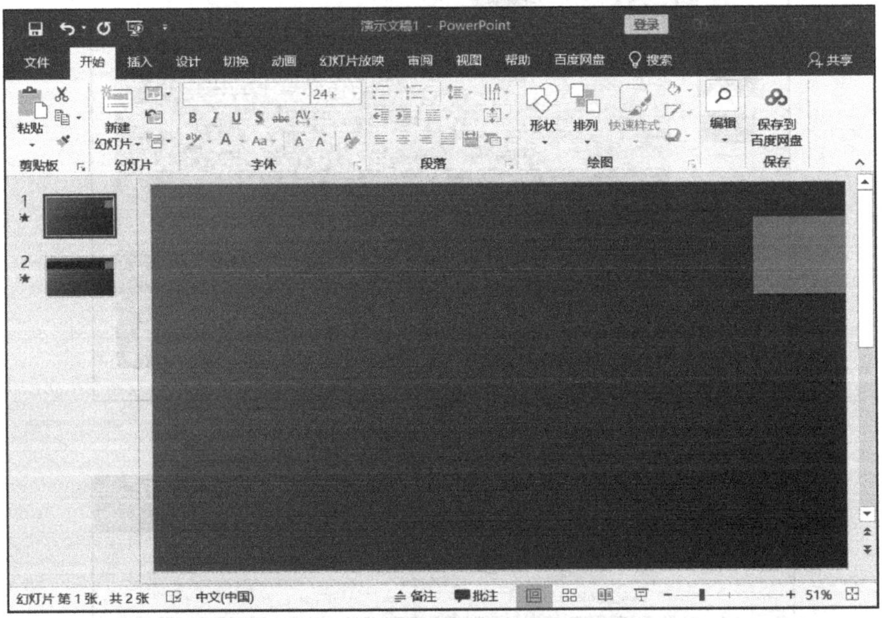

图 3-8　设置幻灯片版式

第五步：选择第一张幻灯片，在“插入”选项卡“文本”选项组中选择插入横向文本框，输入内容“第 29 届奥林匹克运动会”，在“开始”选项卡“字体”选项组中将字体设置为“华文行楷”，字形为“加粗”，字号为 28 号，字体颜色为 RGB（R：191；G：181；B：22），如图 3-9 和图 3-10 所示。

第六步：选中文本框，在“动画”选项卡“动画”选项组中选择“轮子”动画选项，在“高级动画”选项组中单击“动画窗格”按钮，在“计时”窗格的“计时”选项卡中将“持续时间”选项设置为“1 秒”，如图 3-11 所示。

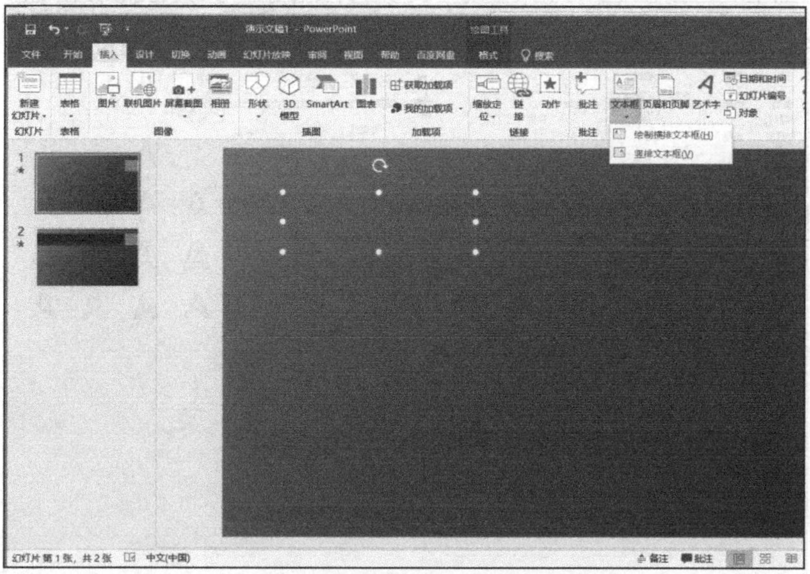

图 3-9　插入横排文本框

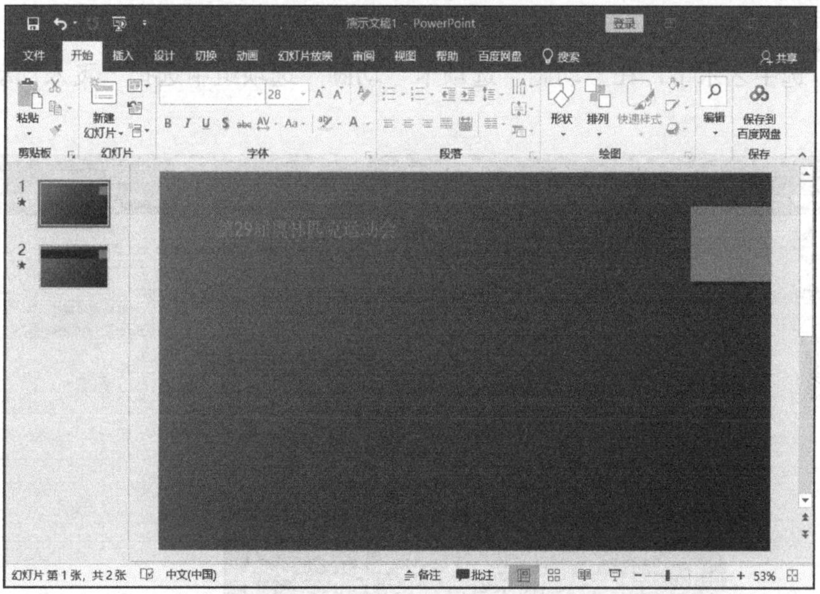

图 3-10　在文本框中添加文字

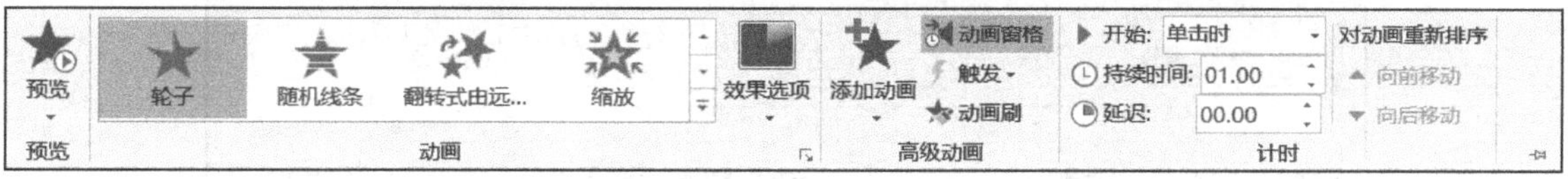

图 3-11　为文本框添加动画

第七步：在第一张幻灯片中选择“插入”选项卡，在“文本”选项组中单击“艺术字”按钮，在打开的艺术字样式选项中选择第 3 行第 3 列，同时将艺术字高度设置为 3 厘米、宽度设置为 18 厘米（方法同 Word），如图 3-12 所示。

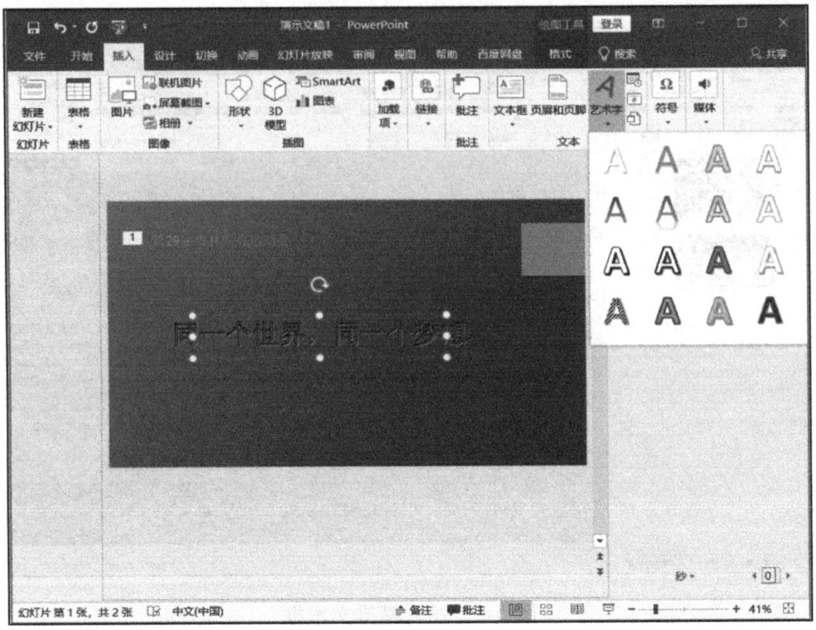

图 3-12 添加艺术字

第八步：选中艺术字，在“动画”选项卡“动画”选项组中选择“飞入”动画选项，如图 3-13 所示。

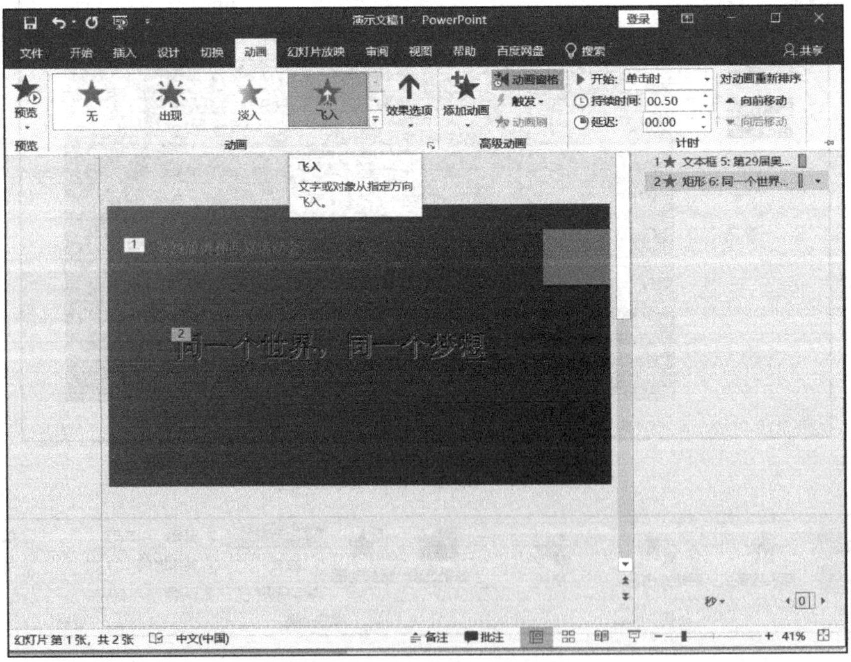

图 3-13 为艺术字添加动画

第九步：选择“插入”选项卡，在“插图”选项组中单击“形状”按钮，在“星与旗帜”选项组中选择“横卷形”，并在图形中添加文本“北京”，字体设置为“黑体”，字号为“44”，如图 3-14 所示。

图 3-14　添加横卷形

第十步：打开第二张幻灯片，选择“插入”选项卡，在“图像”选项组中单击“图片”按钮，在打开的“插入图片”窗口中找到相应图片，单击“插入”按钮，并将其进入动画设置为“飞入”，如图 3-15 所示。

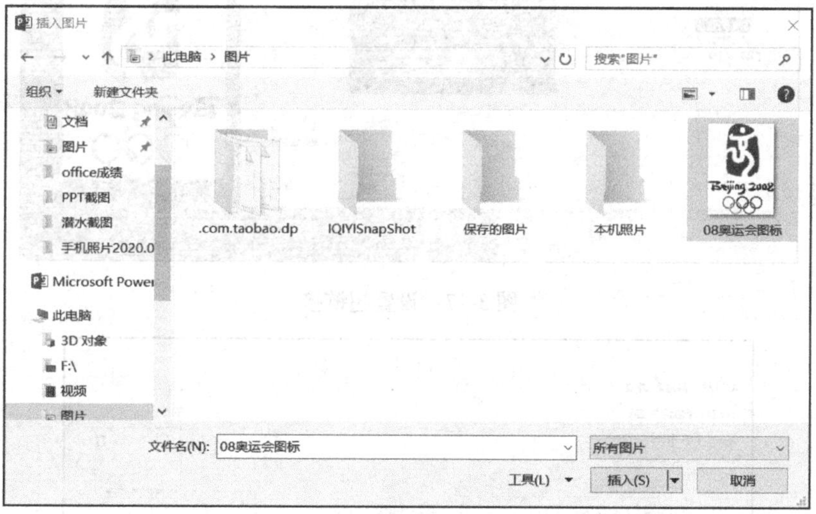

图 3-15　“插入图片”对话框

第十一步：单击插入的图片，选择“插入”选项卡，在“链接”选项组中单击“超链接”按钮，如图 3-16 所示，在打开的“插入超链接”窗口中单击“书签”按钮，在打开的“在文档中选择位置”窗口中选择“幻灯片 1”链接点，如图 3-17 所示。

第十二步：选择第一张幻灯片，在“插入”选项卡“文本”选项组中单击“幻灯片编号”按钮。在打开的“页眉和页脚”窗口中选择“幻灯片编号”复选框。最后单击“全部应用”按钮，如图 3-18 所示。

图 3-16　打开超链接

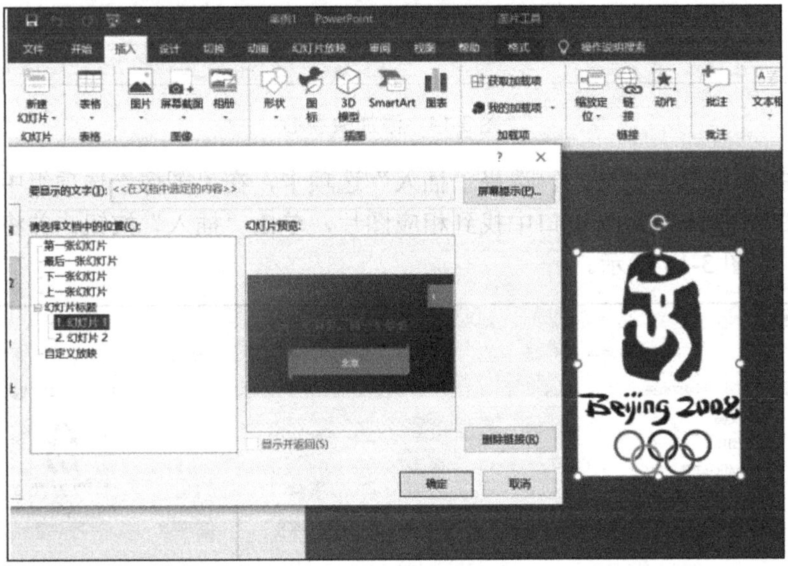

图 3-17　设置超链接

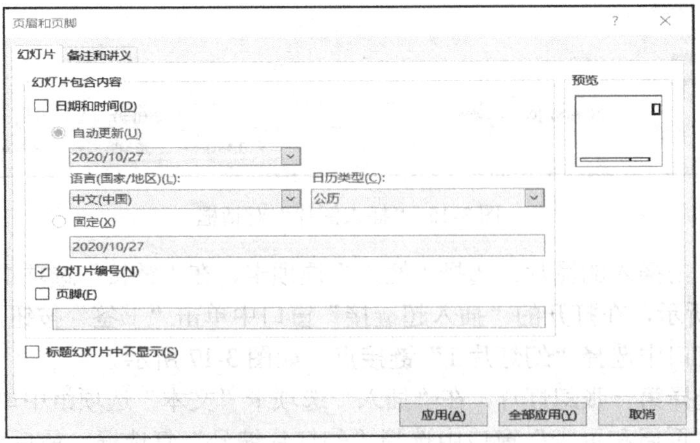

图 3-18　为幻灯片加编号

案例 3.2　2008 北京奥运会

1．题目要求

（1）两张幻灯片的主题设置为“环保”。

（2）两张幻灯片的切换效果设置为“擦除”。

（3）在两张幻灯片的底部显示页码，页脚内容显示为“北京奥运”。

（4）以下设置在第一张幻灯片内完成：

① 第一张幻灯片版式设置为“标题幻灯片”。

② 主标题为“奥运会”，字体为“华文行楷”，字号为 60。设置副标题为“2008 年北京”，字形为“斜体”。

③ 第一张幻灯片的主、副标题都设置自定义动画为“随机线条”。

（5）以下设置在第二张幻灯片内完成：

① 幻灯片内容版式设置为“空白”。

② 插入艺术字“百年圆梦”，样式为第 3 行第 4 列，竖排显示。进入动画设置为“飞入”，将文本框底纹设置为“新闻纸”纹理。

③ 插入一幅图片，大小更改为高 10 厘米、宽 14 厘米。

④ 为图片设置超链接，链接到第 1 张幻灯片。

案例 3.2 完成后样张分别如图 3-19（a）和图 3-19（b）所示。

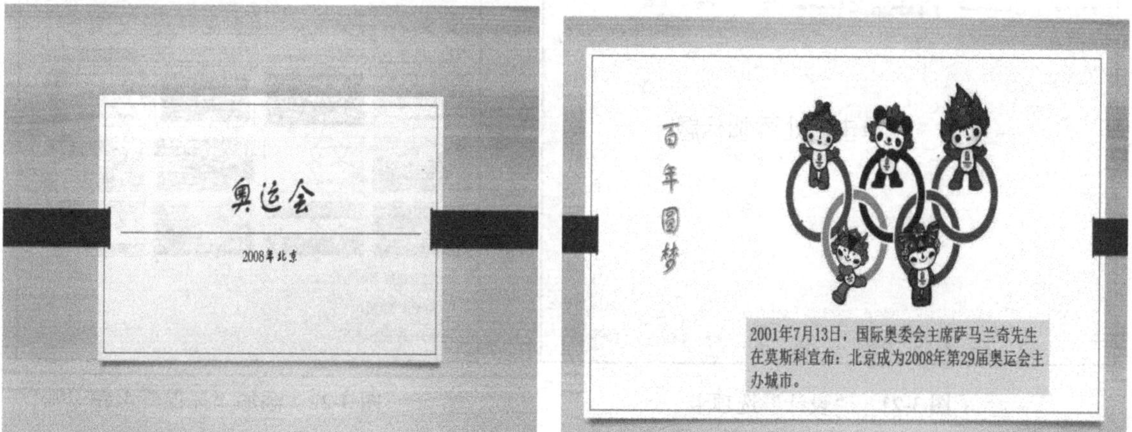

（a）　　（b）

图 3-19　案例 3.2 样张

2．操作步骤

第一步：单击“开始”选项卡，在“幻灯片”选项组中单击“新建幻灯片”按钮，插入一张新幻灯片，如图 3-20 所示。

第二步：单击“设计”选项卡，如图 3-21 所示，在“主题”选项组中单击下拉按钮打开所有的内置主题，找到“环保”。单击鼠标左键，为两张幻灯片添加主题，如图 3-22 所示。

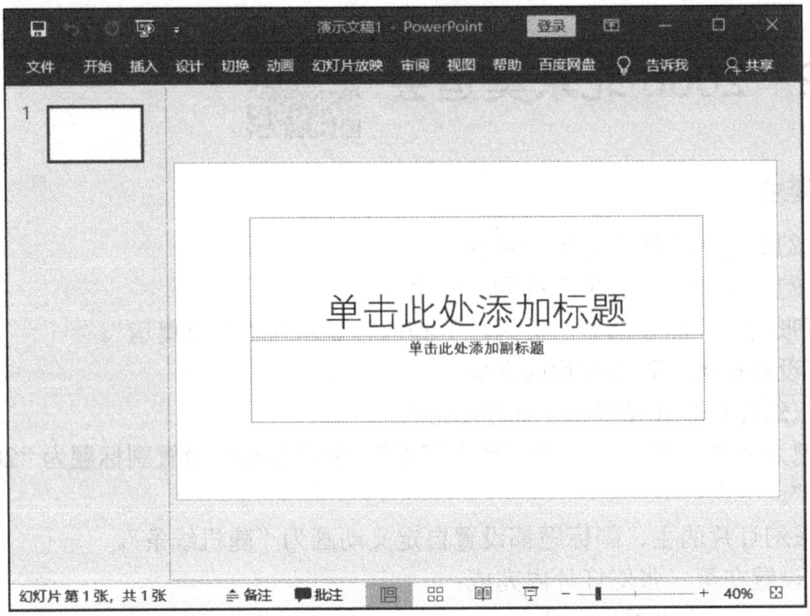

图 3-20　新建幻灯片

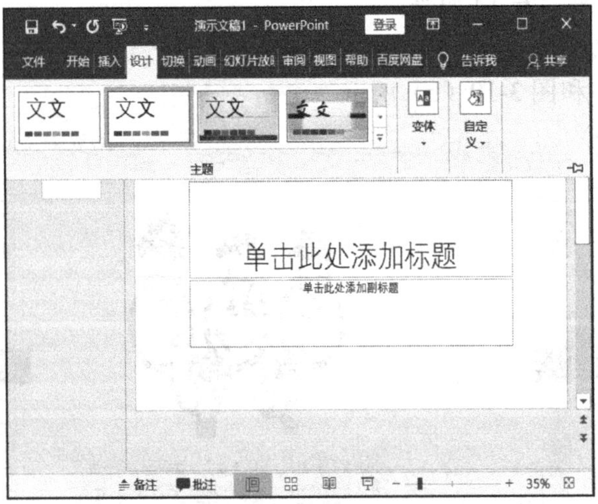

图 3-21　“设计”选项卡

图 3-22　添加“环保”主题

第三步：选择第一张幻灯片，在“插入”选项卡“文本”选项组中单击“幻灯片编号”按钮，在打开的“页眉和页脚”窗口中勾选“幻灯片编号”和“页脚”复选框。在“页脚”选项下面的文本框中输入“北京奥运”，最后单击“全部应用”按钮，如图 3-23 所示。

第四步：选择第一张幻灯片，在“开始”选项卡“幻灯片”选项组中单击“版式”按钮，在“版式”选择列表中选择“标题幻灯片”版式，如图 3-24 所示。单击主标题文本框，输入主标题为“奥运会”，字体为“华文行楷”，字号为“60”；在副标题文本框中输入“2008 年北京”，字形为“斜体”，如图 3-25 所示。

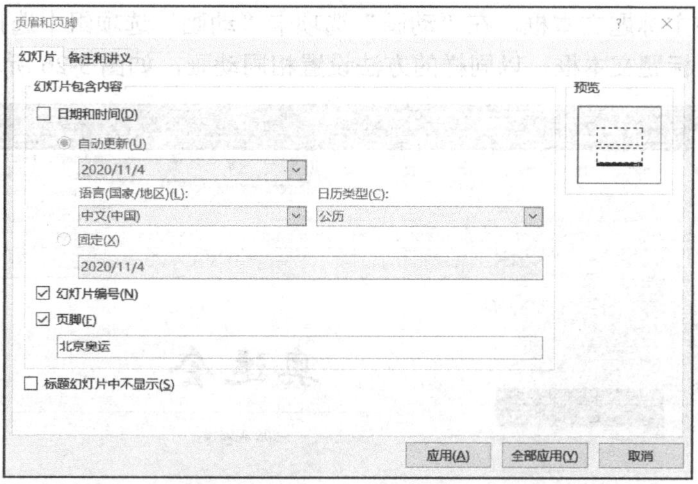

图 3-23 添加幻灯片页脚及编号

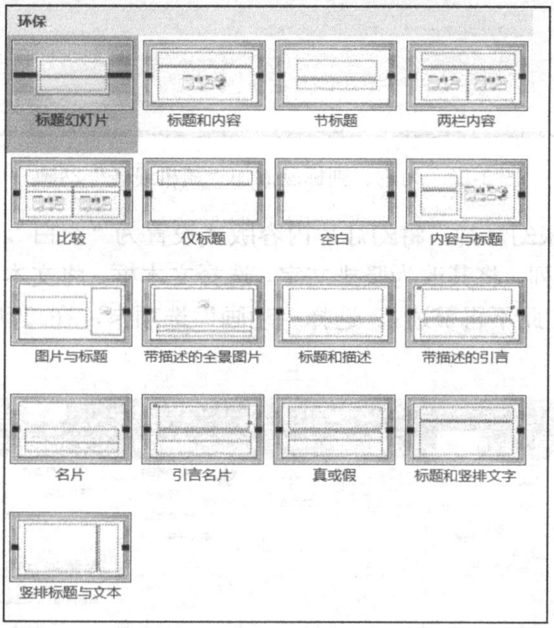

图 3-24 设置第一张幻灯片版式

图 3-25 为第一张幻灯片添加内容

第五步：选中主标题文本框，在“动画”选项卡“动画”选项组中选择“随机线条”动画选项；再选中副标题文本框，以同样的方法设置相同动画，如图 3-26 所示。

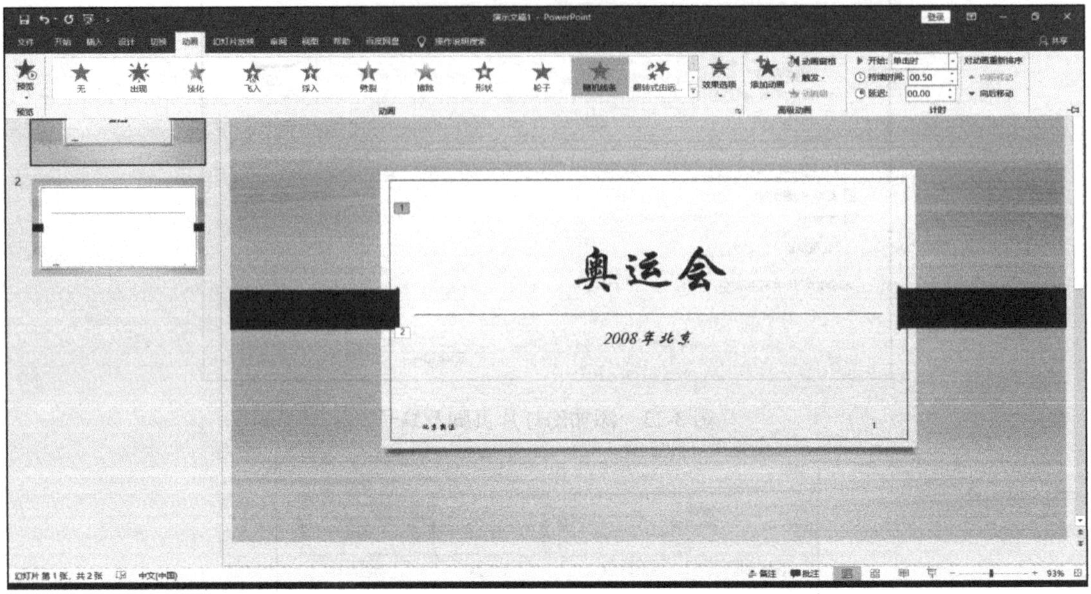

图 3-26　为主、副标题添加“随机线条”动画

第六步：选择第二张幻灯片，将幻灯片内容版式设置为“空白”。再插入艺术字“百年圆梦”，样式为第 3 行第 3 列，将其改为竖排文字。选择文本框，将文本框底纹设置为“新闻纸”纹理（方法同 Word，在此不再赘述）。选择“动画”选项卡，在“动画”选项组中选择“飞入”，如图 3-27 所示。

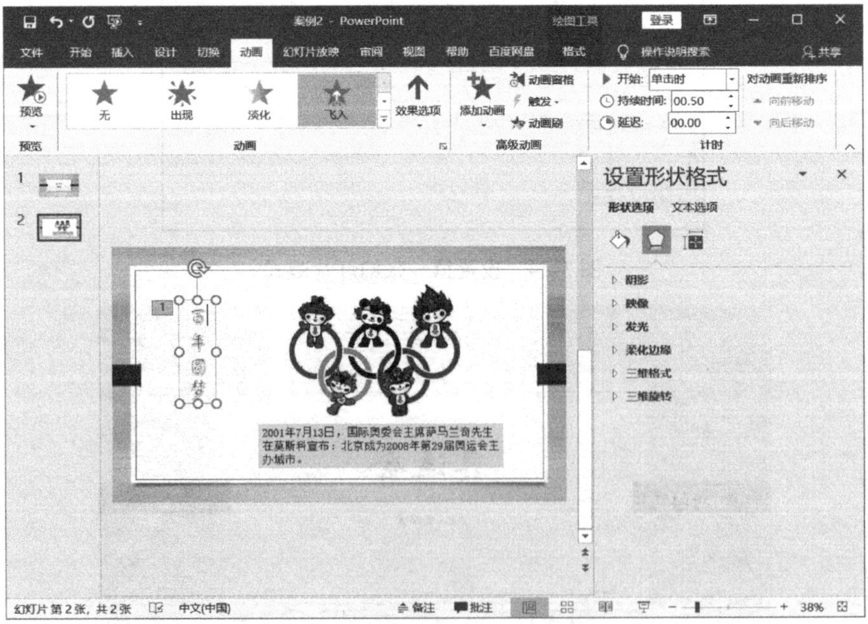

图 3-27　为第二张幻灯片添加动画

第七步：选择“插入”选项卡，插入一幅图片，将其大小更改为高 10 厘米、宽 14 厘米

（方法同 Word，在此不再赘述），如图 3-28 所示。单击插入的图片，在“插入”选项卡中单击“超链接”按钮，在“插入超链接”窗口中单击“书签”按钮，最后在打开的“在文档中选择位置”窗口中单击“1.奥运会”链接点，如图 3-29 所示。

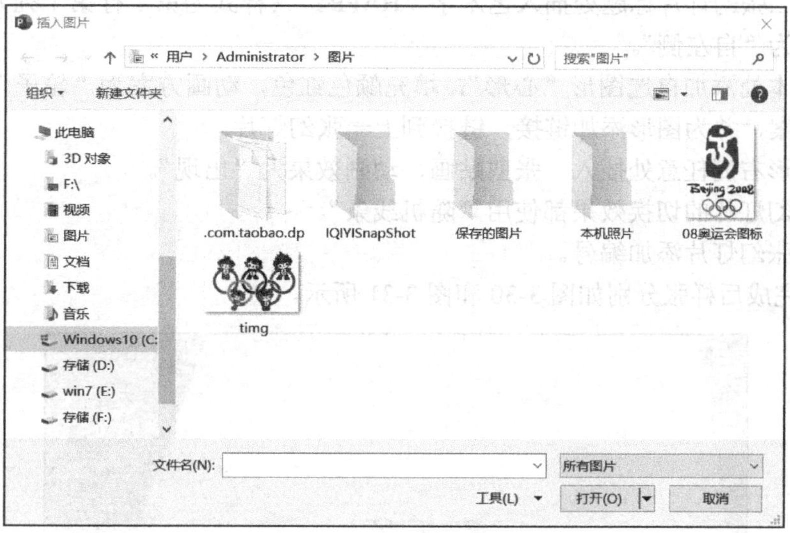

图 3-28　为第二张幻灯片添加图片

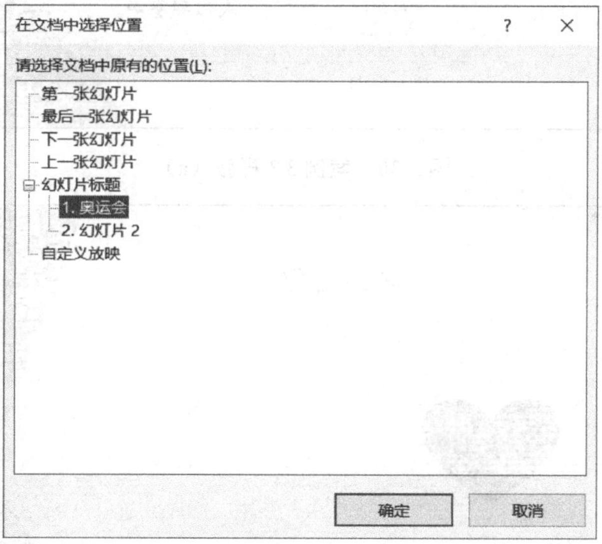

图 3-29　为插入的图片设置超链接

案例 3.3　欢乐 2020

1. 题目要求

（1）建立第一张幻灯片，将幻灯片版式设置为“标题幻灯片”，主题为“平面”。

（2）为主标题添加内容“欢乐 2020”，字号 60 磅，绿色、加粗、倾斜、“黑体”。为副标题添加内容“我们都参加”。

（3）主标题进入动画效果设置为左侧飞入，副标题进入动画效果设置为从底部飞入。

（4）插入第二张幻灯片，幻灯片版式为“两栏内容”。

（5）在第二张幻灯片标题处插入艺术字“HAPPY”（样式为第1行第1列），进入效果为“飞入”，方向为“自左侧”。

（6）在文本处添加自选图形“心形”，填充颜色红色，动画方案为“轮子”，添加自选图形“心形”图案，并为图形添加链接，链接到上一张幻灯片。

（7）在心形右侧任意处插入一张剪贴画，动画效果为“出现”。

（8）两张幻灯片的切换效果都使用“随机线条”。

（9）为两张幻灯片添加编号。

案例3.3完成后样张分别如图3-30和图3-31所示。

图3-30　案例3.3样张（a）

图3-31　案例3.3样张（b）

1. 操作步骤

第一步：选择第一张幻灯片，在“开始”选项卡“幻灯片”选项组中单击“版式”按钮，在“版式”选择列表中选择“标题幻灯片”版式，如图3-32所示。单击“设计”选项卡，在“主题”选项组中单击下拉按钮打开所有的内置主题，找到“平面”，单击鼠标左键，为第一张幻灯片添加主题，如图3-33所示。

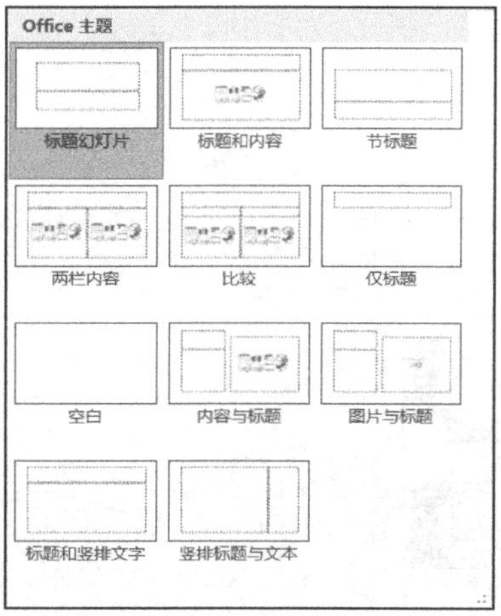

图 3-32　为第一张幻灯片设置版式

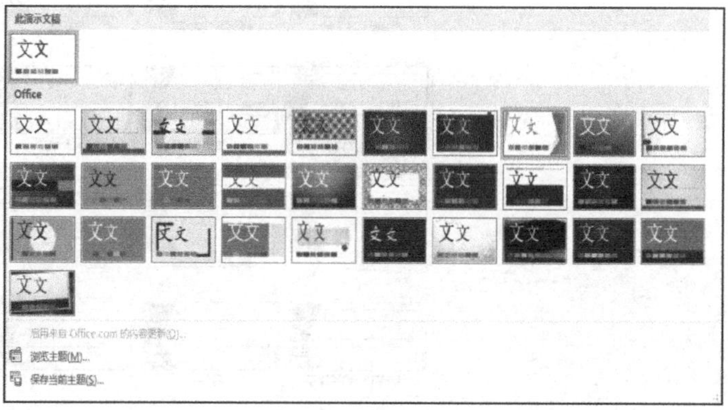

图 3-33　为第一张幻灯片设置主题

第二步：在主标题文本框中添加内容“欢乐 2020”，字号 60 磅，绿色、加粗、倾斜、“黑体”，在副标题文本框中添加内容“我们都参加”（方法同 Word，在此不再赘述），结果如图 3-34 所示。

第三步：选中主标题文本框，在“动画”选项卡“动画”选项组中选择“飞入”动画选项。在“高级动画”选项组中单击“动画窗格”按钮，在右侧打开的“动画窗格”窗口中单击第一个动画右侧三角按钮，选择“效果选项”，在打开的“飞入”窗口“效果”选项卡“方向”中选择“自左侧”，如图 3-35 所示。选中副标题文本框，以同样的方法设置副标题动画，在“方向”中选择“自底部”。

图 3-34　为第一张幻灯片添加内容

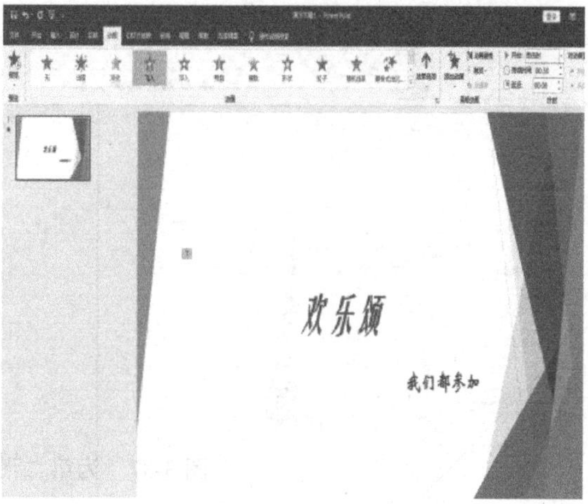

图 3-35　主标题添加动画

第四步：在“开始”选项卡“幻灯片”选项组中单击“新建幻灯片”按钮，在“版式”选项窗口中同时为第二张幻灯片选择“两栏内容”版式，如图 3-36 所示。

第五步：单击第二张幻灯片标题文本框，输入艺术字“HAPPY”（样式为第 1 行第 3 列）。在“动画”选项卡中设置动画进入效果为“飞入”，方向为“自左侧”。方法同第三步，如图 3-37 所示。

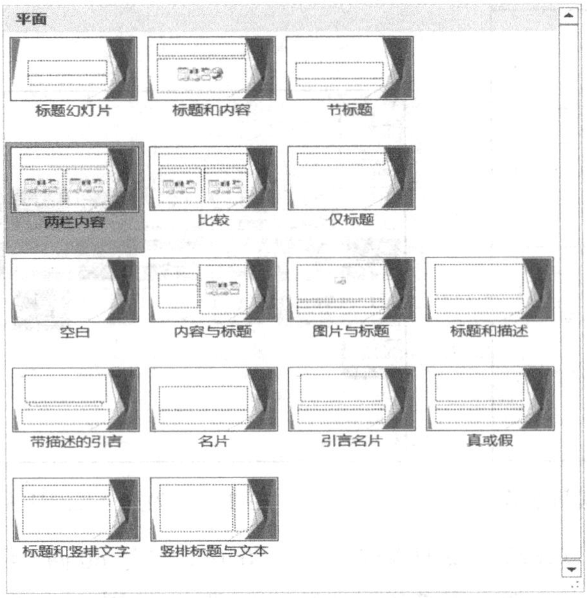

图 3-36　添加第二张幻灯片及设置版式

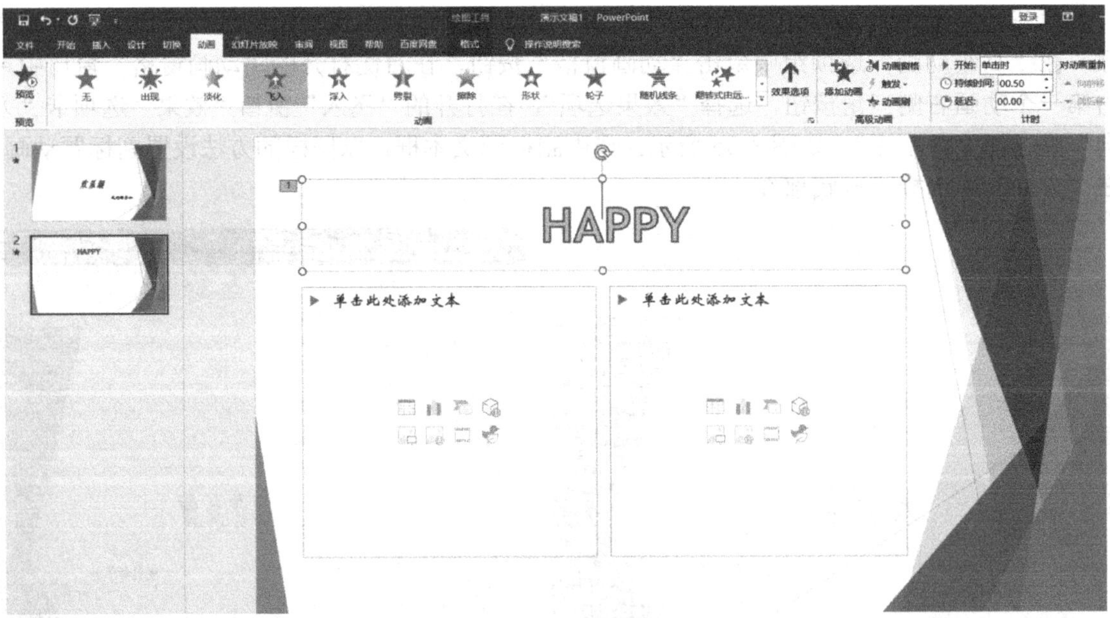

图 3-37　为第二张幻灯片添加标题及动画

第六步：进入标题下方左侧文本框，在“插入”选项卡“插图”选项组中单击“形状”按钮，在“基本形状”选项中选择“心形”。设置“心形”，填充颜色为红色，操作同 Word，在此不再赘述。将“心形”动画方案设置为“轮子”，方法同第三步，如图 3-38 所示。选中“心形”，在“插入”选项卡“链接”选项组中单击“超链接”按钮，在打开的“插入超链接”窗口中单击“书签”按钮，在打开的“在文档中选择位置”窗口中单击“欢乐 2020”链接点，如图 3-39 所示。

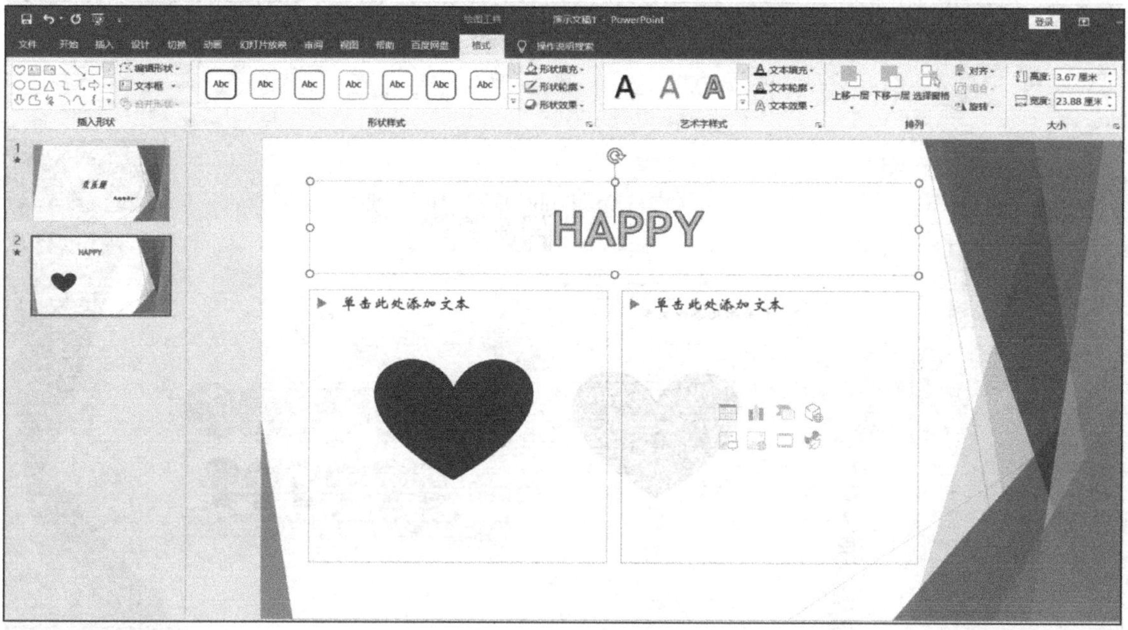

图 3-38 添加自选图形及动画

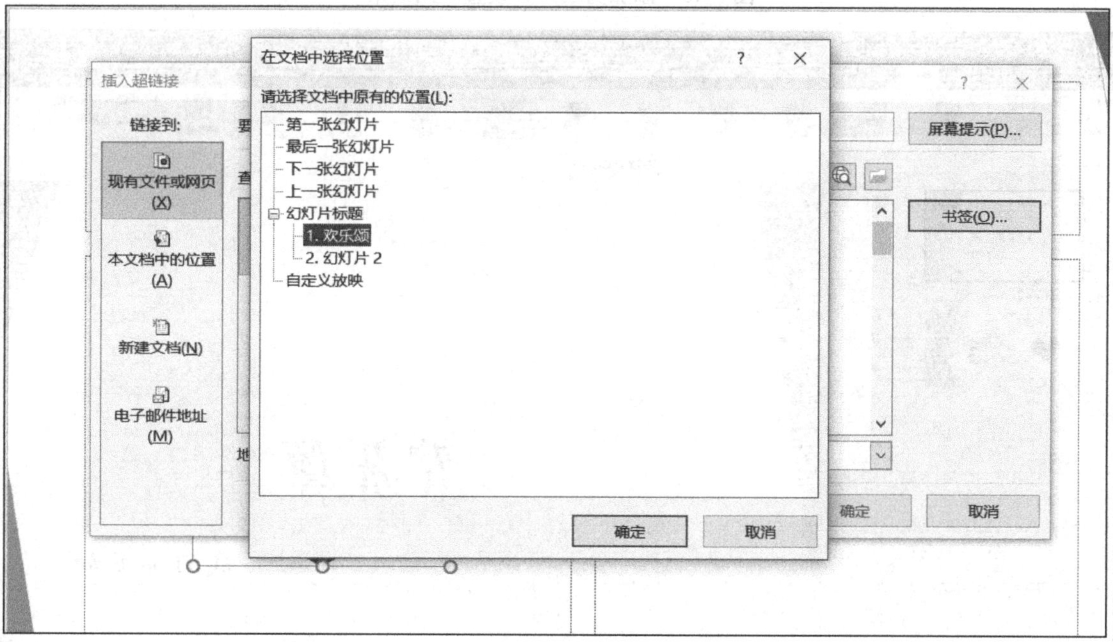

图 3-39 添加自选图形链接

第七步：选择心形右侧文本框，单击第二排第一个“图片”按钮，选择要插入的图片，将其动画效果设置为“出现”，方法同第五步，如图 3-40 所示。

第八步：选择第一张幻灯片，单击“切换”选项卡，在“切换到此幻灯片”选项组中选择“随机线条”切换效果，如图 3-41 所示。设置切换效果以后，单击“应用到全部”选项，第二张幻灯片效果同时设置完毕。

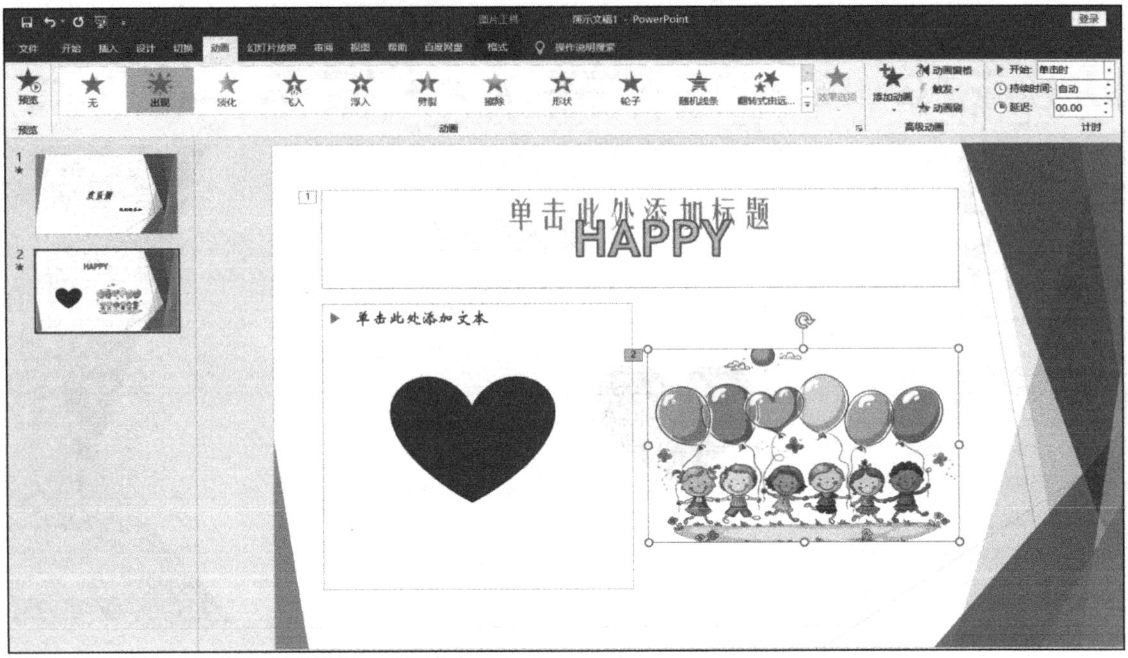

图 3-40　添加剪贴画并设置动画效果

图 3-41　为两张幻灯片添加切换效果

第九步：选择第一张幻灯片，在“插入”选项卡“文本”选项组中单击“幻灯片编号”按钮，在打开的“页眉和页脚”窗口中选择“幻灯片编号”复选框，最后单击“全部应用”按钮，如图 3-42 所示。

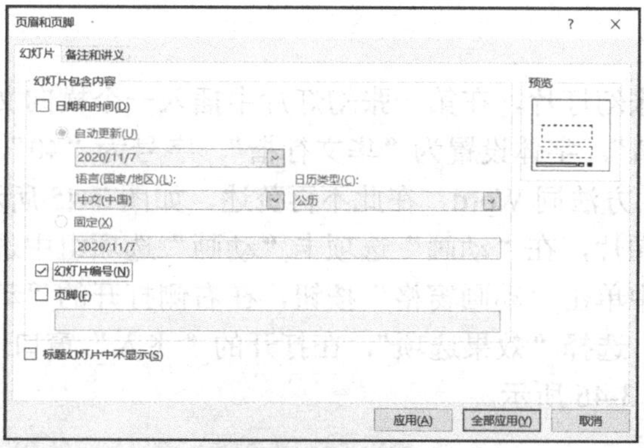

图 3-42　为两张幻灯片添加编号

案例 3.4　考试好心情

1. 题目要求

(1) 在第一张幻灯片中插入一个横向文本框，输入内容“祝考试顺利，假期有个好心情”，字体设置为“华文行楷”，字号为“40”，字体颜色为 RGB（R：243；G：117；B：39）。

(2) 为第一张幻灯片的树叶图片设置进入时动画效果为“飞入”，方向为“自左侧”。

(3) 在第一张幻灯片后插入一张新幻灯片，设置幻灯片版式为“空白”。

(4) 设置两张幻灯片应用设计模板“徽章”。

(5) 设置两张幻灯片的切换效果均为“随机线条”。

(6) 在第二张幻灯片中插入艺术字“新年快乐”，样式为第 3 行第 3 列，字体为“华文行楷”，字号为“66”。

(7) 设置艺术字进入时的动画效果为“轮子”。

(8) 在第二张幻灯片中插入自选图形“竖卷形”，并添加文字内容“心想事成”，字体设置为“华文新魏”，字号为“60”。

(9) 设置自选图形“竖卷形”进入时的动画效果为“旋转”。

(10) 为自选图形“竖卷形”设置超链接，链接到第一张幻灯片。

(11) 每张幻灯片右下角显示当前幻灯片的编号。

案例 3.4 完成后样张分别如图 3-43 和图 3-44 所示。

图 3-43　案例 3.4 样张（a）

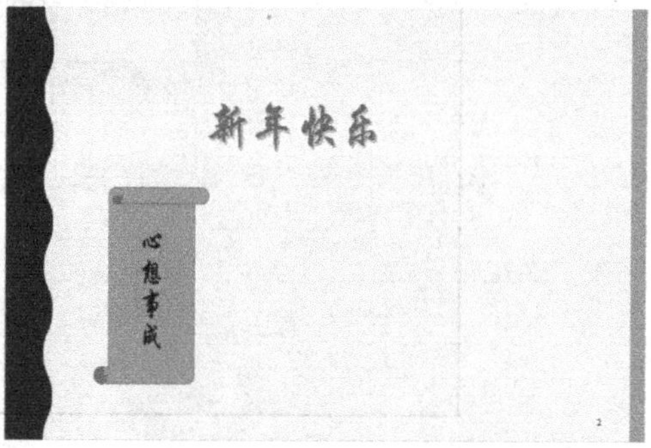

图 3-44　案例 3.4 样张（b）

2. 操作步骤

第一步：选择第一张幻灯片，在第一张幻灯片中插入一个横向文本框，输入内容“祝考试顺利，假期有个好心情”，字体设置为“华文行楷”，字号为“40”，字体颜色为 RGB（R：243；G：117；B：39）。方法同 Word，在此不再赘述，如图 3-45 所示。

第二步：选中树叶图片，在“动画”选项卡“动画”选项组中选择“飞入”动画选项，在“高级动画”选项组中单击“动画窗格”按钮，在右侧打开的“动画窗格”窗口中单击第一个动画右侧三角按钮，选择“效果选项”，在打开的“飞入”窗口“效果”选项卡“方向”中选择“自左侧”，如图 3-46 所示。

图 3-45　为第一张幻灯片添加内容

图 3-46　为图片添加动画

第三步：选择第一张幻灯片，在“开始”选项卡“幻灯片”选项组中单击“新建幻灯片”文字，在“默认设计模板”窗口中单击“空白”版式按钮，同时为第二张幻灯片设置“空白”版式，如图 3-47 所示。

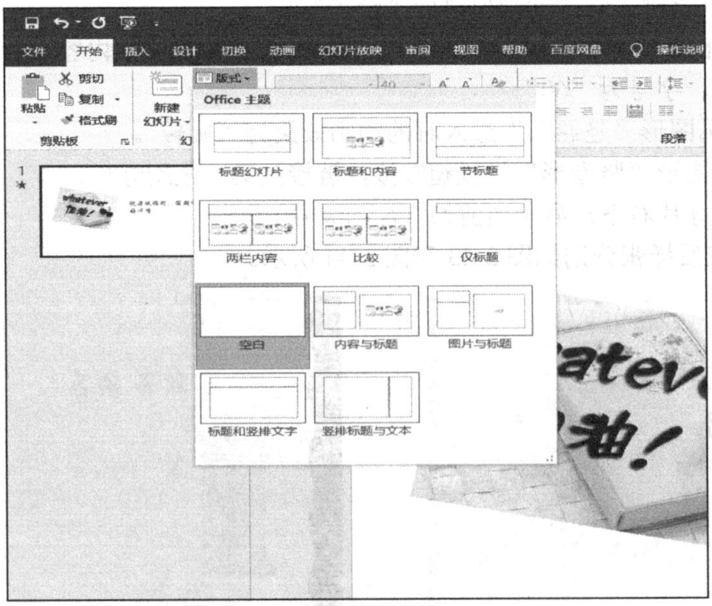

图 3-47　添加第二张幻灯片并设置版式

第四步：选择第一张幻灯片，单击“设计”选项卡，在“主题”选项组中单击下拉按钮，打开所有的内置主题，找到“徽章”主题，单击鼠标左键，为两张幻灯片添加主题，如图 3-48 所示。

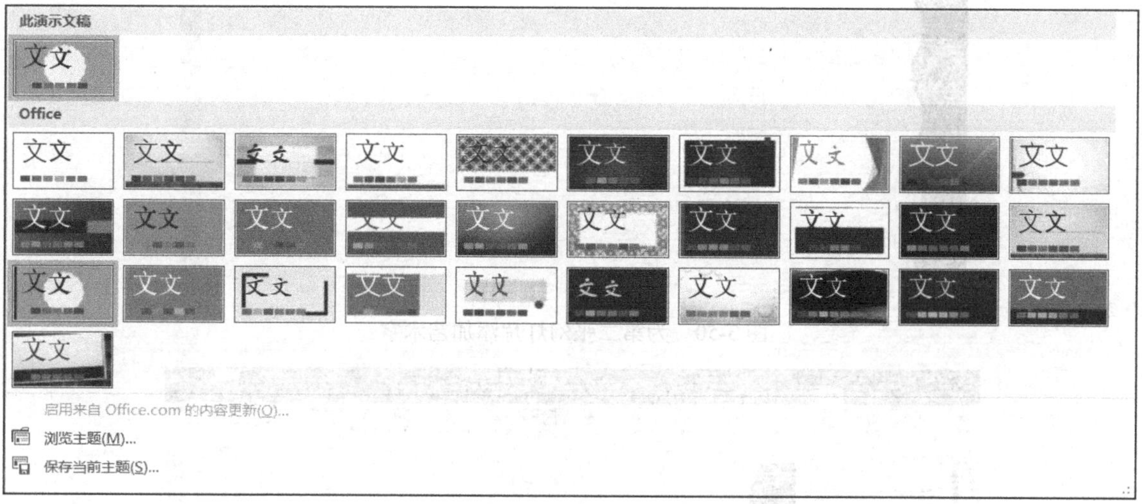

图 3-48 为两张幻灯片添加主题

第五步：选择第一张幻灯片，单击“切换”选项卡，在“切换到此幻灯片”选项组中选择“随机线条”切换效果，如图 3-49 所示。设置切换效果以后，单击“应用到全部”选项，第二张幻灯片效果同时设置完毕。

图 3-49 为两张幻灯片添加切换效果

第六步：选择第二张幻灯片，单击“插入”选项卡，在“文本”选项组中单击“艺术字”按钮，插入艺术字“新年快乐”，样式为第 3 行第 3 列，字体为“华文行楷”，字号为“66”，如图 3-50 所示。

第七步：在第二张幻灯片中选择艺术字，在“动画”选项卡中设置动画进入效果为“轮子”，如图 3-51 所示。

图 3-50　为第二张幻灯片添加艺术字

图 3-51　为第二张幻灯片艺术字添加动画效果

第八步：选择第二张幻灯片，单击“插入”选项卡，在“插图”选项组中单击“形状”按钮，在“星与旗帜”选项组中选择自选图形“竖卷形”，添加文字内容“心想事成”，将字体设置为“华文新魏”，字号为“60”，如图 3-52 所示。

图 3-52　添加竖卷轴

第九步：选中自选图形“竖卷形”，在“动画”选项卡中设置动画进入效果为“旋转”，如图 3-53 所示。

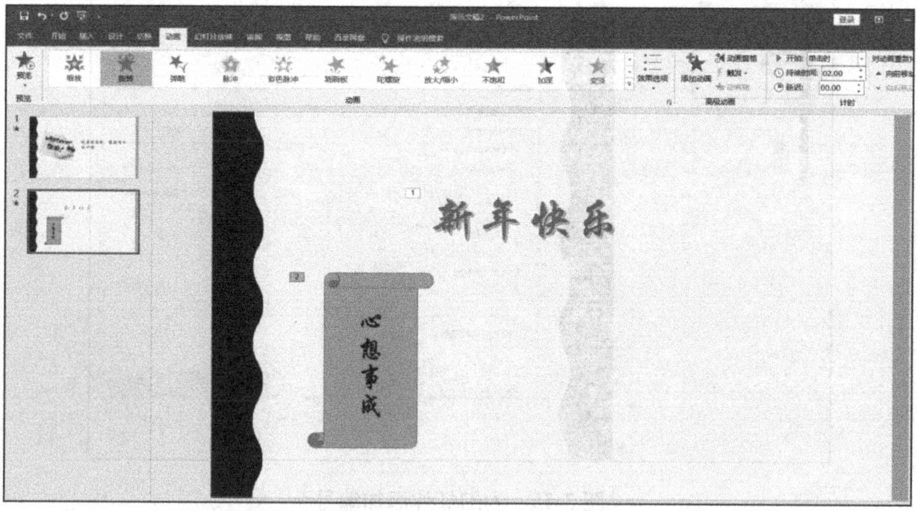

图 3-53 为竖卷轴添加动画

第十步：选择“竖卷形”，在“插入”选项卡“链接”选项组中单击“超链接”按钮，在打开的“插入超链接”窗口中单击“书签”按钮，在打开的“在文档中选择位置”窗口中选择“幻灯片 1”链接点，如图 3-54 所示。

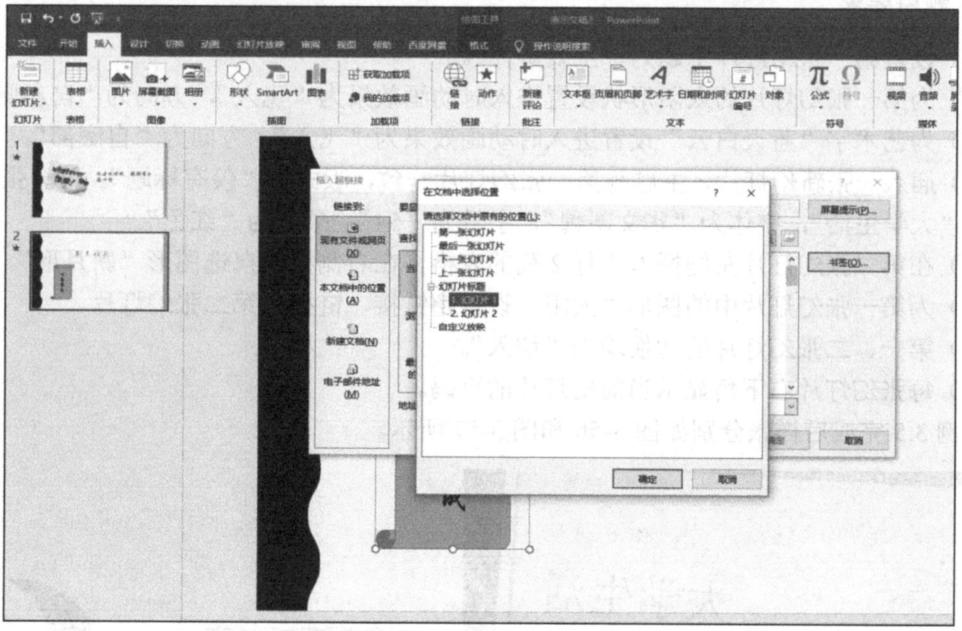

图 3-54 为竖卷轴添加超链接

第十一步：选择第一张幻灯片，在“插入”选项卡“文本”选项组中单击“幻灯片编号”按钮，在打开的“页眉和页脚”窗口中选择“幻灯片编号”复选框，最后单击“全部应用”按钮，如图 3-55 所示。

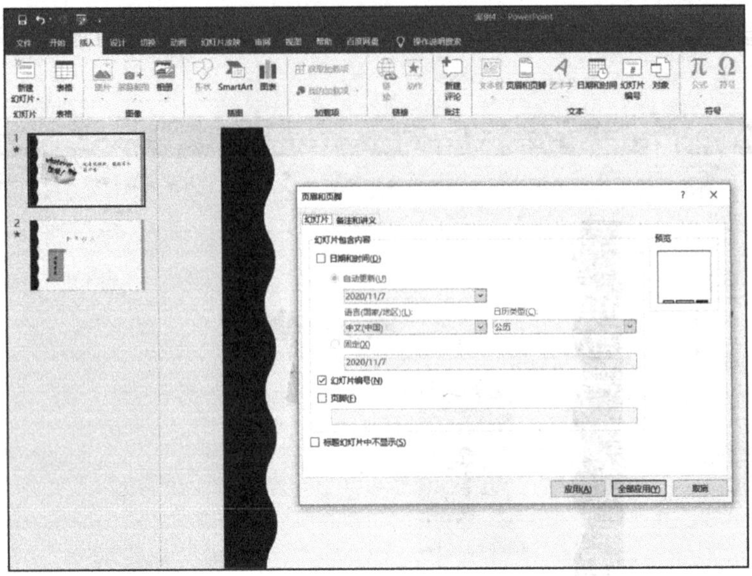

图 3-55　为幻灯片添加编号

案例 3.5　大学生活

1．题目要求

（1）设置第一张幻灯片主题为“主要事件”。

（2）为第一张幻灯片的太阳形状设置进入时动画效果为“飞入”，方向为“自左侧”。

（3）为艺术字“蓝天白云”设置进入时动画效果为“飞入”，方向为“自底部”。

（4）插入一张新幻灯片，主题与第一张幻灯片一致，版式为“仅有标题”。第一张幻灯片标题为“大学生活”，字体为“华文新魏”，字号为“54”，颜色为“红色”。

（5）在第二张幻灯片左侧插入 2 行 2 列的表格，在右侧插入自选图形“新月形”。

（6）为第一张幻灯片中的图形“太阳”设置超链接，链接到第二张幻灯片。

（7）第一、二张幻灯片的切换均为“切入”。

（8）每张幻灯片右下角显示当前幻灯片的页码。

案例 3.5 完成后样张分别如图 3-56 和图 3-57 所示。

图 3-56　案例 3.5 样张（a）

图 3-57　案例 3.5 样张（b）

2．操作步骤

第一步：选择第一张幻灯片，在“设计”选项卡“主题”选项组中单击下拉按钮打开所有的内置主题，找到“主要事件”，单击鼠标左键，为第一张幻灯片添加主题，如图 3-58 所示。

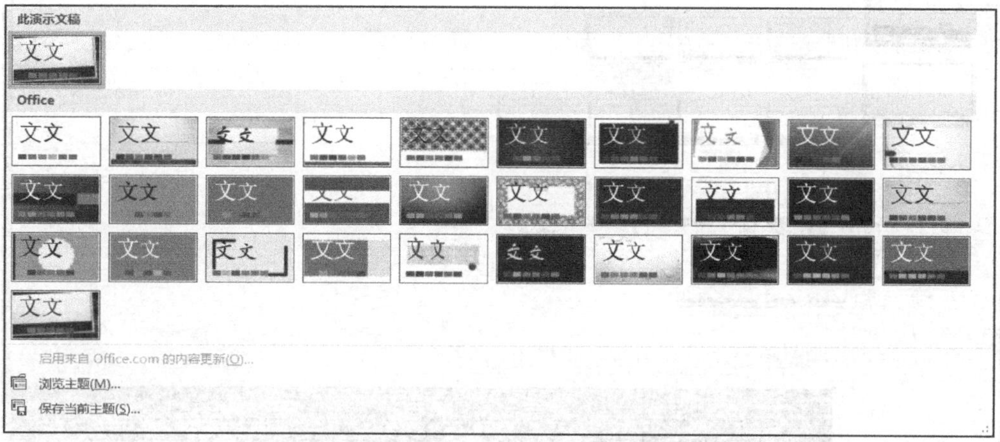

图 3-58 为第一张幻灯片添加主题

第二步：选中太阳形图片，在“动画”选项卡“动画”选项组中选择“飞入”动画选项，在“高级动画”选项组中单击“动画窗格”按钮，在右侧打开的“动画窗格”窗口中单击第一个动画右侧三角按钮，选择“效果选项”，在“飞入”窗口“效果”选项卡“方向”中选择“自左侧”，如图 3-59 所示。

图 3-59 为心形图片添加动画

第三步：选择艺术字“蓝天白云”，设置进入时动画效果为“飞入”，自底部。动画设置方法同第二步。在“高级动画”选项组中单击“动画窗格”按钮，将动画方向设置为“自底部”。

第四步：选择第一张幻灯片，在“开始”选项卡“幻灯片”选项组中单击“新建幻灯片”文字，在“默认设计模板”窗口中单击“空白”版式按钮，同时为第二张幻灯片设置“空白”版式，如图 3-60 所示。

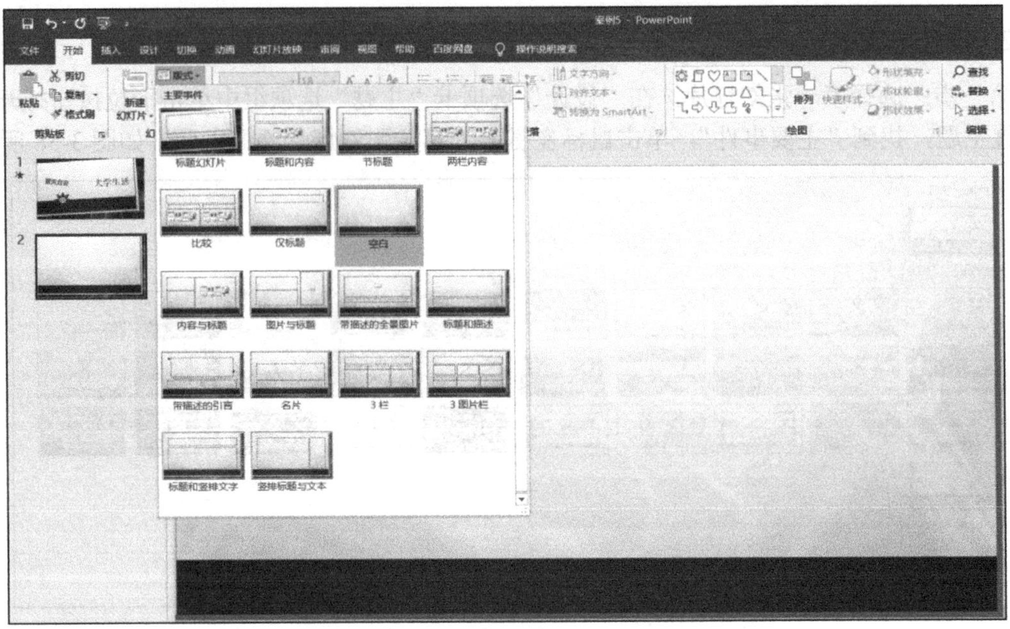

图 3-60　添加第二张幻灯片并设置版式及内容

第五步：打开第二张幻灯片，在“插入”选项卡“表格”选项组中单击“表格”按钮，选择“插入表格”选项，在幻灯片左侧插入 2 行 2 列的表格，并在右侧插入自选图形“新月形”，如图 3-61 所示。

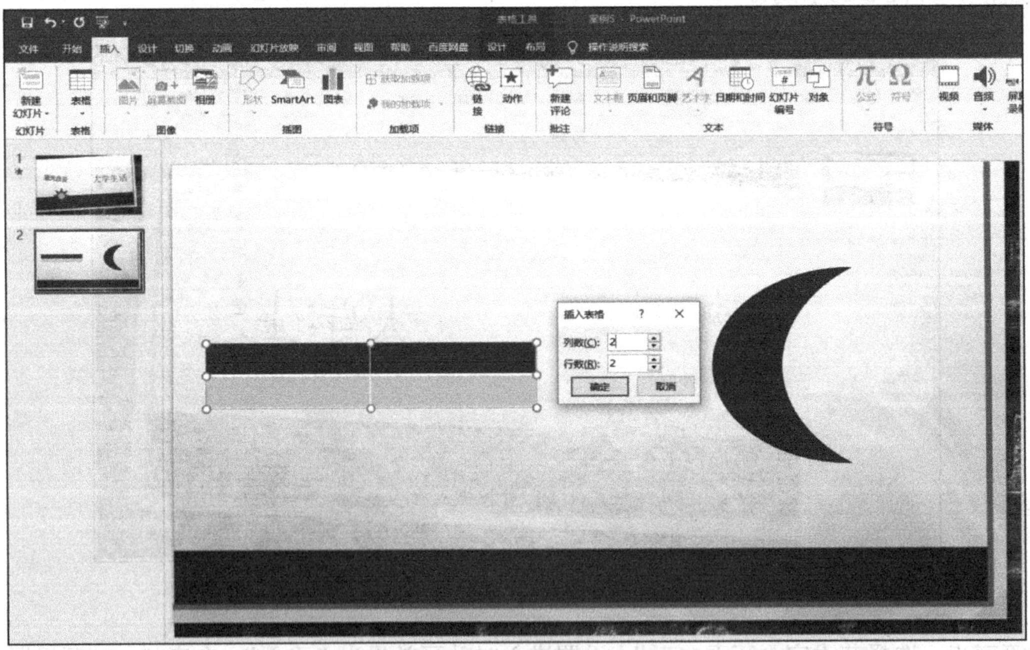

图 3-61　为第二张幻灯片添加内容

第六步：进入第一张幻灯片，选择“太阳”图形，在“插入”选项卡“链接”选项组中单击“超链接”按钮，在打开的“插入超链接”窗口中单击“书签”按钮，在打开的“在文档中选择位置”窗口中选择“幻灯片 2”链接点，如图 3-62 所示。

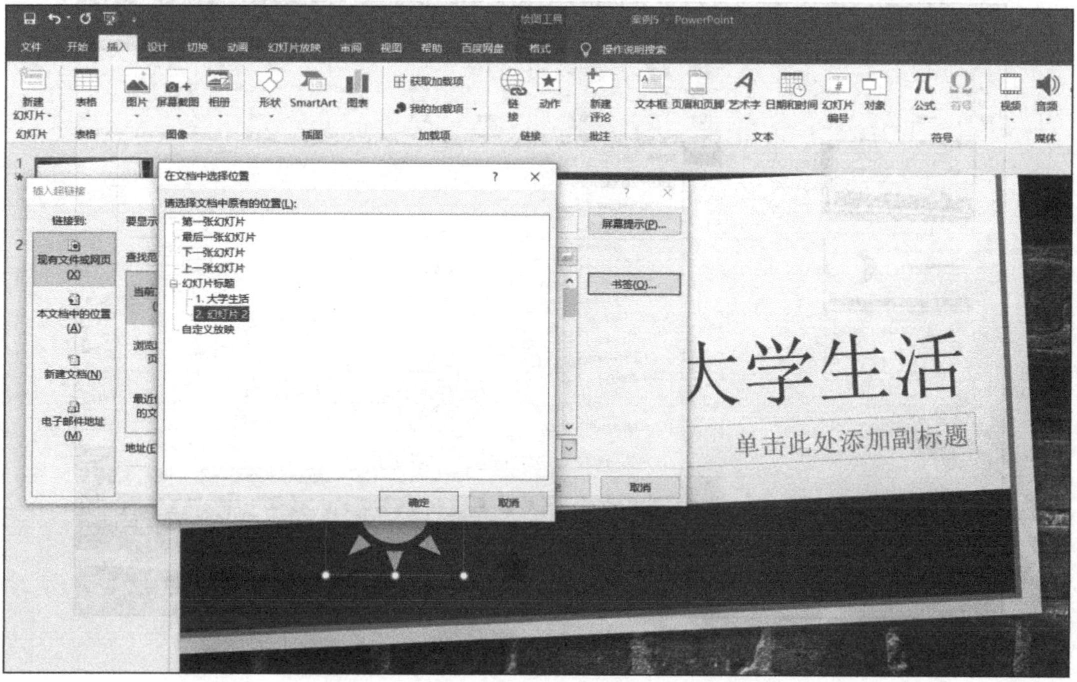

图 3-62　添加超链接

第七步：选择第一张幻灯片，单击“切换”选项卡，在“切换到此幻灯片”选项组中选择“切入”切换效果，如图 3-63 所示。设置“切入”效果以后，单击“应用到全部”按钮，第二张幻灯片效果同时设置完毕。

图 3-63　添加切换效果

第八步：选择第一张幻灯片，在“插入”选项卡“文本”选项组中单击“幻灯片编号”按钮，在打开的“页眉和页脚”窗口中选择“幻灯片编号”复选框，最后单击“全部应用”按钮，如图 3-64 所示。

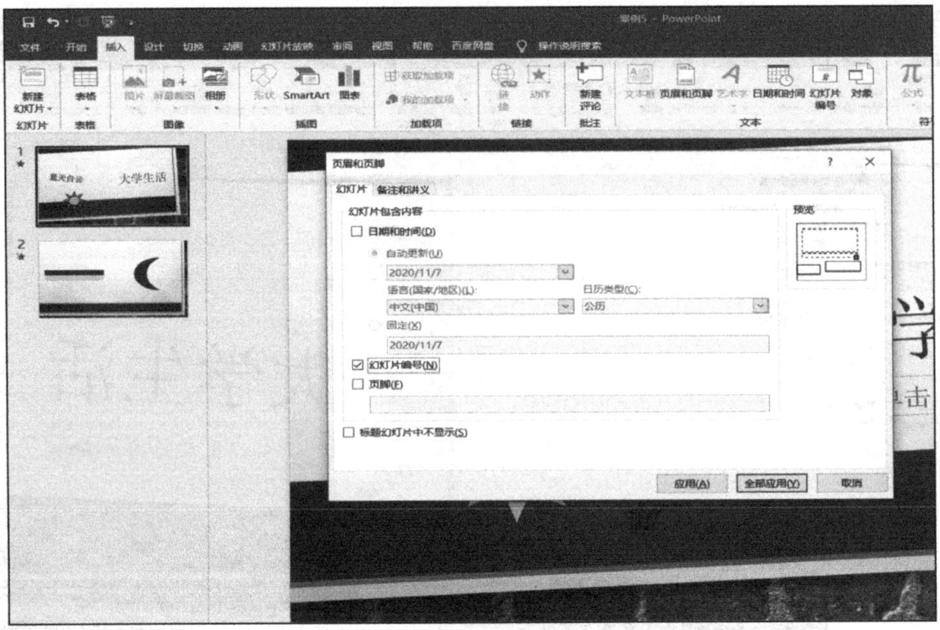

图 3-64　添加幻灯片编号

案例 3.6　黑龙江东方学院

1. 题目要求

（1）插入三张幻灯片。

（2）将第一张幻灯片的版式设置为“仅标题”，第二张幻灯片的版式设置成“空白”，第三张幻灯片的版式设置为“图片与标题”。

（3）设置第一张幻灯片的主题为“切片”，第二张幻灯片的主题为“红利”，第三张幻灯片的主题为“包裹”。

（4）在第一张幻灯片中做如下操作：

① 在标题处输入文字“黑龙江东方学院”，并将文字设置为“幼圆”、60 号字、加粗、加下画线。

② 设置标题文字的自定义动画的进入效果为“浮入”，效果选项方向为“下浮”。

③ 幻灯片的切换效果为“推入”。

④ 将文字“黑龙江东方学院”设置为超链接，链接到幻灯片第三页。

（5）在第二张幻灯片中插入 SmartArt 图形（基本流程图），按照样张输入文字，更改颜色为“彩色-强调文字颜色 1”。

（6）在第三张幻灯片中做如下操作：

① 插入任意图片，设置动画为“翻转式由远及近”。

② 设置幻灯片的切换效果为“揭开”，持续时间“02.00”。

（7）给三张幻灯片添加编号。

案例 3.6 完成后样张分别如图 3-65、图 3-66 和图 3-67 所示。

图 3-65 案例 3.6 样张（a）

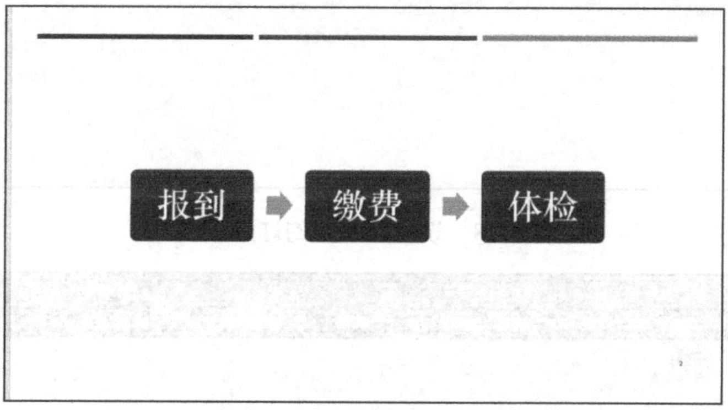

图 3-66 案例 3.6 样张（b）

图 3-67 案例 3.6 样张（c）

2. 操作步骤

第一步：选择第一张幻灯片，在“开始”选项卡“幻灯片”选项组中单击“版式”按钮，在列表中选择“仅标题”版式，如图 3-68 所示。选择第一张幻灯片，在“开始”选项卡“幻灯片”选项组中单击“新建幻灯片”文字，在窗口中单击“空白”版式按钮，同时为第二张幻灯片设置“空白”版式，如图 3-69 所示。以同样的方法新建并设置第三张幻灯片版式为“图片与标题”。

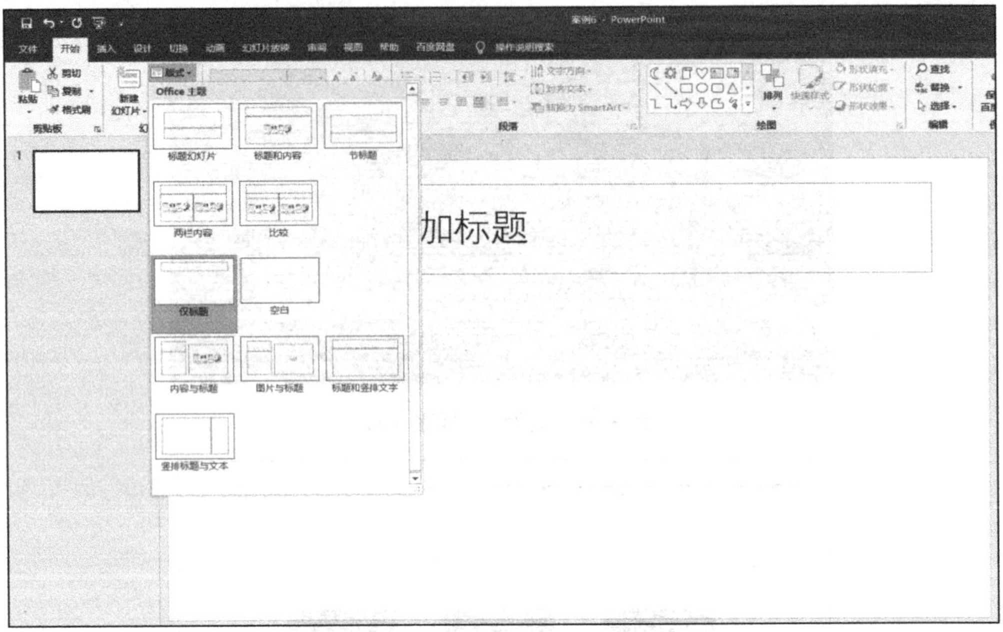

图 3-68　设置第一张幻灯片版式

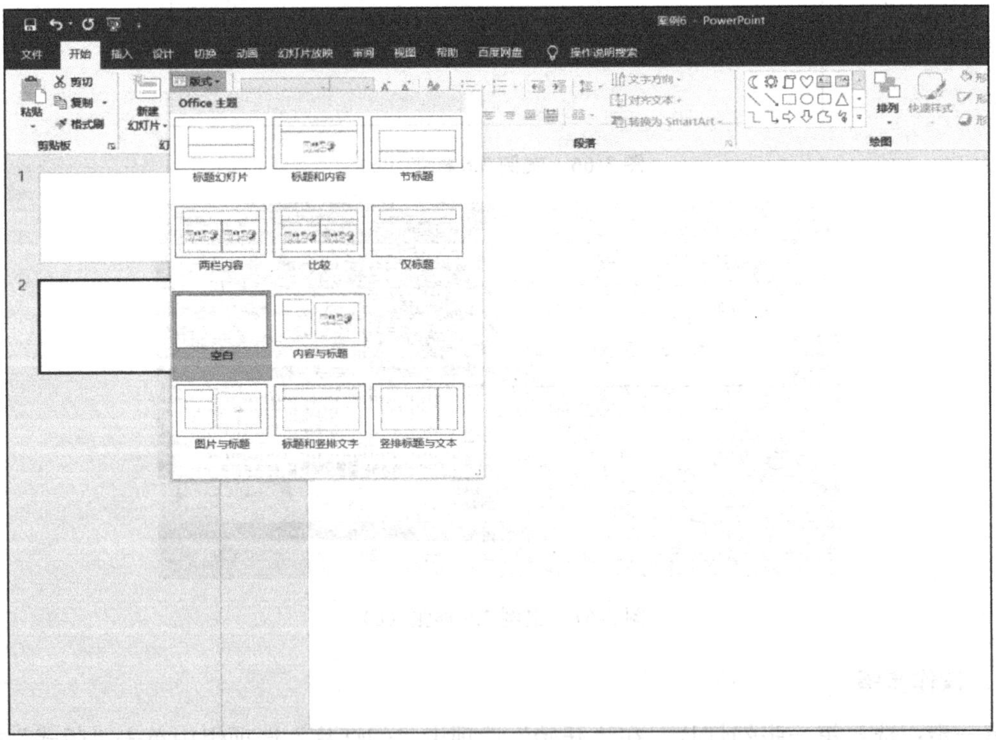

图 3-69　设置第二张幻灯片版式

第二步：选择第一张幻灯片，在“设计”选项卡“主题”选项组中单击下拉按钮打开所有的内置主题，找到“切片”，单击鼠标右键，在弹出的快捷菜单中选择“应用于选定幻灯片”选项，为第一张幻灯片添加主题，如图 3-70 所示。以同样的方法将第二、三张幻灯片的主题设置为“红利”和“包裹”。

图 3-70　设置幻灯片主题

第三步：选择第一张幻灯片，在标题文本框中输入“黑龙江东方学院”，将文字设置为“幼圆”、60 号字、加下画线、加粗，如图 3-71 所示。选择标题，在“动画”选项卡“动画”选项组中选择“浮入”动画选项，在“动画”窗格组右侧单击“效果选项”按钮，在选择窗口中选择“下浮”选项，如图 3-72 所示。单击“切换”选项卡，在“切换到此幻灯片”选项组中选择“推入”，如图 3-73 所示。选择标题“黑龙江东方学院”，在“插入”选项卡“链接”选项组中单击“超链接”按钮，在打开的“插入超链接”窗口中单击“书签”按钮，在打开的“在文档中选择位置”窗口中选择“幻灯片 3”链接点，如图 3-74 所示。

图 3-71　为第一张幻灯片添加标题

第四步：选择“插入”选项卡，在“插图”选项组中单击“SmartArt”按钮，选择“基本流程图”，分别输入文字“报道、缴费、体检”，更改颜色为“彩色-强调文字颜色”，方法同 Word，在此不再赘述，如图 3-75 所示。

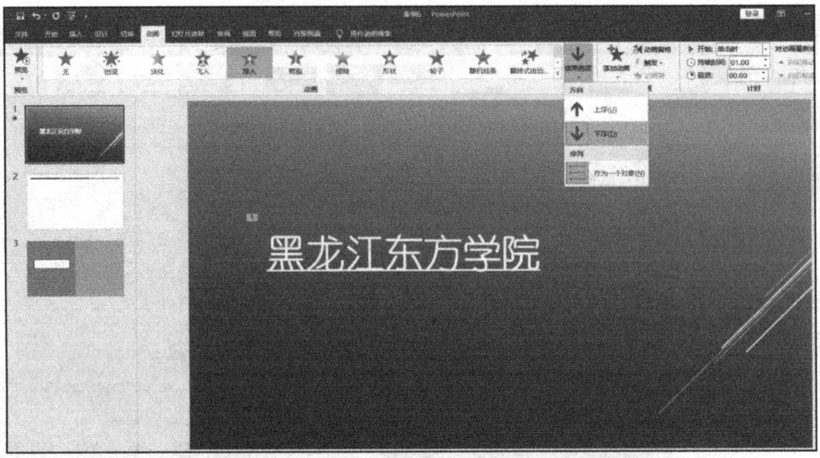

图 3-72　为第一张幻灯片标题添加动画

图 3-73　为第一张幻灯片标题添加切换效果

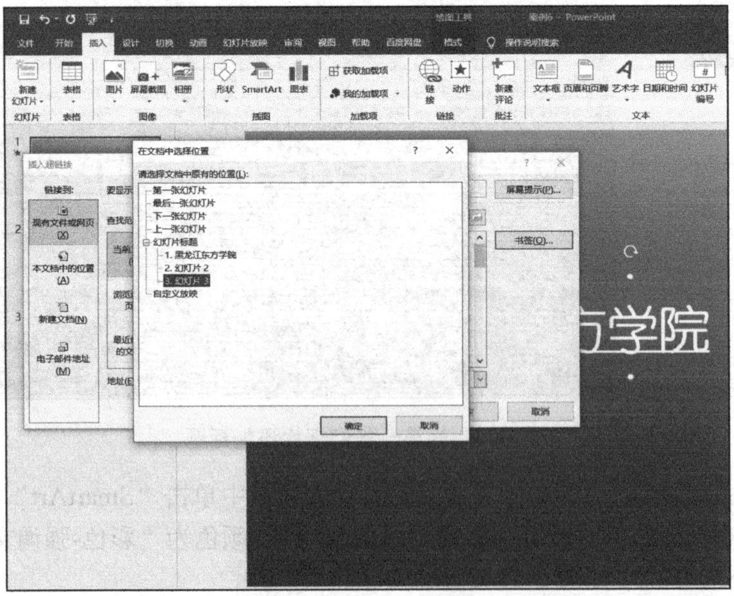

图 3-74　为第一张幻灯片标题添加超链接

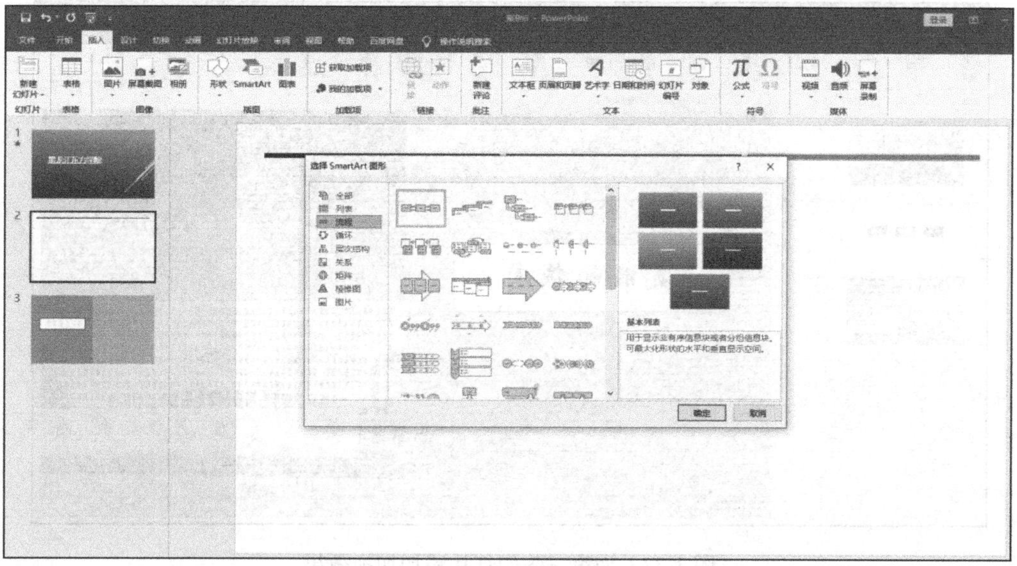

图 3-75 为第二张幻灯片添加 SmartArt 图形

第五步：打开第三张幻灯片，单击“插入”选项卡“图像”选项组中的“图片”按钮，在打开的“插入图片”窗口“示例图片”文件夹中选择“郁金香”图片，如图 3-76 所示。选择“郁金香”图片，单击“动画”选项卡，在动画样式选项中选择“翻转式由远及近”。打开“切换”选项卡，在切换效果中设置幻灯片的切换效果为“揭开”，单击“持续时间”按钮，将时间设置为“02.00”，如图 3-77 所示。

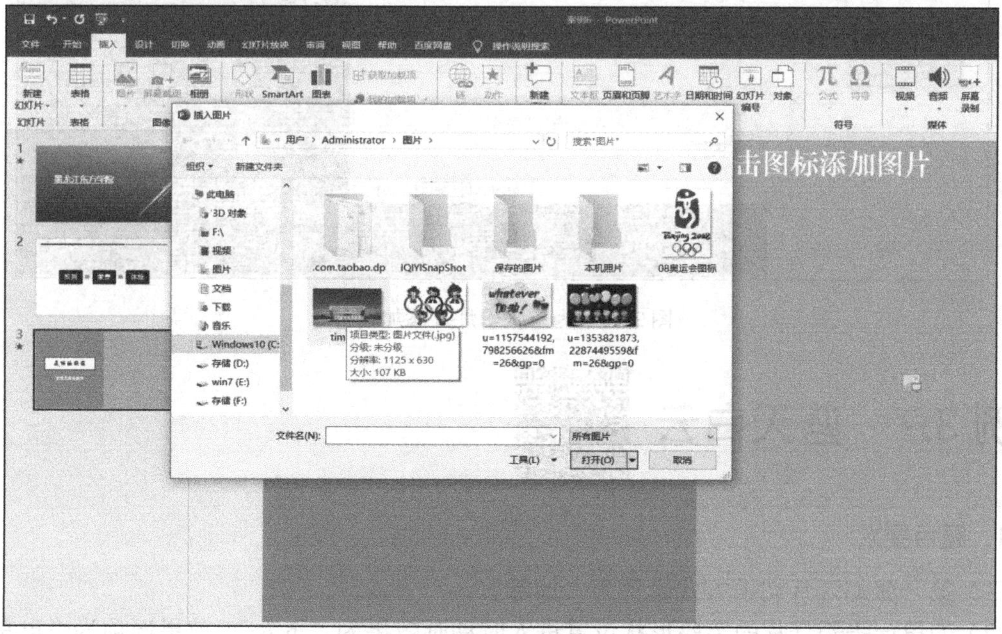

图 3-76 为第三张幻灯片添加图片

第六步：选择第一张幻灯片，在“插入”选项卡“文本”选项组中单击“幻灯片编号”按钮，在打开的“页眉和页脚”窗口中选择“幻灯片编号”复选框，最后单击“全部应用”按钮，如图 3-78 所示。

图 3-77　为第三张幻灯片添加切换效果

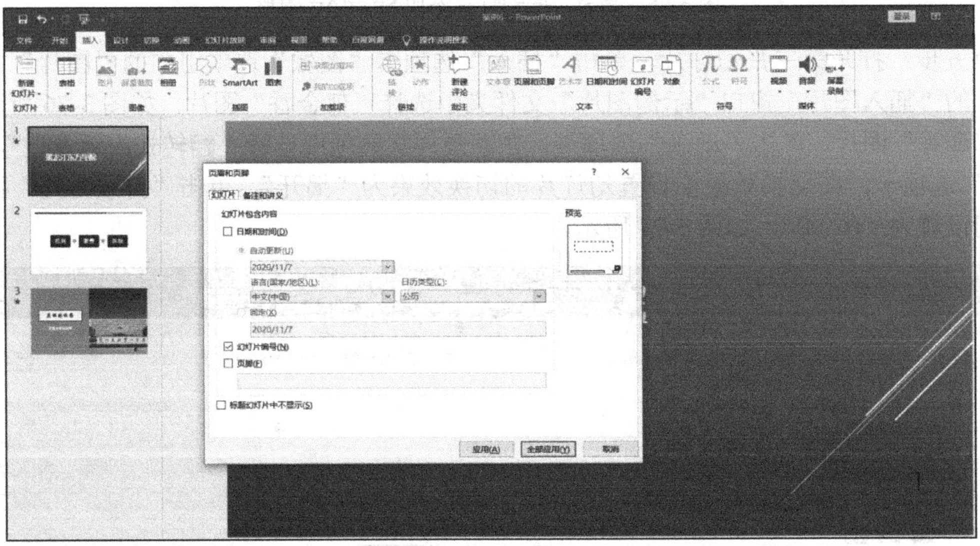

图 3-78　为三张幻灯片添加编号

案例 3.7　蓝天白云

1．题目要求

（1）第一张幻灯片切换方式设置为“擦除”。

（2）为第一张幻灯片的笑脸形状设置进入时动画效果为“飞入”，效果选项为“自左侧”。

（3）在第一张幻灯片中插入任意样式艺术字“蓝天白云”，进入动画效果为“浮入”。

（4）在第一张幻灯片后面插入一张新幻灯片，版式为“空白”，插入形状“新月形”。

（5）为第一张幻灯片中的笑脸设置超链接，链接到第二张幻灯片。

（6）在第二张幻灯片的右侧插入形状“竖卷形”，如样张所示。并添加文字“蓝天”，字体为“黑体”，36 号，加粗，红色。

（7）设置第二张幻灯片的切换效果为“淡出”。

（8）设置第一张幻灯片主题为“基础”，版式为空白；第二张幻灯片主题为“水滴”，版式为空白。

（9）为每张幻灯片添加编号。

案例 3.7 完成后样张分别如图 3-79 和图 3-80 所示。

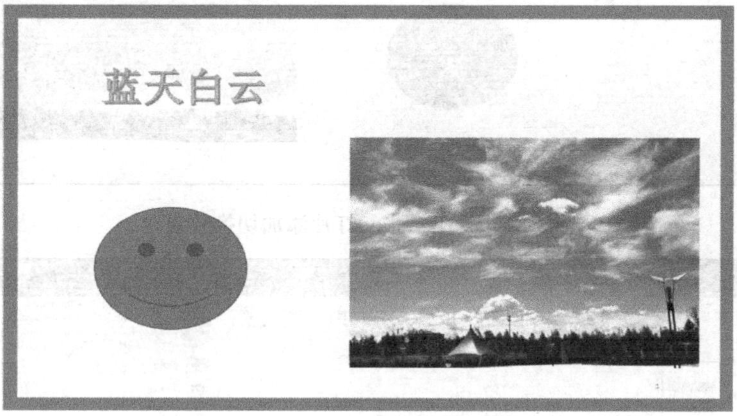

图 3-79 案例 3.7 样张（a）

图 3-80 案例 3.7 样张（b）

2. 操作步骤

第一步：选择第一张幻灯片，单击“切换”选项卡，在“切换到此幻灯片”选项组中选择“擦除”切换效果，如图 3-81 所示。

第二步：选择第一张幻灯片，选中笑脸图形，在“动画”选项卡“动画”选项组中选择“飞入”动画选项，在“高级动画”选项组中单击“动画窗格”按钮，在右侧打开的“动画窗格”窗口中单击第一个动画右侧三角按钮，选择“效果选项”，在打开的“飞入”窗口“效果”选项卡“方向”中选择“自左侧”，如图 3-82 所示。

第三步：在第一张幻灯片中插入艺术字“蓝天白云”，方法同 Word。选择艺术字“蓝天白云”，在“动画”选项卡“动画”选项组中选择“浮入”动画选项，为艺术字添加动画效果，如图 3-83 所示。

图 3-81　为第一张幻灯片添加切换效果

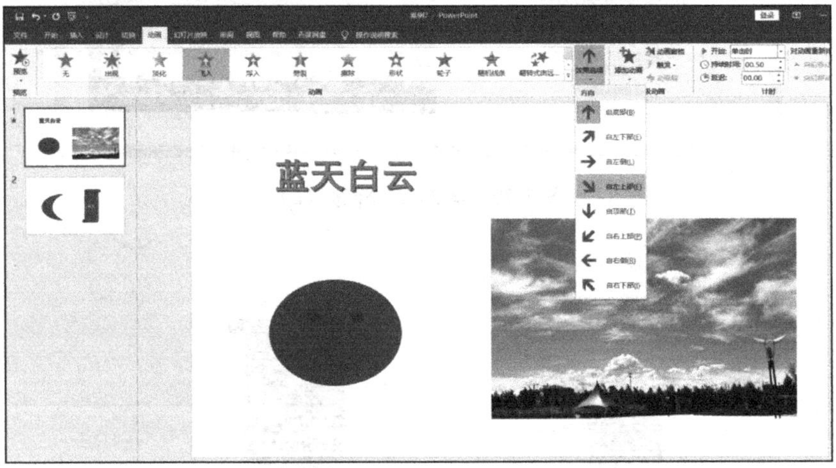

图 3-82　为心形添加动画效果

图 3-83　为“蓝天白云”添加动画效果

第四步：选择第一张幻灯片，在“开始”选项卡“幻灯片”选项组中单击“新建幻灯片”按钮，在窗口中单击“空白”版式按钮，同时为第二张幻灯片设置“空白”版式，如图 3-84 所示。在第二张幻灯片中选择“插入”选项卡，在“插图”选项组中单击“形状”按钮，在“基本形状”中选择“新月形”，如图 3-85 所示。

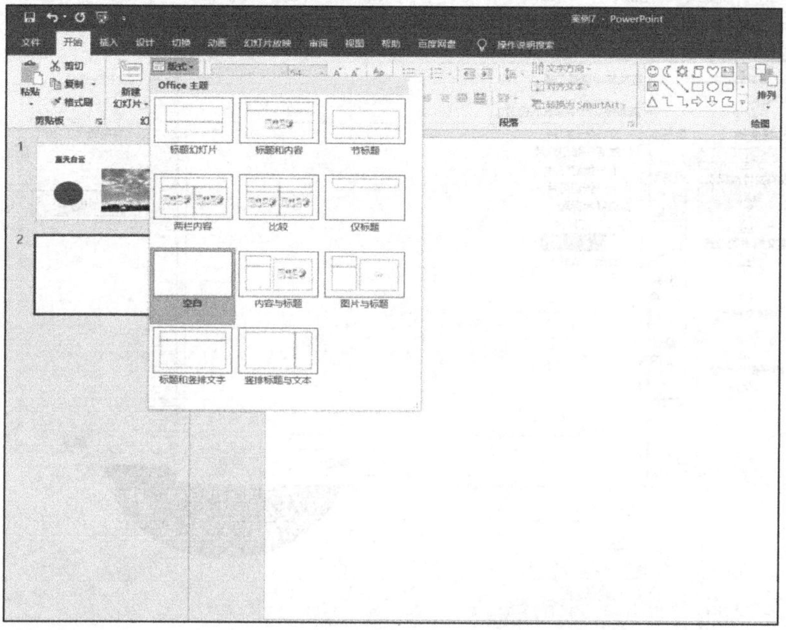

图 3-84 添加第二张幻灯片

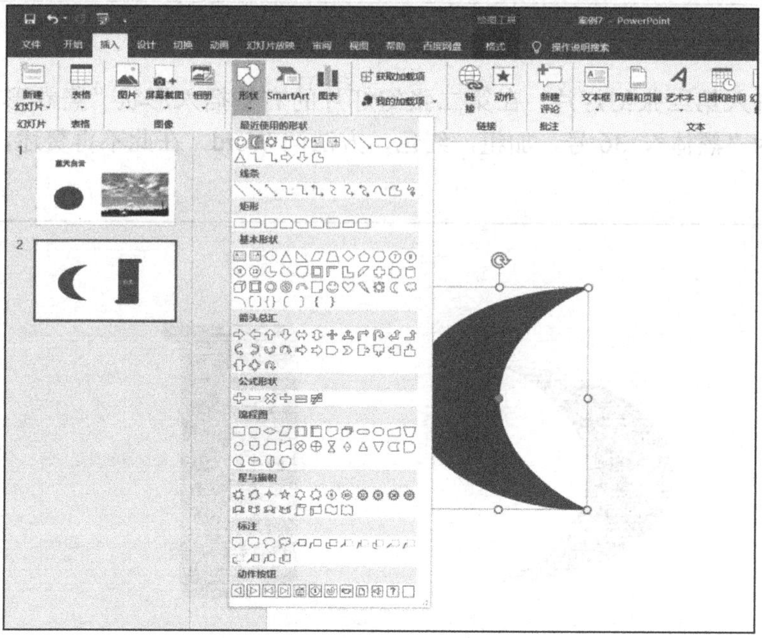

图 3-85 为第二张幻灯片添加“新月形”

第五步：进入第一张幻灯片，选择“笑脸”，在“插入”选项卡“链接”选项组中单击“超链接”按钮，在打开的“插入超链接”窗口中单击“书签”按钮，在打开的“在文档中选择位置”窗口中选择“幻灯片 2”链接点，如图 3-86 所示。

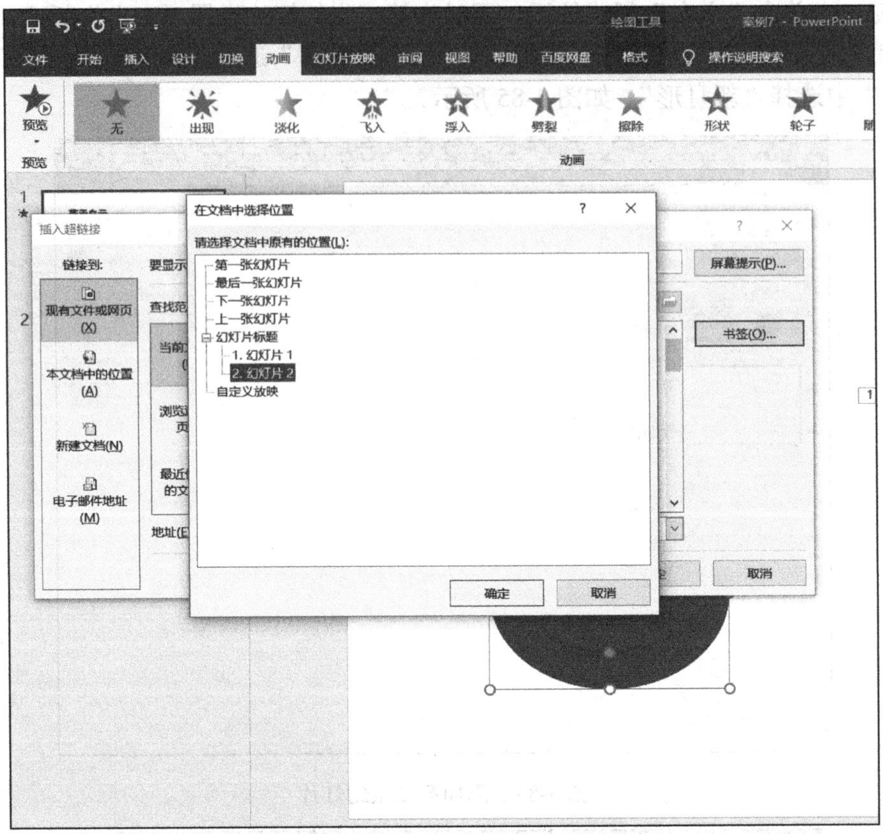

图 3-86　为“笑脸”添加超链接

第六步：进入第二张幻灯片，在第二张幻灯片的右侧插入形状“竖卷形”，并添加文字“白天”，字体为“黑体”，36 号，加粗，红色，方法同 Word，在此不再赘述，效果如图 3-87 所示。

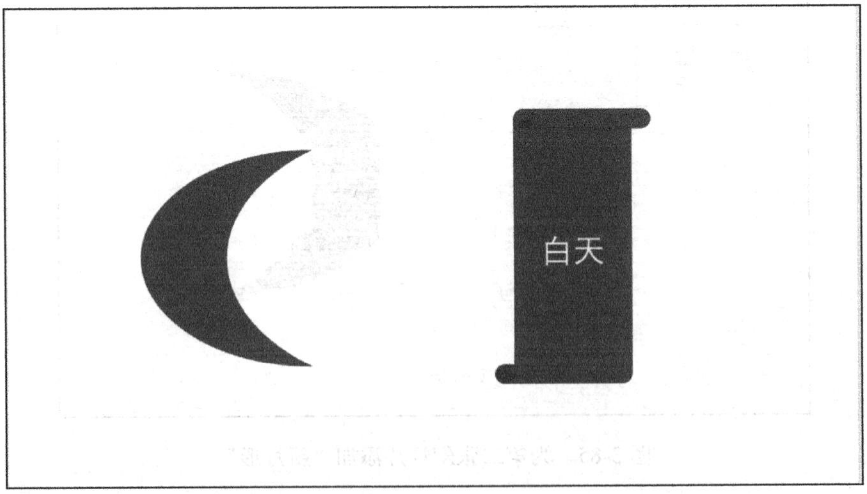

图 3-87　为第二张幻灯片添加内容

第七步：选择第二张幻灯片，单击“切换”选项卡，在“切换到此幻灯片”选项组中选择“淡出”切换效果，如图 3-88 所示。

第八步：选择第一张幻灯片，在“设计”选项卡“主题”选项组中单击下拉按钮打开所有的内置主题，找到“基础”，单击鼠标右键，在弹出的快捷菜单中选择“应用于选定幻灯片”选项，为第一张幻灯片添加主题，如图 3-89 所示。以同样的方法为第二张幻灯片设置主题为“水滴”。

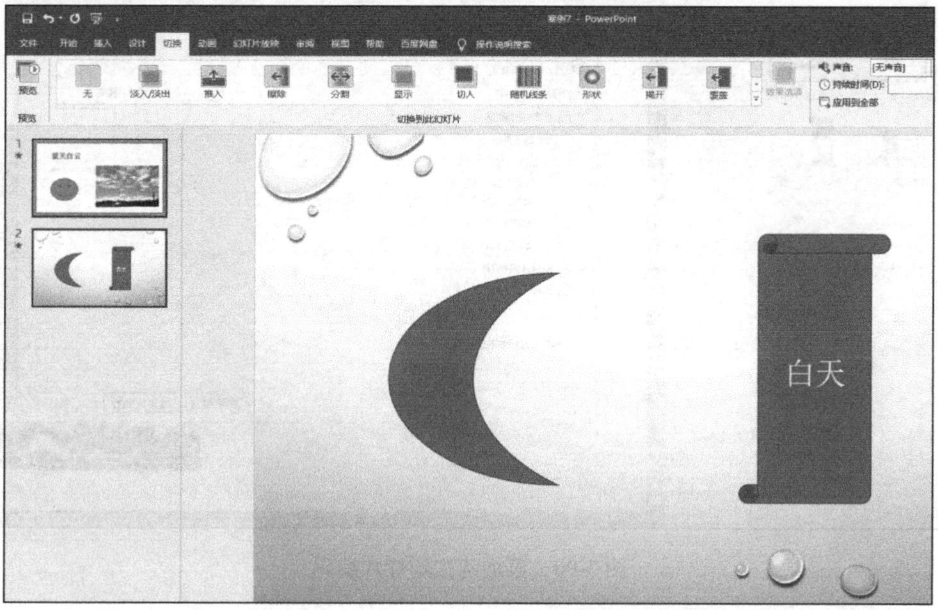

图 3-88 为第二张幻灯片添加切换效果

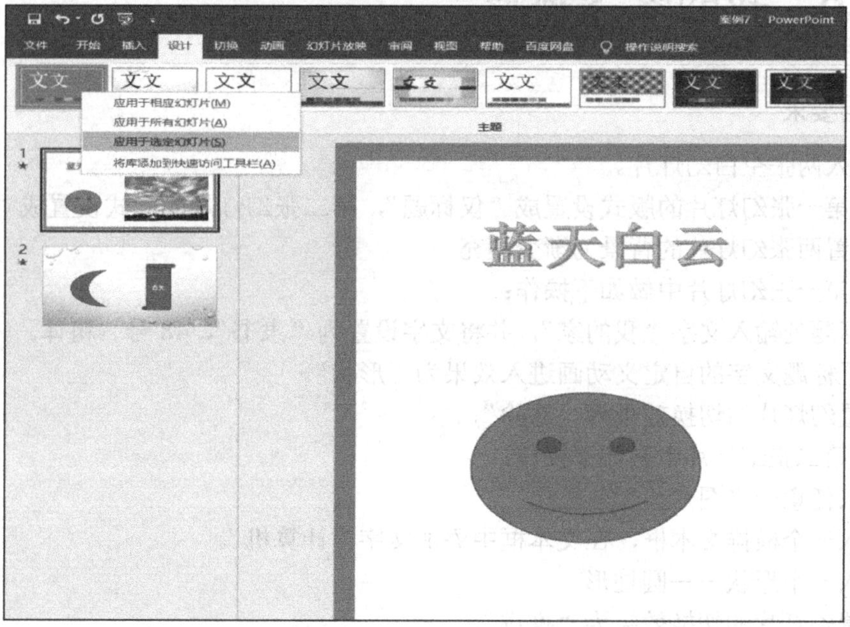

图 3-89 设置两张幻灯片主题

第九步：选择第一张幻灯片，在“插入”选项卡“文本”选项组中单击“幻灯片编号”

按钮，在打开的“页眉和页脚”窗口中选择“幻灯片编号”复选框，最后单击“全部应用”按钮，如图 3-90 所示。

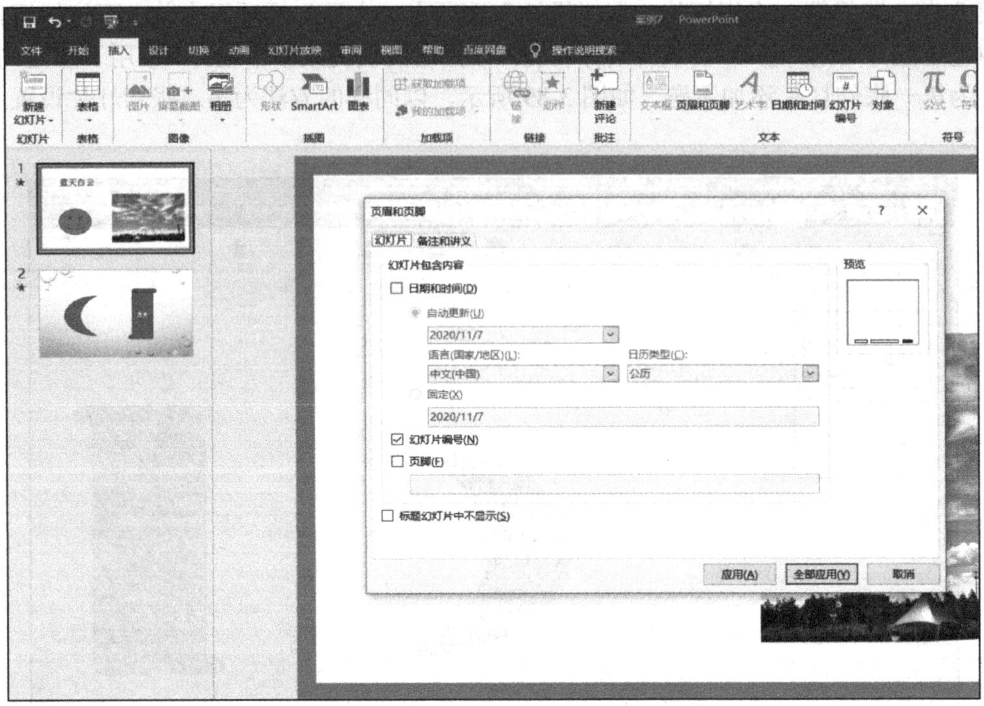

图 3-90　添加两张幻灯片编码

案例 3.8　我的家

1. 题目要求

（1）插入两张空白幻灯片。

（2）将第一张幻灯片的版式设置成“仅标题”，第二张幻灯片的版式设置成“空白”。

（3）设置两张幻灯片的背景为渐变填充。

（4）在第一张幻灯片中做如下操作：

① 在标题处输入文字“我的家”，并将文字设置为“隶书”、48 号、粗体。

② 设置标题文字的自定义动画进入效果为“形状”。

③ 设置幻灯片的切换效果为“擦除”。

（5）在第二张幻灯片中做如下操作：

① 插入任意一张图片。

② 插入一个横排文本框，在文本框中添加文字“计算机”。

③ 插入一个形状——圆柱形。

④ 设置幻灯片的切换效果为“推进”。

（6）给两张幻灯片添加编号和页脚内容“我的家”。

案例 3.8 完成后样张分别如图 3-91 和图 3-92 所示。

图 3-91　案例 3.8 样张（a）

图 3-92　案例 3.8 样张（b）

2．操作步骤

第一步：选择第一张幻灯片，在“开始”选项卡“幻灯片”选项组中单击“版式”按钮，在列表中选择“仅标题”版式，如图 3-93 所示。选择第一张幻灯片，在“开始”选项卡“幻灯片”选项组中单击“新建幻灯片”按钮，在窗口中单击“空白”版式按钮，同时为第二张幻灯片设置“空白”版式。

第二步：选择第一张幻灯片，单击“设计”选项卡，在“背景”选项组中选择“背景样式”，在打开的“设置背景格式”窗口中选择“填充”选项，单击“渐变填充”，在“预设颜色”中选择“浅色渐变—个性 1”，最后单击“全部应用”按钮，如图 3-94 所示。

第三步：选择第一张幻灯片，单击标题文本框，在标题处输入文字“我的家”，并将文字设置为“隶书”、48 号、粗体，如图 3-95 所示。选择第一张幻灯片的标题，在“动画”选项卡“动画”选项组中选择“形状”动画选项。选择第一张幻灯片，单击“切换”选项卡，在“切换到此幻灯片”选项组中选择“擦除”切换效果，如图 3-96 所示。

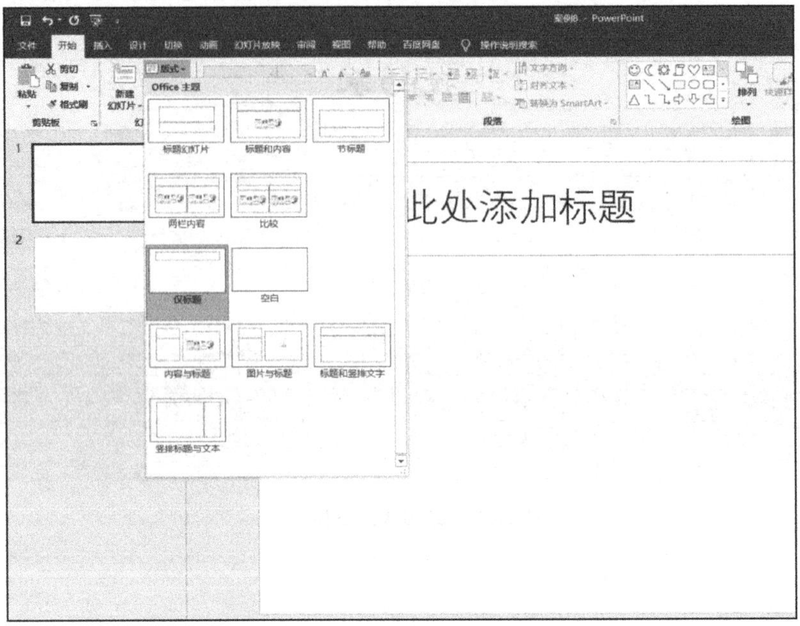

图 3-93　添加两张幻灯片并设置版式

图 3-94　添加两张幻灯片背景

图 3-95　为第一张幻灯片添加标题

图 3-96 为第一张幻灯片添加切换效果

第四步：打开第二张幻灯片，选择“插入”选项卡，在“图像”选项组中单击“图片”按钮，在打开的“插入图片”窗口中选择一张图片，如图 3-97 所示。选择“插入”选项卡，在“文本”选项组中单击“文本框”按钮，选择“横排文本框”，在文本框中添加文字“计算机”，如图 3-98 所示。选择“插入”选项卡，在“插图”选项组中单击“形状”按钮，在“基本形状”中选择“圆柱形”，如图 3-99 所示。单击“切换”选项卡，在“切换到此幻灯片”选项组中选择“推进”切换效果，方法同第三步。

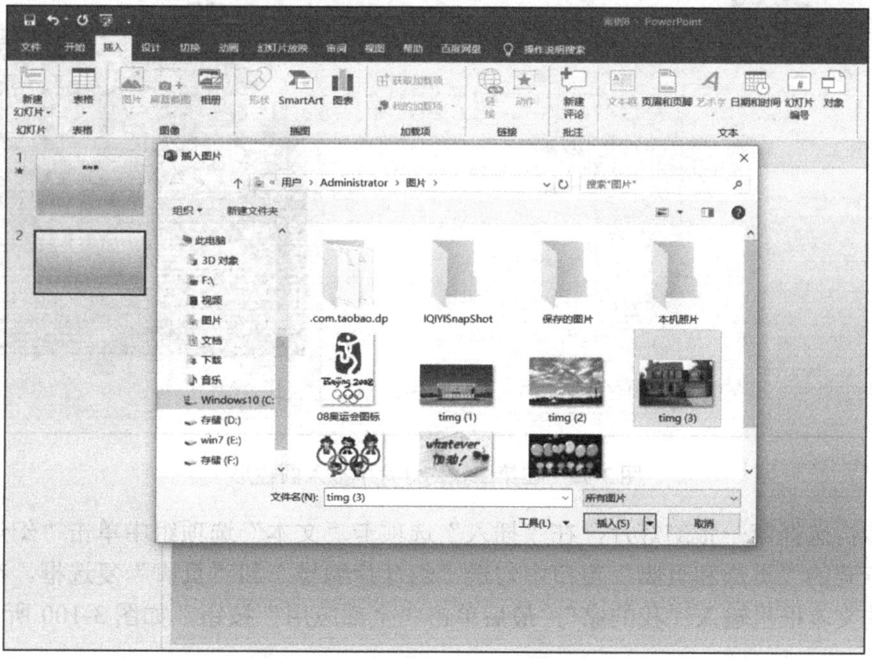

图 3-97 在第二张幻灯片中插入图片

图 3-98　在第二张幻灯片中插入文本框

图 3-99　在第二张幻灯片中插入圆柱形

第五步：选择第一张幻灯片，在“插入”选项卡“文本”选项组中单击“幻灯片编号”按钮，在打开的“页眉和页脚”窗口中勾选“幻灯片编号”和“页脚”复选框。在“页脚”选项下面的文本框里输入“我的家”，最后单击“全部应用”按钮，如图 3-100 所示。

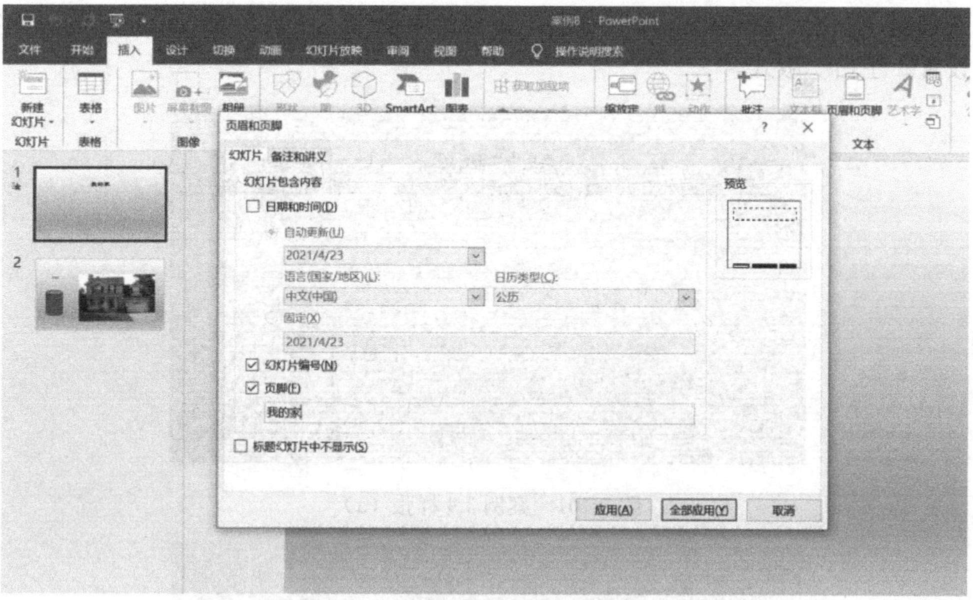

图 3-100　为两张幻灯片插入编码和页脚

案例 3.9　我的班级

1．题目要求

（1）插入两张空白幻灯片。

（2）将第一张幻灯片的版式设置为“仅标题”，第二张幻灯片的版式设置为“空白”。

（3）设置两张幻灯片的背景为渐变填充，预设颜色为“中等渐变-个性色 2”。

（4）在第一张幻灯片中做如下操作：

① 在标题处输入文字“我的班级”，并将文字设置为“隶书”、48 号、粗体。

② 设置标题文字的自定义动画进入效果为“棋盘”。

③ 设置幻灯片的切换效果为“闪光”。

（5）在第二张幻灯片中做如下操作：

① 插入任意一张图片。

② 插入一个横排文本框，在文本框中添加文字“我爱我的班级”。

③ 插入一个艺术字“幻灯片”。

④ 插入一个形状——笑脸。

⑤ 设置幻灯片的切换效果为“擦除”。

（6）给两张幻灯片添加编号和页脚内容“我的班级”。

案例 3.9 完成后样张分别如图 3-101 和图 3-102 所示。

2．操作步骤

第一步：选择第一张幻灯片，在“开始”选项卡“幻灯片”选项组中单击“版式”按钮，在列表中选择“仅标题”版式，如图 3-103 所示。选择第一张幻灯片，在“开始”选项卡“幻灯片”选项组中单击“新建幻灯片”按钮，在窗口中单击“空白”版式按钮，同时为第二张幻灯片设置“空白”版式。

图 3-101　案例 3.9 样张（a）

图 3-102　案例 3.9 样张（b）

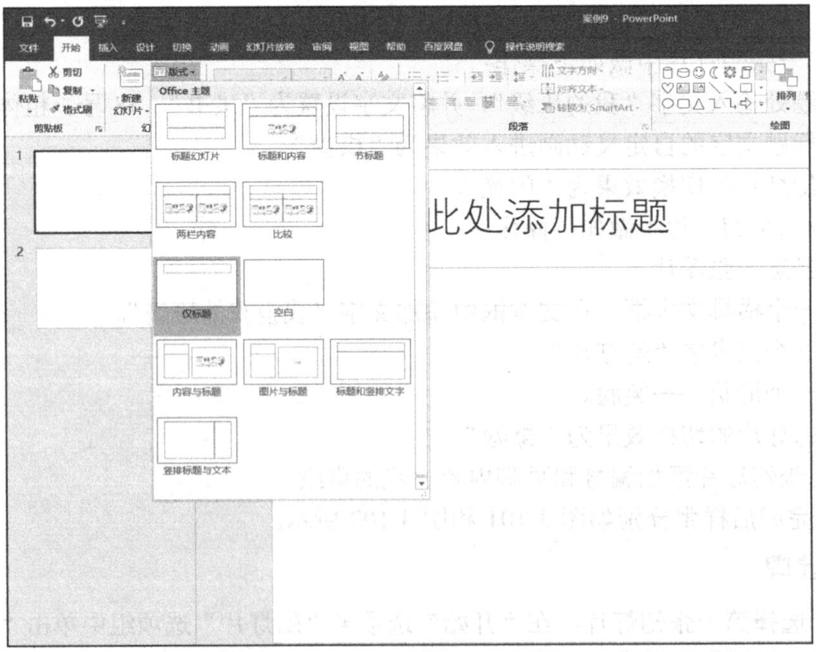

图 3-103　设置两张幻灯片版式

第二步：选择第一张幻灯片，单击“设计”选项卡，在“背景”选项组中选择“背景样式”，单击“设置背景格式”按钮，在打开的“设置背景格式”窗口中选择“填充”选项，单击“渐变填充”，在“预设颜色”中选择“中等渐变-个性色 2”，最后单击“全部应用”按钮，如图 3-104 所示。

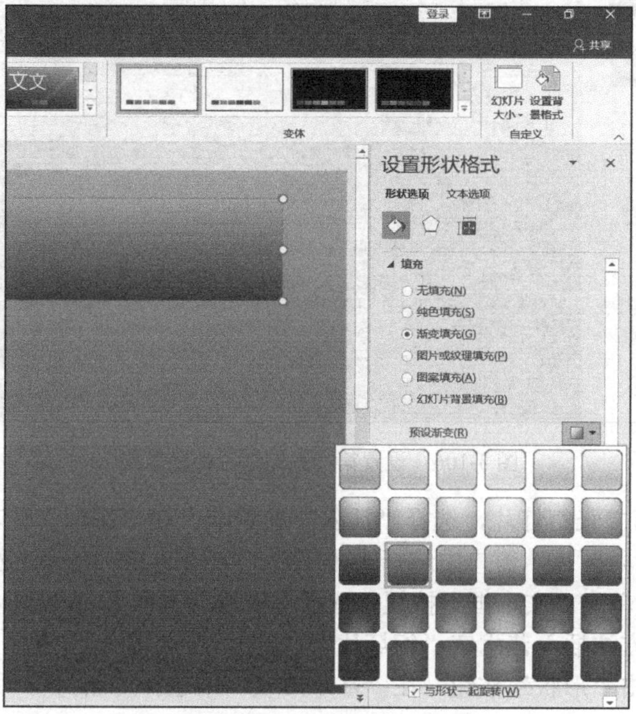

图 3-104　设置两张幻灯片背景

第三步：选择第一张幻灯片，单击标题文本框，在标题处输入文字“我的班级”，并将文字设置为“隶书”、48 号、粗体，如图 3-105 所示。选择第一张幻灯片的标题，在“动画”选项卡“动画”选项组中选择“更多进入效果”，选择“棋盘”动画选项。选择第一张幻灯片，单击“切换”选项卡，在“切换到此幻灯片”选项组中选择“闪光”切换效果，如图 3-106 所示。

图 3-105　添加第一张幻灯片标题

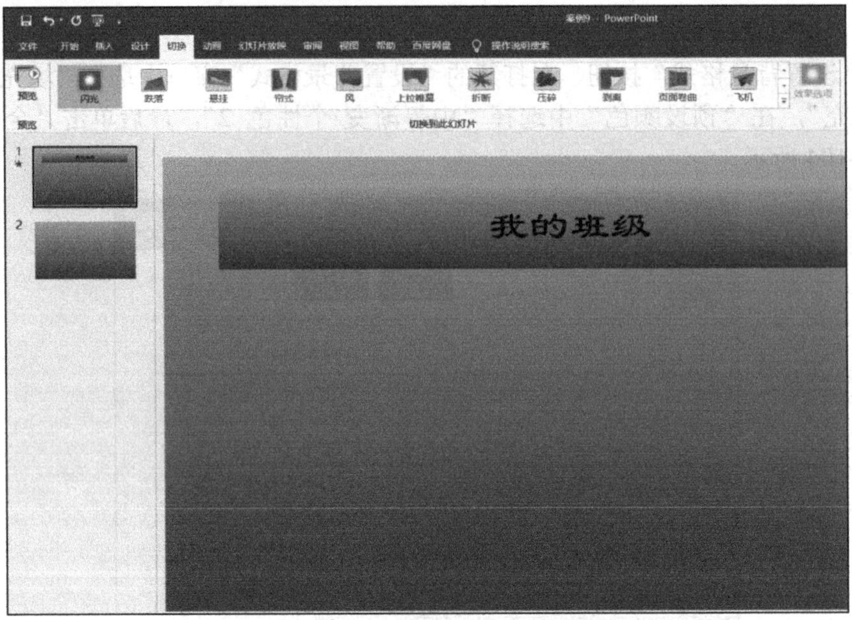

图 3-106　设置第一张幻灯片切换效果

第四步：打开第二张幻灯片，选择“插入”选项卡，在“图像”选项组中单击“图片”按钮，在打开的“插入图片”窗口中选择一张图片，如图 3-107 所示。选择“插入”选项卡，在“文本”选项组中单击“文本框”按钮，选择“横排文本框”，在文本框中添加文字“我爱我的班级”，以同样方法插入艺术字“幻灯片”，如图 3-108 所示。选择“插入”选项卡，在“插图”选项组中单击“形状”按钮，在“基本形状”中选择“新月”，如图 3-109 所示。单击“切换”选项卡，在“切换到此幻灯片”选项组中选择“擦除”切换效果，方法同第三步。

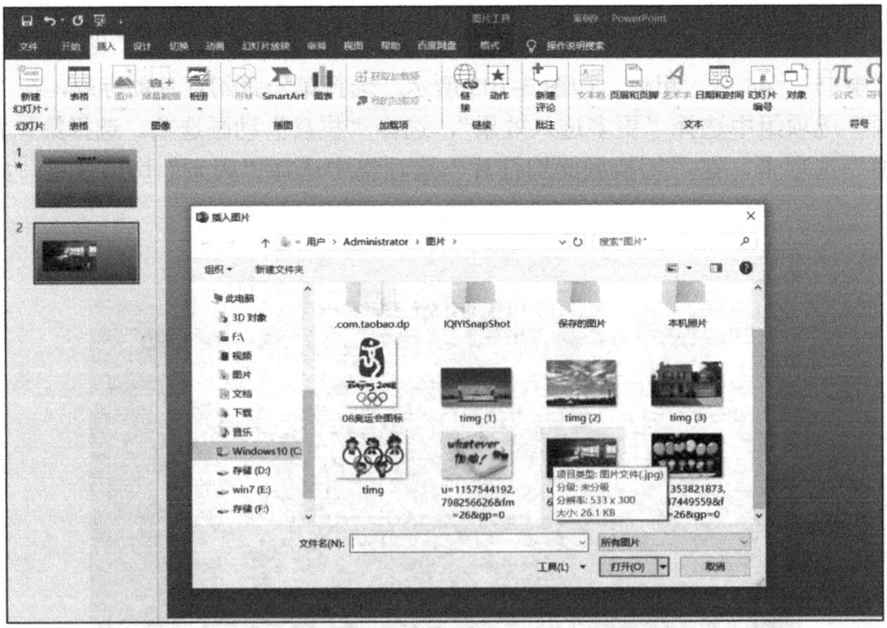

图 3-107　在第二张幻灯片中插入图片

图 3-108　为第二张幻灯片插入文本内容

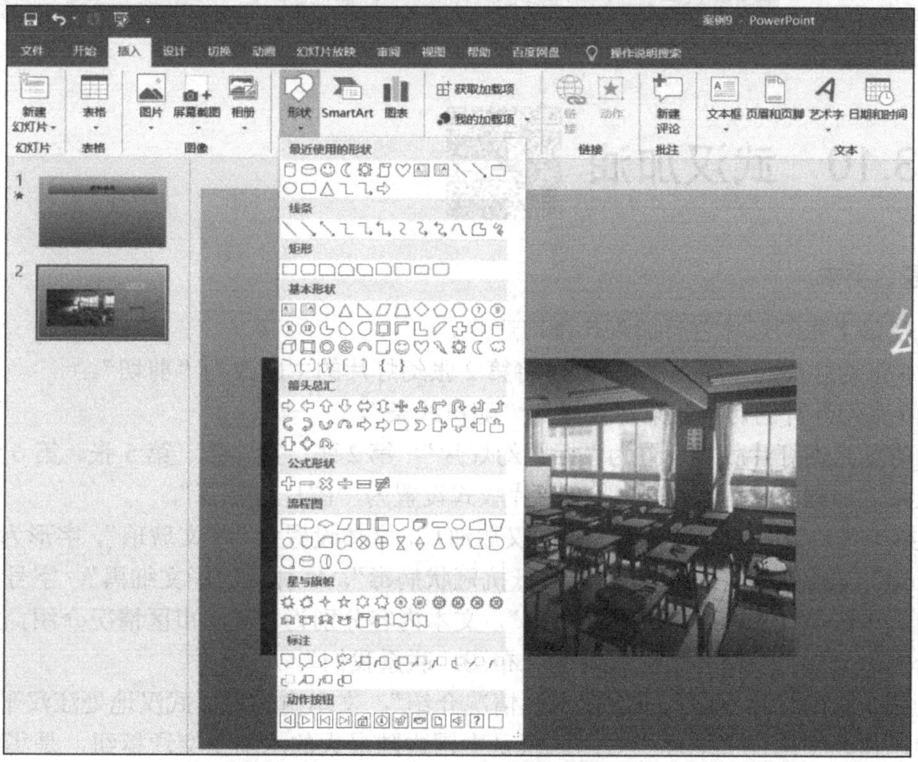

图 3-109　为第二张幻灯片插入形状

第五步：选择第一张幻灯片，在“插入”选项卡“文本”选项组中单击“幻灯片编号”按钮，在打开的“页眉和页脚”窗口中勾选“幻灯片编号”和“页脚”复选框。在“页脚”选项下面的文本框中输入“我的班级”，最后单击“全部应用”按钮，如图 3-110 所示。

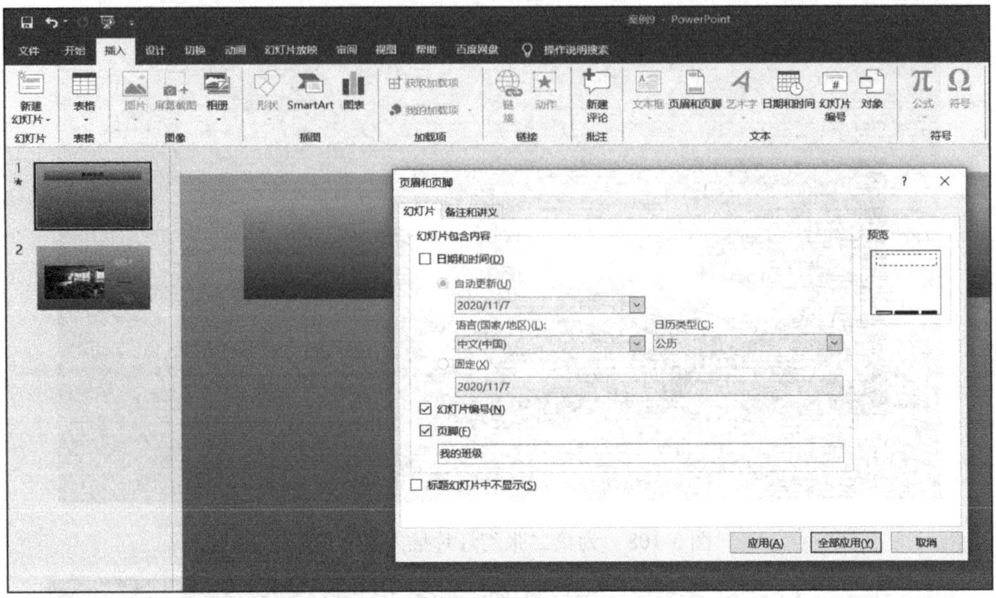

图 3-110　为两张幻灯片插入编码和页脚

案例 3.10　武汉加油

1. 题目要求

（1）在第 1 张幻灯片之后插入 5 张幻灯片。

（2）6 张幻灯片的主题为“切片”，将第 2 张幻灯片的主题改为“剪切”。

（3）6 张幻灯片的切换效果都设置为“随机线条”。

（4）第 1 张幻灯片版式设置为“标题幻灯片”，第 2 张、第 4 张、第 5 张、第 6 张幻灯片版式设置为“标题和内容”，第 3 张幻灯片版式设置为“图片与标题”。

（5）第 1 张幻灯片的标题内容为“武汉加油！”，字体设置为“华文琥珀”，字形为“加粗”，字号为“60”；副标题内容为“众志成城抵抗冠状病毒”，字体为“华文细黑”，字号为“28”。

（6）第 2 张幻灯片标题为“武汉概况”，文本内容分别为“武汉市区情况介绍，武汉各级医院收治能力介绍，全国各地支援湖北分布图，联系我们”。

（7）第 3 张幻灯片标题为“武汉市区情况介绍”，文本内容为“武汉地处江汉平原东部、长江中游，作为中国经济地理中心，武汉是中国内陆最大的水陆空交通枢纽，是华中地区唯一可直航全球五大洲的城市。”。添加一张图片。

（8）第 4 张幻灯片的标题为“武汉各级医院收治能力介绍”，字体为“微软雅黑”，字号为“50”。标题下边分别插入图表和文本框，文本框填充颜色为“红色，个性色 1”。

（9）在第 5 张幻灯片中插入标题“全国各地支援湖北分布图”，字体为“微软雅黑”，字号为 50 号。插入一个“交替六边形”型 SmartArt 图形，样式为“简单填充”，同时添加图片和文字。

（10）在第 6 张幻灯片中添加标题“联系我们”，字体为“微软雅黑”，字号为“50”。在标题下方插入“组织结构图”，输入内容，样式为“优雅”。

（11）第 1 张幻灯片标题进入动画设置为“飞入”。

（12）将第 2 张幻灯片文字“武汉概况”设置超链接到第 5 张幻灯片。

（13）在第 5 张幻灯片中设置“返回”动作按钮，返回到第 2 张幻灯片。

（14）6 张幻灯片的底部显示幻灯片的编号。

案例 3.10 完成后样张如图 3-111 所示。

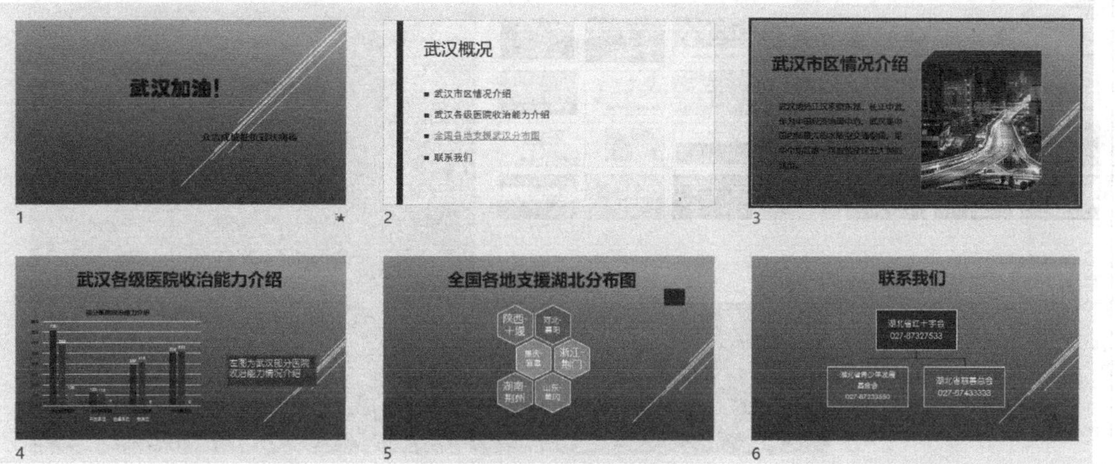

图 3-111　案例 3.10 样张

2. 操作步骤

第一步：选择第 1 张幻灯片，单击“开始”选项卡，在“幻灯片”选项组中单击“新建幻灯片”按钮，插入一张新幻灯片，以同样的方法创建第 3～6 张幻灯片，如图 3-112 所示。

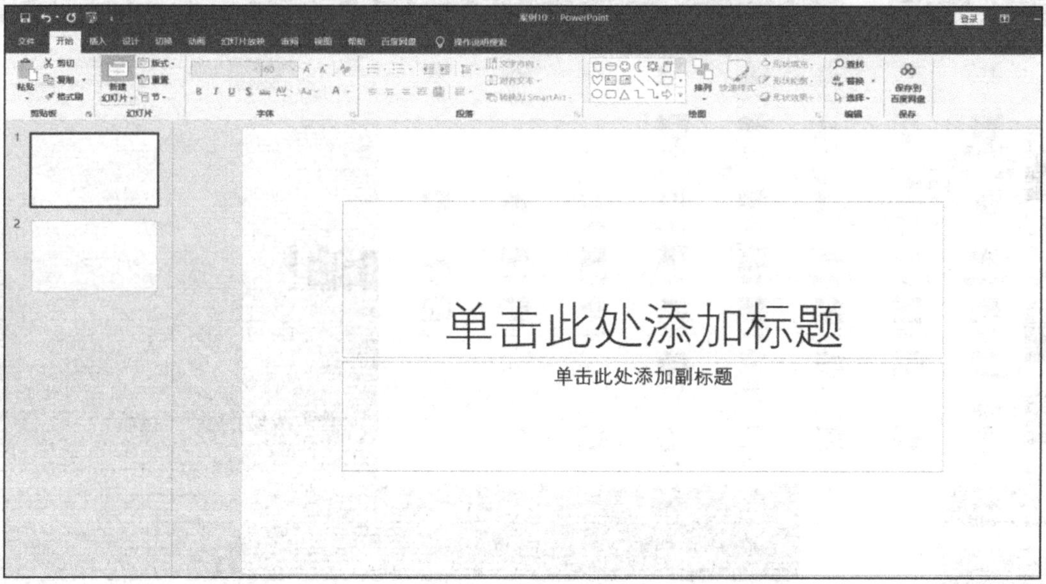

图 3-112　新建 6 张幻灯片

第二步：选择第 1 张幻灯片，在“设计”选项卡“主题”选项组中单击下拉按钮打开所有的内置主题，找到“切片”，单击鼠标左键，为 6 张幻灯片添加主题。选择第 2 张幻灯片，找到“剪切”，单击鼠标右键，在弹出的快捷菜单中选择“应用于所选幻灯片”选项，设置第 2 张幻灯片主题，如图 3-113 所示。

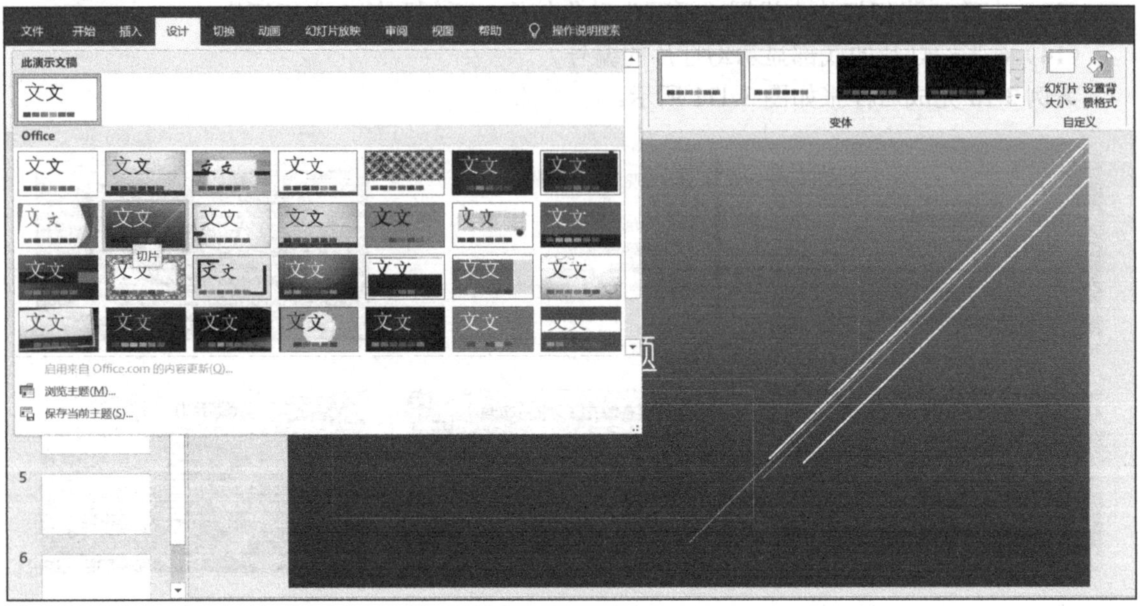

图 3-113　设置幻灯片主题

第三步：选择第 1 张幻灯片，单击“切换”选项卡，在“切换到此幻灯片”选项组中选择“随机线条”切换效果。单击“切换到此幻灯片”选项组右边的“应用到全部”按钮，为全部幻灯片添加切换效果，如图 3-114 所示。

图 3-114　设置幻灯片切换效果

第四步：选择第 1 张幻灯片，在“开始”选项卡“幻灯片”选项组中单击“版式”按钮，在列表中选择“标题幻灯片”版式，如图 3-115 所示。选择第 1 张幻灯片，在“开始”选项卡“幻灯片”选项组中单击“新建幻灯片”文字，在窗口中单击“标题和内容”版式按钮，同时为第 2 张幻灯片设置“标题和内容”版式。以同样的方法设置第 2 张、第 4 张、第 5 张、第 6 张幻灯片的版式，为第 3 张幻灯片设置版式为“图片与标题”。

图 3-115 设置幻灯片版式

第五步：打开第 1 张幻灯片，在第 1 张幻灯片的标题文本框中输入标题内容为“武汉加油！”，字体设置为“华文琥珀”，字形为“加粗”，字号为“60”；副标题内容为“众志成城抵抗冠状病毒”，字体为“华文细黑”，字号为“28”，方法同 Word，在此不再赘述，如图 3-116 所示。打开第 2 张幻灯片，输入第 2 张幻灯片的标题“武汉概况”，文本内容分别为“武汉市区情况介绍，武汉各级医院收治能力介绍，全国各地支援湖北分布图，联系我们”，如图 3-117 所示。

图 3-116 添加第一张幻灯片内容

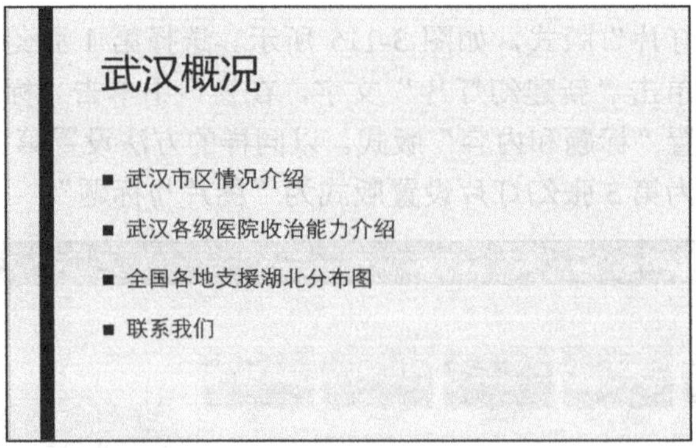
武汉概况
武汉市区情况介绍
武汉各级医院收治能力介绍
全国各地支援湖北分布图
联系我们

图 3-117　添加第 2 张幻灯片内容

第六步：打开第 3 张幻灯片，在标题文本框中输入“武汉市区情况介绍”，在文本框中输入“武汉地处江汉平原东部、长江中游，作为中国经济地理中心，武汉是中国内陆最大的水陆空交通枢纽，是华中地区唯一可直航全球五大洲的城市。”，在图片文本框中单击“图片按钮”添加一张图片，如图 3-118 所示。打开第 4 张幻灯片，在标题文本框中输入标题“武汉各级医院收治能力介绍”，字体设置为“微软雅黑”，字号为“40”。标题下面左侧文本框中插入图表，方法同 Excel；右侧插入文本框，文本框填充颜色为“红色，个性色 1”，方法同 Word，如图 3-119 所示。

第七步：打开第 5 张幻灯片，在第 5 张幻灯片中输入标题“全国各地支援湖北分布图”，字体为“微软雅黑”，字号为“50”。在内容文本框中插入一个“垂直图形列表”型 SmartArt 图形，样式为“简单填充”，同时添加图片和文字，方法同 Word，如图 3-120 所示。打开第 6 张幻灯片，在标题文本框中添加标题“联系我们”，字体为“隶书”，字号为“50”。在标题下方内容文本框中插入“组织结构图”，输入内容，样式为“优雅”，方法同 Word，如图 3-121 所示。

武汉市区情况介绍
武汉地处江汉平原东部、长江中游，作为中国经济地理中心，武汉是中国内陆最大的水陆空交通枢纽，是华中地区唯一可直航全球五大洲的城市。

图 3-118　添加第 3 张幻灯片内容

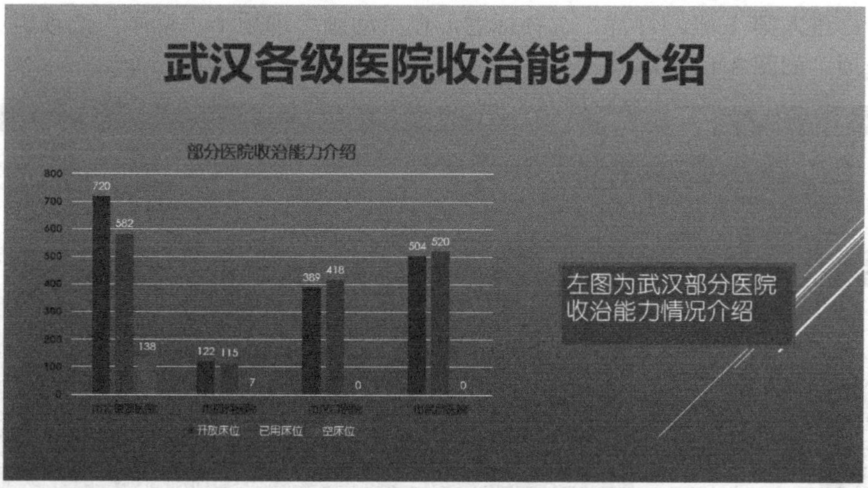

图 3-119　添加第 4 张幻灯片内容

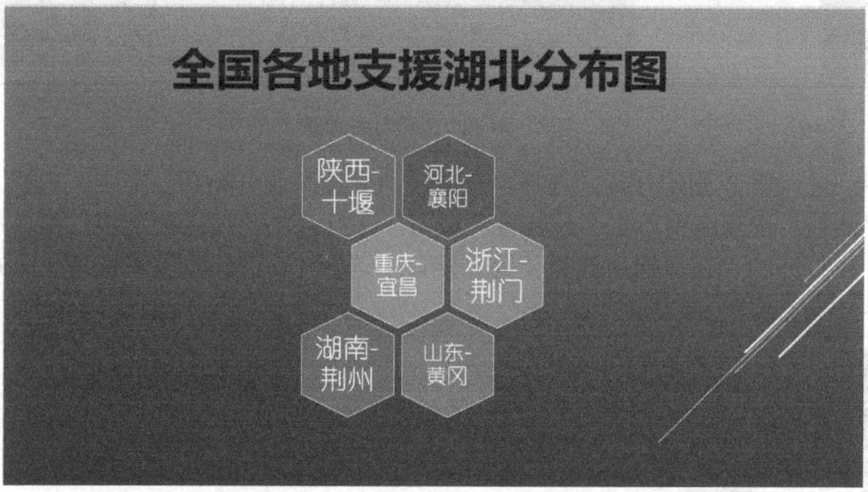

图 3-120　添加第 5 张幻灯片内容

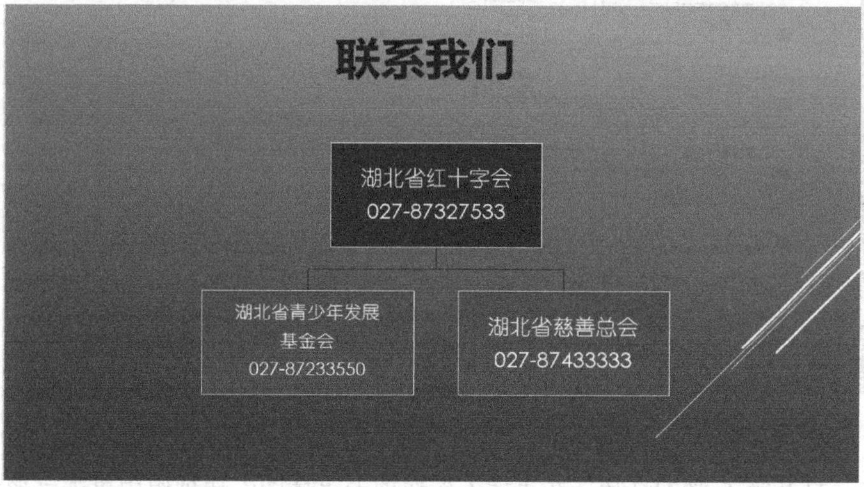

图 3-121　添加第 6 张幻灯片内容

第八步：进入第 1 张幻灯片，选择标题，在“动画”选项卡“动画”选项组中选择“飞入”动画选项，如图 3-122 所示。

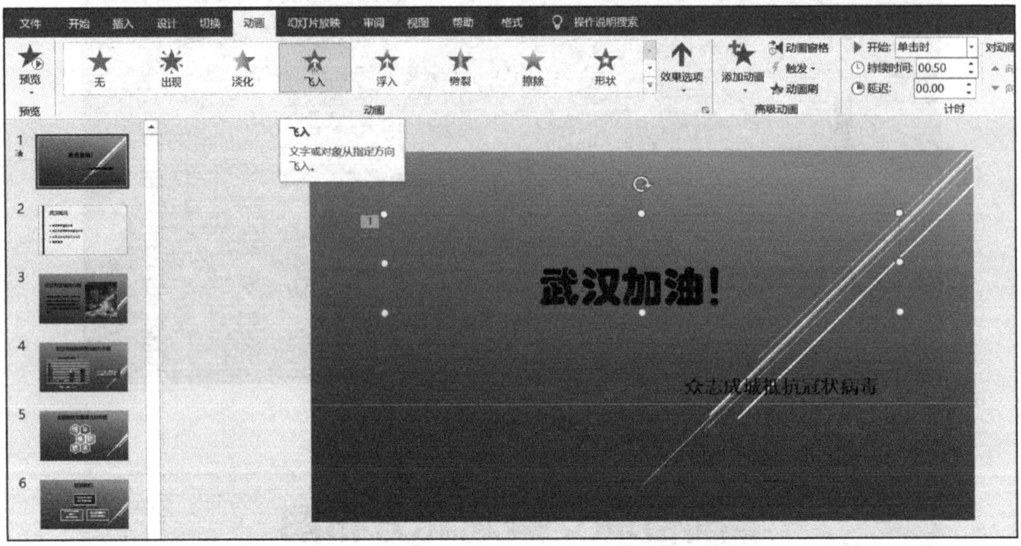

图 3-122　为第 1 张幻灯片添加动画

第九步：进入第 2 张幻灯片，选择“全国各地支援湖北分布图”文字，选择“插入”选项卡，在“链接”选项组中单击“超链接”按钮，在打开的“插入超链接”窗口中单击“书签”按钮，在打开的“在文档中选择位置”窗口中选择“5.全国各地支援湖北分布图”链接点，如图 3-123 所示。

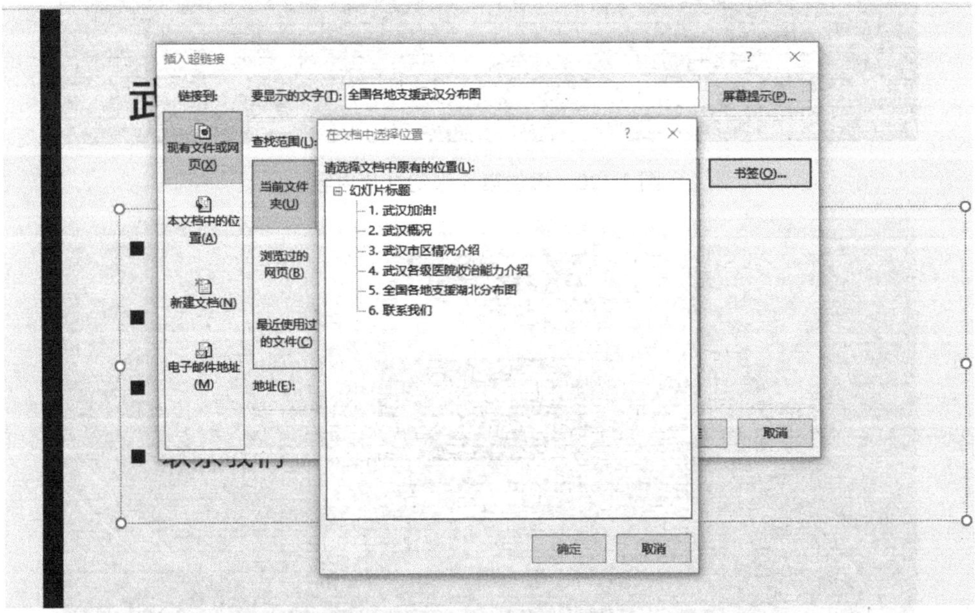

图 3-123　为第 2 张幻灯片添加超链接

第十步：打开第 5 张幻灯片，在“插入”选项卡“插图”选项组中单击“形状”按钮，在“动作按钮”中选择“上一张”按钮，如图 3-124 所示。拖动鼠标，画出“返回”按钮，在弹出的“操作设置”窗口中选择“超链接到”选项，在下方下拉列表中选择“2.武汉概况”链接点，如图 3-125 所示。

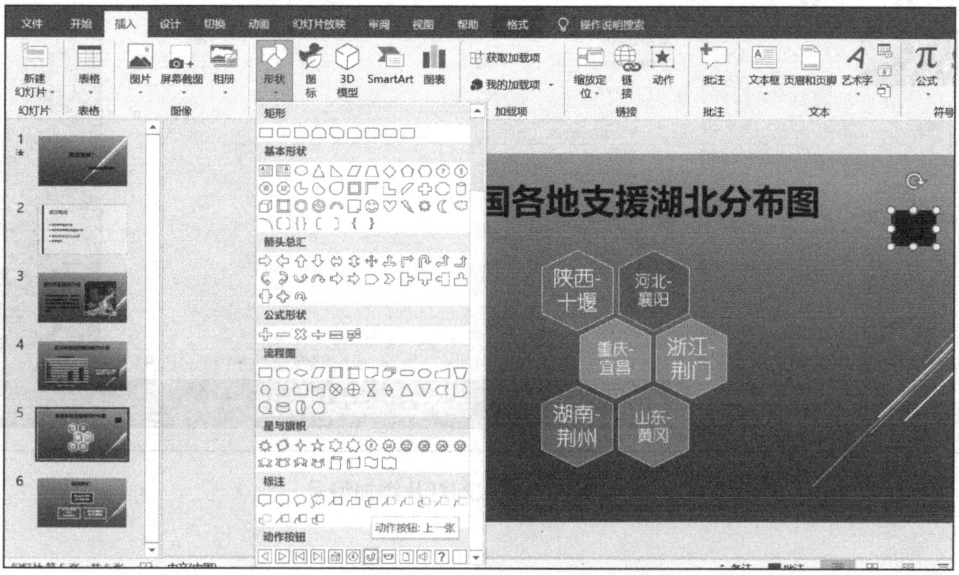

图 3-124 为第 5 张幻灯片添加“返回”动作按钮

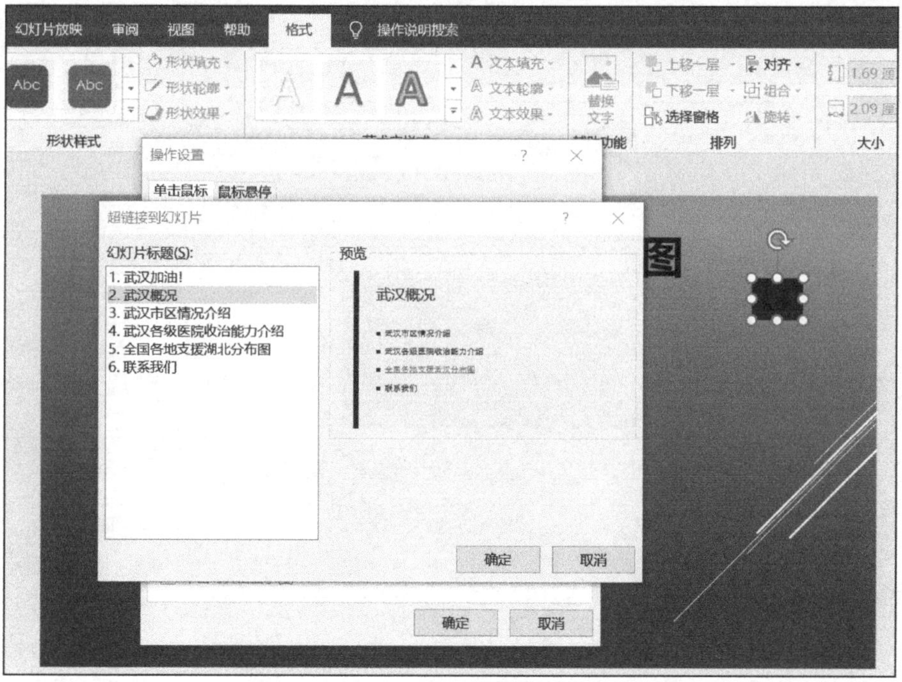

图 3-125 为“返回”动作按钮设置“链接点”

第十一步：选择第 1 张幻灯片，在“插入”选项卡“文本”选项组中单击“幻灯片编号”按钮，在打开的“页眉和页脚”窗口中勾选“幻灯片编号”复选框，单击“全部应用”按钮，为 6 张幻灯片添加编号，如图 3-126 所示。

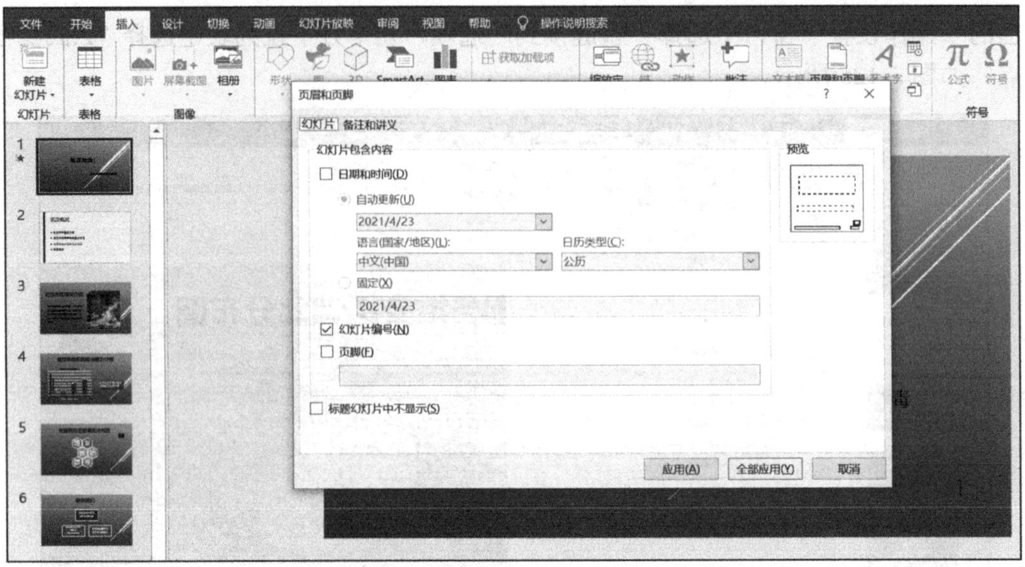

图 3-126　为 6 张幻灯片添加编号

第四篇　全国计算机等级考试（二级）练习题

练习题 1

一、选择题

1. 对 Windows 应用程序窗口快速重新排列的方法是（　　）。

A. 可通过工具栏按钮实现

B. 可通过任务栏快捷菜单实现

C. 可用鼠标调整和拖动窗口实现

D. 可通过“开始”菜单下的“设置”命令实现

2. 在 Windows 中，为了查找文件名以“A”字母打头的所有文件，应当在查找名称框内输入（　　）。

A. A　　B. A*　　C. A?　　D. A#

3. 在 Windows 中，如果想同时改变窗口的高度和宽度，可以通过拖放（　　）来实现。

A. 窗口边框　　B. 窗口角　　C. 滚动条　　D. 菜单栏

4. 组合键（　　）可以打开“开始”菜单。

A. Ctrl+O　　B. Ctrl+Esc

C. Ctrl+空格键　　D. Ctrl+Tab

5. 下列带有通配符的文件名中，能表示文件 ABC. TXT 的是（　　）。

A. *BC、?　　B. A?.*　　C. ?BC、*　　D. ?.?

6. 为了保证任务栏任何时候在屏幕上可见，应在“任务栏属性”对话框的“任务栏选项”选项卡中选择（　　）。

A. 不被覆盖　　B. 总在最前　　C. 自动隐藏　　D. 显示时钟

7. 计算机用户有了可以上网的计算机系统后，一般需找一家（　　）注册入网。

A. 软件公司　　B. 系统集成商　　C. ISP　　D. 电信局

8. 对于 PC，人们常提到的“Pentium”、“Pentium IV”指的是（　　）。

A. 存储器　　B. 内存品牌

C. 主板型号　　D. CPU 类型

9.“32 位微型计算机”中的“32”是指（　　）。

A. 微机型号　　B. 内存容量　　C. 存储单位　　D. 机器字长

10. 微处理器处理的数据基本单位为字，一个字的长度通常是（　　）。

A. 16 个二进制位　　B. 32 个二进制位

C. 64 个二进制位　　D. 与微处理器芯片的型号有关

11．计算机能够自动、准确、快速地按照人们的意图进行运行的最基本思想是（　　）。

A．采用超大规模集成电路　　B．采用 CPU 作为中央核心部件

C．采用操作系统　　D．存储程序和程序控制

12．计算机工作最重要的特征是（　　）。

A．高速度　　B．高精度

C．存储程序和程序控制　　D．记忆力强

13．计算机业界最初的硬件巨头“蓝色巨人”指的是（　　）。

A．IBM　　B．Microsoft　　C．联想　　D．Sun

14．第四媒体是指（　　）。

A．报纸媒体　　B．网络媒体　　C．电视媒体　　D．广播媒体

15．CAD 是计算机的主要应用领域，它的含义是（　　）。

A．计算机辅助教育　　B．计算机辅助测试

C．计算机辅助设计　　D．计算机辅助管理

16．“计算机辅助（　　）”的英文缩写为 CAM。

A．制造　　B．设计　　C．测试　　D．教学

17．将高级程序设计语言源程序翻译成计算机可执行代码的软件称为（　　）。

A．汇编程序　　B．编译程序　　C．管理程序　　D．服务程序

18．计算机之所以能实现自动连续运算，是由于采用了（　　）原理。

A．布尔逻辑　　B．存储程序　　C．数字电路　　D．集成电路

19．某单位自行开发的工资管理系统，按计算机应用的类型划分，它属于（　　）。

A．科学计算　　B．辅助设计　　C．数据处理　　D．实时控制

20．用计算机进行资料检索工作，属于计算机应用中的（　　）。

A．科学计算　　B．数据处理　　C．实时控制　　D．人工智能

二、Word 练习题

小许正在撰写一篇有关质量管理的论文，按照如下要求帮助小许对论文进行编辑排版。

在“考生”文件夹下，将“Word 素材.docx”文件另存为“Word.docx”（.docx 为文件扩展名），后续操作均基于此文件。

1．调整纸张大小为 A4，左、右页边距为 2cm，上、下页边距为 2.3cm。

2．将表格外的所有文字字体及段落格式设置为“仿宋”、四号、首行缩进 2 字符、单倍行距，将表格外的所有英文字体设为“Times New Roman”、四号，表格中内容的字体、字号、段落格式不变。

3．为第一段“企业质量管理浅析”应用样式为“标题 1”，并居中对齐。为“一、”“二、”“三、”“四、”“五、”“六、”对应的段落应用样式“标题 2”。

4．为文档中蓝色文字添加某一类项目符号。

5．将表格及其上方的表格标题“表 1 质量信息表”排版在 1 页内，并将该页纸张方向设为横向，将标题段“表 1 质量信息表”置于表上方居中，删除表格最下面的空行，调整表格宽度及高度。

6．将表格按“反馈单号”从小到大的顺序排序，并为表格应用一种内置表格样式，所有单元格内容均为水平和垂直居中对齐。

7．在文档标题“企业质量管理浅析”之后、正文“有人说：产量是……”之前插入仅包含第 2 级标题的目录，目录及其上方的文档标题单独作为 1 页，将目录项设为三号字、3 倍行距。

8．为目录页添加首页页眉“质量管理”，居中对齐。在文档的底部靠右位置插入页码，页码形式为“第几页共几页”（注意：页码和总页数应当能够自动更新），目录页不显示页码且不计入总页数，正文页码从第 1 页开始，最后更新目录页码。

9．为表格所在的页面添加编辑限制保护，不允许对该页内容随意进行编辑修改，并设置保护密码为空。

10．为文档添加文字水印“质量是企业的生命”，格式为“宋体”，字号为“80”，斜式、黄色、半透明。

三、Excel 练习题

1．在“考生”文件夹下，将“Excel 素材.xlsx”文件另存为“Excel.xlsx”（.xlsx 为文件扩展名），后续操作均基于此文件，否则不得分。

2．自动调整表格数据区域的列宽、行高，将第 1 行的行高设置为第 2 行行高的 2 倍；设置表格区域各单元格内容水平、垂直均居中，并更改文本“鹏程公司销售情况表格”的字体、字号；将数据区域套用表格样式“表样式中等深浅”，表包含标题。

3．对工作表进行页面设置，指定纸张大小为 A4、横向，调整整个工作表为 1 页宽、1 页高，并在整个页面水平居中。

4．将表格数据区域中所有空白单元格填充数字 0（共 21 个单元格）。

5．将“咨询日期”的月、日均显示为 2 位，如“2014/1/5”应显示为“2014/01/05”，并依据日期、时间先后顺序对工作表排序。

6．在“咨询商品编码”与“预购类型”之间插入新列，列标题为“商品单价”，利用公式，将工作表“商品单价”中对应的价格填入该列。

7．在“成交数量”与“销售经理”之间插入新列，列标题为“成交金额”，根据“成交数量”“商品单价”，利用公式计算并填入“成交金额”。

8．为销售数据插入数据透视表，数据透视表放置在一个名为“商品销售透视表”的新工作表中，透视表行标签为“咨询商品编码”，列标签为“预购类型”，对“成交金额”求和。

9．打开“月统计表”工作表，利用公式计算每位销售经理每月的成交金额，并填入对应位置，同时计算“综合”列、“总计”列。

10．在工作表“月统计表”的 G3:M20 单元格区域中，插入与“销售经理成交金额按月统计表”数据对应的二维“堆积柱形图”，横坐标为销售经理，纵坐标为金额，并为每月添加数据标签。

四、PowerPoint 练习题

为了更好地控制教材编写的内容、质量和流程，小李负责起草了图书策划方案（请参考“图书策划方案.docx”文件）。他需要将图书策划方案 Word 文档中的内容制作为可以向教材编委会进行展示的 PowerPoint 演示文稿。

现在，请你根据图书策划方案（请参考“图书策划方案.docx”文件）中的内容，按照如下要求完成演示文稿的制作：

1．创建一个新演示文稿，内容需要包含“图书策划方案.docx”文件中所有讲解的要点，包括：

（1）演示文稿中的内容编排，需要严格遵循 Word 文档中的内容顺序，并仅需要包含 Word 文档中应用了“标题 1”“标题 2”“标题 3”样式的文字内容。

（2）Word 文档中应用了“标题 1”样式的文字，需要成为演示文稿中每页幻灯片的标题文字。

（3）Word 文档中应用了“标题 2”样式的文字，需要成为演示文稿中每页幻灯片的第一级文本内容。

（4）Word 文档中应用了“标题 3”样式的文字，需要成为演示文稿中每页幻灯片的第二级文本内容。

2．将演示文稿中的第一页幻灯片调整为“标题幻灯片”版式。

3．为演示文稿应用一个美观的主题样式。

4．在标题为“2012 年同类图书销量统计”的幻灯片中，插入一个 6 行 5 列的表格，列标题分别为“图书名称”“出版社”“作者”“定价”“销量”。

5．在标题为“新版图书创作流程示意”的幻灯片中，将文本框中包含的流程文字利用 SmartArt 图形展现。

6．在该演示文稿中创建一个演示方案，该演示方案包含第 1、2、4、7 页幻灯片，并将该演示方案命名为“放映方案 1”。

7．在该演示文稿中创建一个演示方案，该演示方案包含第 1、2、3、5、6 页幻灯片，并将该演示方案命名为“放映方案 2”。

8．保存制作完成的演示文稿，并将其命名为“PowerPoint.pptx”。

练习题2

一、选择题

1．结构化程序设计的三种基本控制结构是（　　）。

A．顺序、选择和转向　　B．层次、网状和循环

C．模块、选择和循环　　D．顺序、循环和选择

2．目前计算机应用领域可大致分为三个方面，包括（　　）。

A．CAI、专家系统、人工智能　　B．工程设计、CAI、文字处理

C．实时控制、科学计算、数据处理　　D．数据分析、人工智能、计算机网络

3．下面是有关计算机病毒的说法，其中（　　）不正确。

A．计算机病毒有引导型病毒、文件型病毒、复合型病毒等

B．计算机病毒中也有良性病毒

C．计算机病毒实际上是一种计算机程序

D．计算机病毒是由于程序的错误编制而产生的

4．计算机能直接执行的指令包括两部分，它们是（　　）。

A．源操作数与目标操作数　　B．操作码与操作数

C．ASCII码与汉字代码　　D．数字与字符

5．不同的计算机，其指令系统也不相同，这主要取决于（　　）。

A．所用的操作系统　　B．系统的总体结构

C．所用的CPU　　D．所用的程序设计语言

6．多媒体计算机是指（　　）。

A．具有多种外部设备的计算机　　B．能与多种电器连接的计算机

C．能处理多种媒体的计算机　　D．借助多种媒体操作的计算机

7．计算机用于解决科学研究与工程计算中的数学问题，称为（　　）。

A．数值计算　　B．数学建模　　C．数据处理　　D．自动控制

8．（　）特点是处理的信息数据量比较大而数值计算并不十分复杂。

A．工程计算　　B．数据处理　　C．自动控制　　D．实时控制

9．计算机中的所有信息都是以（　　）的形式存储在机器内部的。

A．字符　　B．二进制编码　　C．BCD码　　D．ASCII码

10．在计算机内，多媒体数据最终是以（　　）形式存在的。

A．二进制代码　　B．特殊的压缩码　　C．模拟数据　　D．图形

11．客户/服务器模式的局域网，其网络硬件主要包括服务器、工作站、网卡和（　　）。

A．网络拓扑结构　　B．计算机

C．传输介质　　D．网络协议

12．一个汉字和一个英文字符在微型机中存储时所占字节数的比值为（　　）。

A．4∶1　　B．2∶1　　C．1∶1　　D．1∶4

13．在微机中，bit 的中文含义是（　　）。

A．二进制位　　B．双字　　C．字节　　D．字

14．用一个字节最多能编出（　　）不同的码。

A．8 个　　B．16 个　　C．128 个　　D．256 个

15．计算机中字节是常用单位，它的英文名字是（　　）。

A．Bit　　B．byte　　C．bout　　D．baut

16．计算机存储和处理数据的基本单位是（　　）。

A．bit　　B．Byte　　C．GB　　D．KB

17．1 字节表示（　　）位。

A．1　　B．4　　C．8　　D．10

18．在描述信息传输中，bps 表示的是（　　）。

A．每秒传输的字节数　　B．每秒传输的指令数

C．每秒传输的字数　　D．每秒传输的位数

19．“32 位微型计算机”中的 32 是指（　　）。

A．微机型号　　B．内存容量　　C．存储单位　　D．机器字长

20．字符串“IBM”中的字母 B 存放在计算机内占用的二进制位个数是（　　）。

A．8　　B．4　　C．2　　D．1

二、Word 练习题

在“考生”文件夹下打开练习题 2 文档“Word.docx”，按照要求完成下列操作并以该文件名（Word.docx）保存文档。

某高校为了使学生更好地进行职场定位和职业准备，提高就业能力，该校学工处将于 2010 年 4 月 29 日（星期五）19:30-21:30 在校国际会议中心举办题为“领慧讲堂——大学生人生规划”就业讲座，特别邀请资深媒体人、著名艺术评论家赵蕈先生担任演讲嘉宾。

请根据上述活动的描述，利用 Microsoft Word 制作一份宣传海报（宣传海报的参考样式请参考“Word-海报参考样式.docx”文件），要求如下：

1．调整文档版面，要求页面高度为 35 厘米，页面宽度为 27 厘米，上、下页边距为 5 厘米，左、右页边距为 3 厘米，并将“考生”文件夹下的图片“Word-海报背景图片.jpg”设置为海报背景。

2．根据“Word-海报参考样式.docx”文件，调整海报内容文字的字号、字体和颜色。

3．根据页面布局需要，调整海报内容中“报告题目”“报告人”“报告日期”“报告时间”“报告地点”信息的段落间距。

4．在“报告人：”位置后面输入报告人姓名（赵蕈）。

5．在“主办：校学工处”位置后另起一页，并设置第 2 页的页面纸张大小为 A4 篇幅，纸张方向设置为“横向”，页边距为“普通”页边距定义。

6．在新页面的“日程安排”段落下面，复制本次活动的日程安排表（请参考“Word-活动日程安排.xlsx”文件），要求表格内容引用 Excel 文件中的内容，如若 Excel 文件中的内容发生变化，Word 文档中的日程安排信息随之发生变化。

7．在新页面的“报名流程”段落下面，利用 SmartArt 制作本次活动的报名流程（学工处报名→确认座席→领取资料→领取门票）。

8．设置“报告人介绍”段落下面的文字排版布局为参考示例文件中所示的样式。

9．更换报告人照片为“考生”文件夹下的“Pic 2.jpg”照片，将该照片调整到适当位置，

并不得遮挡文档中的文字内容。

10．保存本次活动的宣传海报设计为“Word.docx”。

“领慧讲堂”就业讲座
报告题目：大学生人生规划
报 告 人：赵蕈
报告日期：2010年4月29日(星期五)
报告时间：19:30-21:30
报告地点：校国际会议中心
欢迎大家踊跃参加！
主 办：校学工处
活动细则
时间
主题
报告人
18:30 - 19:00
签到
19:00 - 19:20
大学生职场定位和职业准备
王老师
19:20 - 21:10
大学生人生规划
特约专家
21:10 - 21:30
现场提问
王老师
报名流程：
学工处报名
确认座席
领取资料
领取门票
报告人介绍：
赵先生是资深媒体人、著名艺术评论家、著名书画家。曾任某周刊主编，现任某出版集团总编、硬笔书协主席、省美协会员、某画院特聘画家。他的书法、美术、文章、摄影作品千余幅（篇）在全国200多家报刊上发表，名字及作品被收入多种书画家辞典。书画作品被日本、美国、韩国等海外一些机构和个人收藏，在国内外多次举办专题摄影展和书画展。

海报参考样式

三、Excel 练习题

晓雨任职人力资源部门，她需要对企业员工 Office 应用能力考核报告进行完善和分析。按照如下要求帮助晓雨完成数据处理工作：

1．在“考生”文件夹下，将“Excel 素材.xlsx”文件另存为“Excel.xlsx”，后续操作均基于此文件，否则不得分。

2．在“成绩单”工作表中，设置工作表标签颜色为标准红色；对数据区域套用“表样式浅色-6”表格格式，取消镶边行后将其转换为区域。

3．删除“姓名”列中的所有汉语拼音字母，只保留汉字。

4．设置“员工编号”列的数据格式为“001,002,003……”在 G3:K336 单元格区域中的所有空单元格中输入数值 0。

5．计算每个员工 5 个考核科目（Word、Excel、PowerPoint、Outlook、Visio）的平均成绩，并填写在“平均成绩”列。

6．在“等级”列中计算并填写每位员工的考核成绩等级，等级的计算规则如下：

等 级 分 类	计 算 规 则
不合格	5 个考核科目中任一科目成绩低于 60 分
及格	60 分<=平均成绩<75 分
良	75 分<=平均成绩<85 分
优	平均成绩>=85 分

7．适当调整“成绩单”工作表 B2:M336 单元格区域内各列列宽，并将该区域内数据设置为水平、垂直方向均居中对齐。

8．依据自定义序列“研发部→物流部→采购部→行政部→生产部→市场部”的顺序进行排序；如果部门名称相同，则按照平均成绩由高到低的顺序排序。

9．设置“分数段统计”工作表标签颜色为蓝色；参考“考生”文件夹中的“成绩分布及比例.png”示例，以该工作表B2单元格为起始位置创建数据透视表，计算“成绩单”工作表中平均成绩在各分数段的人数以及所占比例（数据透视表中的数据格式设置以参考示例为准，其中平均成绩各分数段下限包含临界值）；根据数据透视表在单元格区域E2:L17内创建数据透视图（数据透视图图表类型、数据系列、坐标轴、图例等设置以参考示例为准）。

10．根据“成绩单”工作表中的“年龄”和“平均成绩”两列数据，创建名为“成绩与年龄”的图表工作表（参考“考生”文件夹中的“成绩与年龄.png”示例，图表类型、样式、图表元素均以此示例为准）。设置图表工作表标签颜色，并将其放置在全部工作表的最右侧。

11．将“成绩单”工作表中的数据区域设置为打印区域，并设置标题行在打印时可以重复出现在每页顶端。

12．将所有工作表的纸张方向都设置成横向，并为所有工作表添加页眉和页脚，页眉中间位置显示“成绩报告”文本，页脚样式为“第1页……”。

四、PowerPoint练习题

文慧是新东方学校的人力资源培训讲师，负责对新入职的教师进行入职培训，其PowerPoint演示文稿的制作水平广受好评。最近，她应北京节水展馆的邀请，为展馆制作一份宣传水知识及节水工作重要性的演示文稿。

节水展馆提供的文字资料及素材参见“水资源利用与节水（素材）.docx”，制作要求如下：

1．标题页包含演示主题、制作单位（北京节水展馆）和日期（××××年×月×日）。

2．演示文稿须指定一个主题，幻灯片不少于5页，且版式不少于3种。

3．演示文稿中除文字外要有2张以上的图片，并有2个以上的超链接进行幻灯片之间的跳转。

4．动画效果要丰富，幻灯片切换效果要多样。

5．演示文稿播放的全程需要有背景音乐。

6．将制作完成的演示文稿以“水资源利用与节水.pptx”为文件名进行保存。

练习题 3

一、选择题

1．若一台计算机的字长为 4 个字节，这意味着它（　　）。

A．能处理的数值最大为 4 位十进制数 9999

B．能处理的字符串最多为 4 个英文字母组成

C．在 CPU 中作为一个整体加以传送处理的代码为 32 位

D．在 CPU 中运行的结果最大为 2 的 32 次方

2．因特网是（　　）。

A．局域网的简称　　B．城域网的简称

C．广域网的简称　　D．国际互联网的简称

3．“冯·诺依曼计算机”的体系结构主要分为（　　）五大组成。

A．外部存储器、内部存储器、CPU、显示、打印

B．输入、输出、运算器、控制器、存储器

C．输入、输出、控制、存储、外设

D．都不是

4．OSI（开放系统互联）参考模型的最低层是（　　）。

A．传输层　　B．网络层　　C．物理层　　D．应用层

5．人们通常说的扩计算机的内存，指的是（　　）。

A．ROM　　B．CMOS　　C．CPU　　D．RAM

6．在微型计算机中，内存储器通常采用（　　）。

A．光存储器　　B．磁表面存储器　　C．半导体存储器　　D．磁芯存储器

7．连到局域网上的节点计算机必须安装的硬件是（　　）。

A．调制解调器　　B．交换机　　C．集线器　　D．网络适配卡

8．计算机的三类总线中不包括（　　）。

A．控制总线　　B．地址总线　　C．传输总线　　D．数据总线

9．关于计算机总线的说明中不正确的是（　　）。

A．计算机的五大部件通过总线连接形成一个整体

B．总线是计算机各个部件之间进行信息传递的一组公共通道

C．根据总线中流动的信息不同分为地址总线、数据总线、控制总线

D．数据总线是单向的，地址总线是双向的

10．计算机中存储信息的最小单位是（　　）。

A．字　　B．字节　　C．字长　　D．位

11．在计算机中使用的键盘是连接在（　　）上的。

A．打印机接口　　B．显示器接口

C．并行接口　　D．串行接口

12．计算机的通用性使其可以求解不同的算术和逻辑运算，这主要取决于计算机的（　　）。

A．高速运算　　B．指令系统　　C．可编程序　　D．存储功能

13．几年前一位芬兰大学生人在 Internet 上公开发布了一种免费操作系统（　　），经过许多人的努力，该操作系统正不断完善，并被推广应用。

A．Windows XP　　B．Novell　　C．UNIX　　D．Linux

14．Access 是一种（　　）数据库管理系统。

A．发散型　　B．集中型　　C．关系型　　D．逻辑型

15．用高级程序设计语言编写的程序，要转换成等价的可执行程序，必须经过（　　）。

A．汇编　　B．编辑　　C．解释　　D．编译和连接

16．一般用高级语言编写的应用程序称为（　　）。

A．编译程序　　B．编辑程序　　C．连接程序　　D．源程序

17．若微机系统需要热启动，应同时按下（　　）组合键。

A．Ctrl+Alt+Break　　B．Ctrl+Esc+Del

C．Ctrl+Alt+Del　　D．Ctrl+Shift+Break

18．启动 Windows 系统时，要想直接进入最小系统配置的安全模式，按（　　）键。

A．F7　　B．F8　　C．F9　　D．F10

19．在“记事本”或“写字板”窗口中，对当前编辑的文档进行存储，可以用（　　）快捷键。

A．Alt+F　　B．Alt+S　　C．Ctrl+S　　D．Ctrl+F

20．Windows 的目录结构采用的是（　　）。

A．树形结构　　B．线形结构　　C．层次结构　　D．网状结构

二、Word 练习题

在“考生”文件夹下打开练习题 3 文档“Word.docx”，按照要求完成下列操作并以该文件名（Word.docx）保存文件。

具体要求如下：

1．设置页边距为上、下、左、右各 2.7 厘米，装订线在左侧；设置文字水印页面背景，文字为“中国互联网信息中心”，水印版式为斜式。

2．设置第一段落文字“中国网民规模达 5.64 亿”为标题；设置第二段落文字“互联网普及率为 42.1%”为副标题；改变段间距和行间距（间距单位为行），使用“独特”样式修饰页面；在页面顶端插入“边线型提要栏”文本框，将第三段文字“中国经济网北京 1 月 15 日讯 中国互联网络信息中心今日发布《第 31 次中国互联网络发展状况统计报告》。”移入文本框内，设置字体、字号、颜色等；在该文本的最前面插入类别为“文档信息”、名称为“新闻提要”的域。

3．设置第四至第六段文字，要求首行缩进 2 字符。将第四至第六段的段首“《报告》显示”和“《报告》表示”设置为斜体、加粗、红色、双下画线。

4．将文档“附：统计数据”后面的内容转换成 2 列 9 行的表格，为表格设置样式；将表格的数据转换成簇状柱形图，并插到文档中“附：统计数据”的前面，保存文档。

三、Excel 练习题

税务员小刘接到上级指派的整理有关减免税政策的任务，按照下列要求帮助小刘完成相关的整理、统计和分析工作：

1．在“考生”文件夹下，将“Excel 素材.xlsx”文件另存为“Excel.xlsx”，后续操作均基

于此文件，否则不得分。操作过程中，不可随意改变工作表中数据的顺序。

2．将“考生”文件夹下“代码对应.xlsx”工作簿中的 Sheet1 工作表插入“Excel.xlsx”工作簿“政策目录”工作表的右侧，重命名工作表 Sheet1 为“代码”，并将其标签颜色设为标准蓝色，不显示工作表网格。

3．将工作表“代码”中第 2 行的标题格式应用到工作表“政策目录”单元格 A1 中的标题，并令其在整个数据列表上方合并居中。为整个数据列表区域 A3：I161 套用一个表格格式，将其字号设为 9 磅，其中的 F:I 列设为自动换行、A:E 列数据垂直水平均居中对齐。

4．在“序号”列中输入顺序号 1、2、3……并通过设置数字格式使其显示为数值型的 001、002、003……

5．参照工作表“代码”中的代码与分类的对应关系，获取相关分类信息并填入工作表“政策项目”的 C、D、E 等 3 列中。其中，“减免性质代码”从左往右其位数与分类项目的对应关系如下：

减免性质代码	项 目 名 称
第 1、2 位	收入种类
第 3、4 位	减免政策大类
第 5、6 位	减免政策小类

6．在 F 列和 G 列之间插入一个空白列，列标题输入“年份”。F 列的“政策名称”中大都在括号“{}”内包含年份信息，如“财税【2012】75 号”中的“2012”即为年份。通过 F 列中的年份信息获取年份并将其填到新插入的“年份”列中，显示为“2012 年”形式；如果政策中没有年份，则显示为空。最后自动调整“年份”列至合适的列宽。

7．显示隐藏的工作表“说明”，将其中的全部内容作为标题“减免税政策目录及代码”的批注，将批注字体颜色设为绿色并隐藏该批注。设置窗口视图，保持第 1～3 行和 A:E 列总是可见。

8．按照示例图 1 为标准，为每类“减免政策大全”生成结构相同的数据透视表，每张表的数据均自 A3 单元格开始。

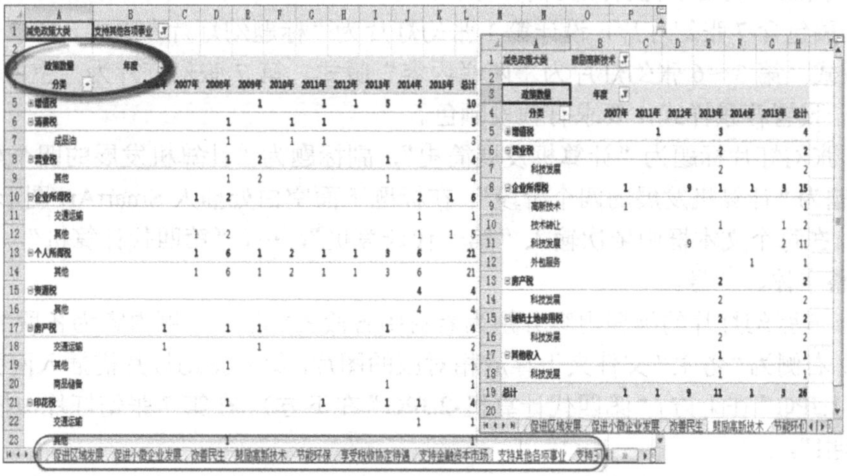

示例图 1

要求如下：

① 分别以减免政策大类的各个类名作为工作表的表名。

② 表中包含 2006～2015（含）十年间每类“收入种类”下按“减免政策小类”细分的减免政策数量，将其中“增值税”下的细类折叠。

③ 按工作表“代码”中“对应的收入种类”所示顺序对透视表进行排序。

④ 如示例图 1 所示，分别修改行和列标签名称。

9．自 A3 单元格，单独生成一个名为“数据透视总表”的数据透视表，显示 2006～2015（含）十年间按“收入种类”划分的减免政策数量，年份自左向右从高到低排序，政策数量按“总计”列自上而下由高到低排序，且只显示数量总计前 10 的收入种类。在此透视表基础上生成数据透视图，比较各类收入的政策数量，如示例图 2 所示。

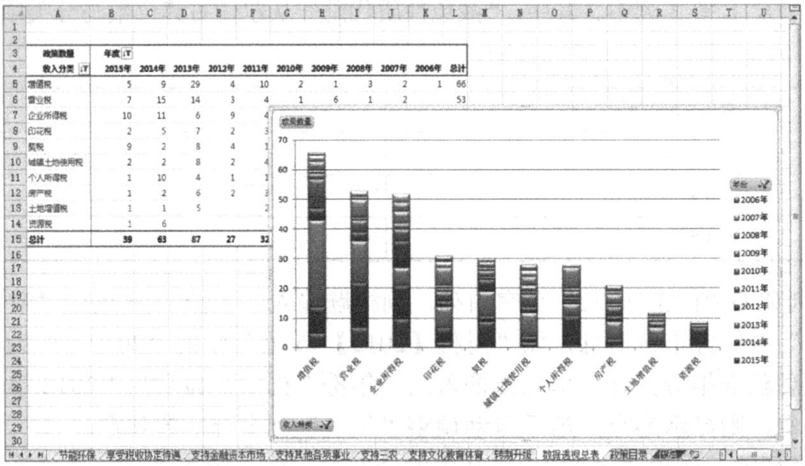

示例图 2

四、PowerPoint 练习题

打开“考生”文件夹下的演示文稿“yswg.pptx”，根据“考生”文件夹下的文件“PPT-素材.docx”，按照下列要求完善此文稿并保存：

1．使文稿包含 7 张幻灯片，设计第 1 张幻灯片为“标题幻灯片”版式，第 2 张幻灯片为“仅标题”版式，第 3～6 张幻灯片为“两栏内容”版式，第 7 张幻灯片为“空白”版式。所有幻灯片统一设置背景样式，要求有预设颜色。

2．第 1 张幻灯片标题为“计算机发展简史”，副标题为“计算机发展的四个阶段”。第 2 张幻灯片标题为“计算机发展的四个阶段”；在标题下面空白处插入 SmartArt 图形，要求含有 4 个文本框，在每个文本框中依次输入“第一代计算机”，…，“第四代计算机”，更改图形颜色，适当调整字体、字号。

3．第 3～6 张幻灯片的标题内容分别为素材中各段的标题；左侧内容为各段的文字介绍，加项目符号；右侧为“考生”文件夹下存放相对应的图片，第 6 张幻灯片需插入两张图片（“第四代计算机-1.JPG”在上方，“第四代计算机-2.JPG”在下方）。在第 7 张幻灯片中插入艺术字，内容为“谢谢!”。

4．为第 1 张幻灯片的副标题、第 3～6 张幻灯片的图片设置动画效果，第 2 张幻灯片的 4 个文本框超链接到相应内容幻灯片。为所有幻灯片设置切换效果。

练习题 4

一、选择题

1．电子邮件到达时，如果并没有开机，那么邮件将（　　）。

A．退回发件人　　B．开机时对方重新发送

C．该邮件丢失　　D．保存在服务商的 E-mail 服务器上

2．要在 Web 浏览器中查看某一公司的主页，必须知道（　　）。

A．该公司的电子邮件地址　　B．该公司所在的省市

C．该公司的邮政编码　　D．该公司的 WWW 地址

3．因特网上的服务都是基于某一种协议，Web 服务是基于（　　）。

A．SNMP 协议　　B．SMTP 协议　　C．HTTP 协议　　D．TELNET 协议

4．Internet 与 WWW 的关系是（　　）。

A．都表示互联网，只不过名称不同　　B．WWW 是 Internet 上的一个应用功能

C．Internet 与 WWW 没有关系　　D．WWW 是 Internet 上的一种协议

5．按照网络分布和覆盖的地理范围，可将计算机网络分为（　　）。

A．局域网和互联网　　B．广域网和局域网

C．广域网和互联网　　D．Internet 和城域网

6．用以太网形式构成的局域网，其拓扑结构为（　　）。

A．环形　　B．总线型　　C．星形　　D．网状

7．在 Internet 中的 IP 地址由（　　）位二进制数组成。

A．8　　B．16　　C．32　　D．64

8．Word 程序允许打开多个文档，用（　　）菜单可以实现各文档窗口之间的切换。

A．编辑　　B．窗口　　C．视图　　D．工具

9．互联设备中 Hub 称为（　　）。

A．网卡　　B．网桥　　C．服务器　　D．集线器

10．Internet 是目前世界上第一大互联网，它起源于美国，其雏形是（　　）。

A．NCFC 网　　B．CERNET 网　　C．GBNET 网　　D．ARPANET 网

11．我国政府部门要建立 WWW 网站，其域名的后缀应该是（　　）。

A．com.au　　B．gov.au　　C．gov.cn　　D．net.cn

12．Hacker 是指那些私闯非公开的机构网络进行破坏的人，它的中文俗称是（　　）。

A．朋克　　B．海客　　C．网虫　　D．黑客

13．中国互联网络信息中心的英文缩写是（　　）。

A．CNNIC　　B．Chinanic　　C．Cernic　　D．Internic

14．FTP 是一个（　　）协议，它可以用来下载和传送计算机中的文件。

A．文件传输　　B．网站传输　　C．文件压缩　　D．文件解压

15．E-mail 地址格式为 usename@hostname，其中 usename 称为（　　）。

A．用户名　　B．某网站名　　C．某网络公司名　　D．主机域名

16．计算机网络可以有多种分类，按拓扑结构可以分为（　　）结构等。

A．局域网、城域网、广域网　　B．物理网、逻辑网

C．总线网、环形网、星形网　　D．ATM 网

17．在实际应用的网络中，网络系统资源及安全性管理相对集中在一种多用户计算机上，这种机器称为（　　）。

A．工作站　　B．终端机　　C．个人机　　D．服务器

18．计算机网络是一个（　　）系统。

A．管理信息系统　　B．管理数据系统

C．编译系统　　D．在协议控制下的多机互联系统

19．计算机网络中，可以共享的资源是（　　）。

A．硬件和软件　　B．软件和数据

C．外设和数据　　D．硬件、软件和数据

20．计算机网络的目标是实现（　　）。

A．数据处理　　B．文献检索

C．资源共享和信息传输　　D．信息传输

二、Word 练习题

在“考生”文件夹下打开练习题 4 文档“Word.docx”，按照要求完成下列操作并以该文件名（Word.docx）保存文档。

文档“北京政府统计工作年报.docx”是一篇从互联网上获取的文字资料，请打开该文档并按下列要求进行排版及保存操作：

1．将文档中的西文空格全部删除。

2．将纸张大小设置为 16 开，上边距设置为 3.2 厘米，下边距设置为 3 厘米，左、右页边距均设置为 2.5 厘米。

3．利用素材前三行内容为文档制作一个封面页，令其独占一页。

4．将标题“（三）咨询情况”下用蓝色标出的段落部分转换为表格，为表格套用一种表格样式以使其更加美观。基于该表格数据，在表格下方插入一个饼图，用于反映各种咨询形式所占比例，要求在饼图中仅显示百分比。

5．将文档中以“一、”“二、”……开头的段落设为“标题 1”样式；以“（一）”“（二）”……开头的段落设为“标题 2”样式；以“1、”“2、”……开头的段落设为“标题 3”样式。

6．为正文第 2 段中用红色标出的文字“统计局队政府网站”添加超链接，链接地址为“http://www.bjstats.gov.cn/”。同时，在“统计局队政府网站”后添加脚注，内容为“http://www.bjstats.gov.cn”。

7．将除封面页外的所有内容分为两栏显示，但是前述表格及相关图表仍需跨栏居中显示，无须分栏。

8．在封面页与正文之间插入目录，目录要求包含标题第 1～3 级及对应页码。目录单独占用一页，且无须分栏。

9．除封面页和目录页外，在正文页上添加页眉，内容为文档标题“北京市政府信息公开工作年度报告”和页码，要求正文页码从第 1 页开始，其中奇数页页眉居右显示，页码在标题右侧；偶数页页眉居左显示，页码在标题左侧。

10．将完成排版的文档先以原 Word 格式及文件名“北京政府统计工作年报.docx”进行保存，再另行生成一份同名的 PDF 文档进行保存。

三、Excel 练习题

人事部统计员小马负责本次公务员考试成绩数据的整理，按照下列要求帮助小马完成相关的整理、统计和分析工作：

1．将“考生”文件夹下的工作簿文档“Excel 素材.xlsx”另存为“Excel.xlsx”（“.xlsx”为文件扩展名），之后所有的操作均基于此文件，否则不得分。操作过程中，不可随意改变工作表中数据的顺序。

2．将“考生”文件夹下的工作簿“行政区划代码对照表.xlsx”中的工作表“Sheet1”复制到工作表“名单”的左侧，并重命名为“行政区划代码”且工作表标签颜色设为标准紫色；以“考生”文件夹下的图片“map.jpg”作为该工作表的背景，不显示网格线。

3．按照下列要求对工作表“名单”中的数据进行完善：

① 在“序号”列中输入格式为 00001、00002、00003……的顺序号。

② 在“性别”列的空白单元格中输入“男”。

③ 在“性别”和“部门代码”之间插入一个空列，列标题为“地区”。自左向右准考证号的第 5～6 位为地区代码，依据工作表“行政区划代码”中的对应关系在“地区”列中输入地区名称。

④ 在“部门代码”列中填入相应的部门代码，其中准考证号的前 3 位为部门代码。

⑤ 准考证号的第 4 位代表考试类别，按照下列计分规则计算每个人的总成绩：

准考证号的第 4 位	考试类别	计分方法
1	A 类	笔试、面试各占 50%
2	B 类	笔试占 60%，面试占 40%

4．按照下列要求对工作表“名单”的格式进行设置：

① 修改单元格样式“标题 1”，令其格式变为“微软雅黑”、14 磅、不加粗、跨列居中，其他保持默认效果。为第 1 行中的标题文字应用更改后的单元格样式“标题 1”，令其在所有数据上方居中排列，并隐藏其中的批注内容。

② 将笔试分数、面试分数、总成绩 3 列数据设置为形如“123.320 分”且能够正确参与运算的数值类数字格式。

③ 正确的准考证号为 12 位文本，面试分数的范围为 0～100 的整数（含本数），试检测这两列数据的有效性，当输入错误时给出提示信息“超出范围请重新输入！”，以标准红色文本标出存在错误的数据。

④ 为整个数据区域套用一个表格格式，取消筛选并转换为普通区域。

⑤ 适当加大行高并自动调整各列列宽至合适的大小。

⑥ 锁定工作表的第 1～3 行，使之始终可见。

⑦ 分别以数据区域的首行作为各列的名称。

5．以工作表“名单”的原始数据为依据，在工作表“统计分析”中按下列要求对各部门数据进行统计：

① 首先获取部门代码及报考部门，并按部门代码的升序进行排列。

② 将各项统计数据填入相应单元格，其中统计男、女人数时应使用函数并应用已定义的名称，最低笔试分数线按部门统计。

③ 对工作表“统计分析”设置条件格式，令其只有在单元格非空时才会自动以某一浅色

填充偶数行且自动添加上、下边框线。

④ 令第 G 列数字格式显示为百分数，要求四舍五入精确到小数点后 3 位。

6．以工作表“统计分析”为数据源，生成如表中数据右侧示例所示的图表，要求如下：

① 图表标题与数据上方第 1 行中的标题内容一致并可同步变化。

② 适当改变图表样式和图表中数据系列的格式，调整图例的位置。

③ 坐标轴设置应与示例相同。

④ 将图表以独立方式嵌入新工作表“分析图表”中，令其不可移动并保存文件。

四、PowerPoint 练习题

某学校初中二年级五班的物理老师要求学生两人一组制作一份物理课件。小曾与小张自愿组合，他们制作完成的第一章后三节内容见文档“第 3-5 节.pptx”，前两节内容存放在文本文件“第 1-2 节.pptx”中。小张需要按下列要求完成课件的整合制作：

1．为演示文稿“第 1-2 节.pptx”指定一个合适的设计主题，为演示文稿“第 3-5 节.pptx”指定另一个设计主题，两个主题应不同。

2. 将演示文稿“第 3-5 节.pptx”和“第 1-2 节.pptx”中的所有幻灯片合并到“物理课件.pptx”中，要求所有幻灯片保留原来的格式。以后的操作均在文档“物理课件.pptx”中进行。

3．在“物理课件.pptx”的第 3 张幻灯片之后插入一张版式为“仅标题”的幻灯片，输入标题文字“物质的状态”，在标题下方制作一张射线列表式关系图，样例参考“关系图素材及样例.docx”，所需图片在“考生”文件夹中。为该关系图添加适当的动画效果，要求同一级别的内容同时出现，不同级别的内容先后出现。

4．在第 6 张幻灯片后插入一张版式为“标题和内容”的幻灯片，在该幻灯片中插入与素材“蒸发和沸腾的异同点.docx”文档中所示相同的表格，并为该表格添加适当的动画效果。

5．将第 4 张、第 7 张幻灯片分别链接到第 3 张、第 6 张幻灯片的相关文字上。

6．除标题页外，为幻灯片添加编号及页脚，页脚内容为“第一章　物态及其变化”。

7．为幻灯片设置适当的切换方式，以丰富放映效果。

练习题 5

一、选择题

1．以下的搜索引擎中，当前使用最广泛的中文搜索引擎是（　　）。
A．http://www.yahoo.com　　B．http://www.baidu.com
C．http://www.google.com　　D．http://www.sogou.com
2．IE 软件是（　　）。
A．MIS　　B．唯一的上网工具
C．一种 Web 页的浏览器　　D．收、发电子邮件的工具
3．下列 4 项内容中，不属于 Internet（因特网）提供的服务的是（　　）。
A．电子邮件　　B．文件传输　　C．远程登录　　D．实时监测控制
4．和通信网络相比，计算机网络最本质的功能是（　　）。
A．数据通信　　B．资源共享
C．提高计算机的可靠性和可用性　　D．分布式处理
5．控制面板的主要作用是（　　）。
A．调整窗口　　B．设置系统配置　　C．管理应用程序　　D．设置高级语言
6．为了指导计算机网络的互联、互通和互操作，ISO 颁布了 OSI 参考模型，其基本结构分为（　　）。
A．6 层　　B．5 层　　C．7 层　　D．4 层
7．Word 程序启动后就自动打开一个名为（　　）的文档。
A．Noname　　B．Untitled　　C．文件 1　　D．文档 1
8．当前广泛使用的 IP 地址是一个（　　）的二进制地址。
A．8 位　　B．16 位　　C．32 位　　D．128 位
9．下列关于 IP 的说法中错误的是（　　）。
A．IP 地址在 Internet 上是唯一的
B．IP 地址由 32 位十进制数组成
C．IP 地址是 Internet 上主机的数字标识
D．IP 地址指出了该计算机连接到哪个网络上
10．IP 地址是一串难以记忆的数字，人们用域名来代替它，完成 IP 地址和域名之间转换工作的是（　）服务器。
A．DNS　　B．URL　　C．UNIX　　D．ISDN
11．WWW 是因特网最重要的一种服务，它基于的协议是（　　）。
A．HTTP　　B．TCP/IP　　C．FTP　　D．TELNET
12．目前我国使用较广泛的浏览器是（　　）。
A．ICQ　　B．OICQ　　C．IE　　D．FTP
13．和广域网相比，局域网（　　）。
A．有效性好，但可靠性差　　B．有效性差，但可靠性高
C．有效性好，可靠性也高　　D．有效性差，可靠性也差

14．IPTV 的意思是（　　）。

A．网络电话　　B．网络电视　　C．无线视频　　D．有线电视

15．计算机联网的主要目的是实现（　　）。

A．数据通信　　B．资源共享　　C．远程登录　　D．分布式处理

16．在 E-mail 地址 wendiluo @yahoo.com 中，收件人的账号是（　　）。

A．yahoo.com　　B．@yahoo　　C．wendiluo　　D．com

17．在因特网中，各计算机之间使用（　　）协议交换信息。

A．E-mail　　B．Word　　C．TCP/IP　　D．FoxPro

18．下列关于局域网特点的叙述中，不正确的是（　　）。

A．局域网的覆盖范围有限

B．误码率高

C．有较高的传输速率

D．相对于广域网易于建立、管理、维护和扩展

19．在计算机网络系统中，LAN 指的是（　　）。

A．城域网　　B．广域网　　C．局域网　　D．以太网

20．下列电子邮件地址中正确的是（　　）。

A．zhangsan&sina.com　　B．lisi!126.com

C．zhang$san@qq.com　　D．lisi1982@sohu.com

二、Word 练习题

在“考生”文件夹下打开练习题 5 文档“Word.docx”，按照要求完成下列操作并以该文件名（Word.docx）保存文档。

为了更好地介绍公司的服务与市场战略，市场部助理小王需要协助制作完成公司战略规划文档，并调整文档的外观与格式。

现在，请你按照如下需求，在“Word.docx”文档中完成规划制作工作：

1．调整文档纸张大小为 A4 幅面，纸张方向为纵向，并调整上、下页边距为 2.5 厘米，左、右页边距为 3.2 厘米。

2．打开“考生”文件夹下的“Word_样式标准.docx”文件，将其文档样式库中的“标题 1，标题样式一”和“标题 2，标题样式二”复制到“Word.docx”文档样式库中。

3．将“Word.docx”文档中的所有红颜色文字段落应用为“标题 1，标题样式一”段落样式。

4．将“Word.docx”文档中的所有绿颜色文字段落应用为“标题 2，标题样式二”段落样式。

5．将文档中出现的全部“软回车”符号（手动换行符）更改为“硬回车”符号（段落标记）。

6．修改文档样式库中的“正文”样式，使得文档中所有正文段落首行缩进 2 字符。

7．为文档添加页眉，并将当前页中样式为“标题 1，标题样式一”的文字自动显示在页眉区域中。

8．在文档的第 4 个段落后（标题为“目标”的段落之前）插入一个空段落，并按照下面的数据方式在此空段落中插入一个折线图图表，将图表的标题命名为“公司业务指标”。

	销售额	成本	利润
2010 年	4.3	2.4	1.9
2011 年	6.3	5.1	1.2
2012 年	5.9	3.6	2.3
2013 年	7.8	3.2	4.6

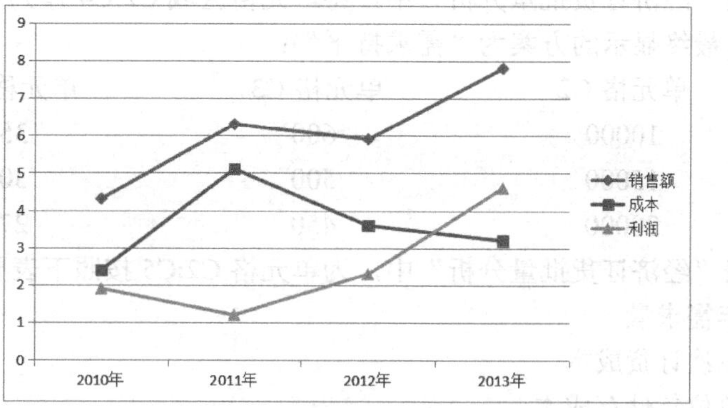

折线图

三、Excel 练习题

李晓玲是某企业的采购部门员工，现在需要使用 Excel 来分析采购成本并进行辅助决策。根据下列要求，帮助她运用已有的数据完成这项工作。

1．在“考生”文件夹下，将“Excel 素材.xlsx”文件另存为“Excel.xlsx”（“.xlsx”为扩展名），后续操作均基于此文件，否则不得分。

2．在“成本分析”工作表的单元格区域 F3:F15，使用公式计算不同订货量下的“年订货成本”，公式为“年订货成本=(年需求量/订货量)*单次订货成本”，计算结果应用货币格式并保留整数。

3．在“成本分析”工作表的单元格区域 G3:G15，使用公式计算不同订货量下的“年存储成本”，公式为“年存储成本=单位年存储成本*订货量*0.5”，计算结果应用货币格式并保留整数。

4．在“成本分析”工作表的单元格区域 H3:H15，使用公式计算不同订货量下的“年总成本”，公式为“年总成本=年订货成本+年储存成本”，计算结果应用货币格式并保留整数。

5．为“成本分析”工作表的单元格区域 E2:H15 套用一种表格格式，并将表名称修改为“成本分析”；根据表“成本分析”中的数据，在单元格区域 J2:Q18 中创建图表，图表类型为“带平滑线的散点图”，并根据“图表参考效果.png”中的效果设置图表的标题内容、图例位置、网格线样式、垂直轴和水平轴的最大最小值及刻度单位和刻度线。

6．将工作表“经济订货批量分析”的 B2:B5 单元格区域的内容分为两行显示并居中对齐（保持字号不变），如文档“换行样式.png”所示，括号中的内容（含括号）显示于第 2 行，然后适当调整 B 列的列宽。

7．在工作表“经济订货批量分析”的 C5 单元格计算“经济订货批量”的值，公式为“经济订货批量=SQRT(2*年度需求*单次订货成本/单位年储存成本)”。注：SQRT 表示开平方根，计算结果保留整数。

8．在工作表“经济订货批量分析”的单元格区域 B7:M27 创建模拟运算表，模拟不同的年需求量和单位年储存成本所对应的不同经济订货批量；其中，C7:M7 为年需求量可能的变化值，B8:B27 为单位年储存成本可能的变化值，模拟运算的结果保留整数。

9．对工作表“经济订货批量分析”的单元格区域 C8:M27 应用条件格式，将所有小于等于 750 且大于等于 650 的值所在单元格的底纹设置为红色，字体颜色设置为“白色，背景 1”。

10．在工作表“经济订货批量分析”中，将单元格区域 C2:C4 作为可变单元格，按照下表要求创建方案（最终显示的方案为“需求持平”）：

方案名称	单元格 C2	单元格 C3	单元格 C4
需求下降	10000	600	35
需求持平	15000	500	30
需求上升	20000	450	27

11．在工作表“经济订货批量分析”中，为单元格 C2:C5 按照下表要求定义名称：

C2	年需求量
C3	单次订货成本
C4	单位年储存成本
C5	经济订货批量

12．在工作表“经济订货批量分析”中，以 C5 单元格为结果单元格创建方案摘要，并将新生成的“方案摘要”工作表置于工作表“经济订货批量分析”右侧。

13．在“方案摘要”工作表中，将单元格区域 B2:G10 设置为打印区域，纸张方向设置为横向，缩放比例设置为正常尺寸的 200%，打印内容在页面中水平和垂直方向都居中对齐，在页眉正中央添加文字“不同方案比较分析”，将页眉到上边距的距离值设置为 3，并保存文件。

四、PowerPoint 练习题

校摄影社团在今年的摄影比赛结束后，希望可以借助 PowerPoint 将优秀作品在社团活动中进行展示。这些优秀的摄影作品保存在“考试”文件夹中，并以 Photo（1）.jpg～Photo（12）.jpg 命名。

现在，请你按照如下需求，在 PowerPoint 中完成制作工作：

1．利用 PowerPoint 应用程序创建一个相册，并包含 Photo（1）.jpg～Photo（12）.jpg 共 12 幅摄影作品。在每张幻灯片中包含 4 张图片，并将每幅图片设置为“居中矩形阴影”相框形状。

2．设置相册主题为“考试”文件夹中的“相册主题.pptx”样式。

3．为相册中每张幻灯片设置不同的切换效果。

4．在标题幻灯片后插入一张新的幻灯片，将该幻灯片设置为“标题和内容”版式。在该幻灯片的标题位置输入“摄影社团优秀作品赏析”，并在该幻灯片的内容文本框中输入 3 行文字，分别为“湖光春色”、“冰消雪融”和“田园风光”。

5．将“湖光春色”、“冰消雪融”和“田园风光”3 行文字转换为样式“蛇形图片题注列表”的 SmartArt 对象，并将 Photo（1）.jpg、Photo（6）.jpg 和 Photo（9）.jpg 定义为该 SmartArt 对象的显示图片。

6．为 SmartArt 对象添加自左至右的“擦除”进入动画效果，并要求在幻灯片放映时该 SmartArt 对象元素可以逐个显示。

7．在 SmartArt 对象元素中添加幻灯片跳转链接，使得单击“湖光春色”标注形状可跳转至第 3 张幻灯片，单击“冰消雪融”标注形状可跳转至第 4 张幻灯片，单击“田园风光”标注形状可跳转至第 5 张幻灯片。

8．将“考试”文件夹中的“ELPHRG01.wav”声音文件作为该相册的背景音乐，并在幻灯片放映时即开始播放。

9．将该相册保存为“PowerPoint.pptx”文件。

练习题 6

一、选择题

1．在 IE 浏览器中，要查看已经保存起来的经常访问的站点需要单击（　　）。

A．“后退”按钮　　B．“历史”按钮　　C．“收藏夹”按钮　　D．“搜索”按钮

2．下列关于网页的叙述中错误的是（　　）。

A．网页是浏览网站的基本单位

B．网页中可以包含指向其他网页的超链接

C．网页就是一个网站的首页

D．用 Word 2000 也可以编写网页

3．Internet 上访问 Web 信息时用的工具是浏览器，下列（　　）就是目前常用的 Web 浏览器之一。

A．Internet Explorer　　B．Outlook Express　　C．Yahoo　　D．FrontPage

4．通过 Internet 发送或接收电子邮件（E-mail）的首要条件是应该有一个电子邮件（E-mail）地址，它的正确形式是（　　）。

A．用户名@域名　　B．用户名#域名　　C．用户名/域名　　D．用户名、域名

5．Internet 服务提供商的简称是（　　）。

A．ASP　　B．ISP　　C．USP　　D．NSP

6．我们通常所说的“网络黑客”，其行为主要是（　　）。

A．在网上发布不健康信息　　B．制造并传播病毒

C．攻击并破坏 Web 网站　　D．收看不健康信息

7．在 Internet Explorer 中，如果发现一些很有吸引力的站点或网页，希望以后快速登录到这个地方，应该使用（　　）按钮。

A．主页　　B．搜索　　C．收藏　　D．历史

8．域名中的后缀.com 表示机构所属类型为（　　）。

A．军事机构　　B．政府机构　　C．教育机构　　D．商业公司

9．域名中的后缀.edu 表示机构所属类型为（　　）。

A．军事机构　　B．政府机构　　C．教育机构　　D．商业公司

10．Internet 域名中的域类型“com”代表单位的性质一般是（　　）。

A．通信机构　　B．网络机构　　C．组织机构　　D．商业机构

11．IP 地址用 4 个十进制整数表示时，每个数必须小于（　　）。

A．128　　B．64　　C．1024　　D．256

12．以（　　）将网络划分为广域网、城域网和局域网。

A．接入的计算机多少　　B．接入的计算机类型

C．拓扑类型　　D．接入的计算机距离

13．下列哪些计算机网络不是按覆盖地域划分的？（　　）

A．局域网　　B．都市网　　C．广域网　　D．星形网

14．Internet 是（　　）类型的网络。

A．局域网　　B．城域网　　C．广域网　　D．企业网

15．Internet 起源于（　　）。

A．美国　　B．英国　　C．德国　　D．澳大利亚

16．一般情况下，校园网属于（　　）。

A．LAN　　B．WAN　　C．MAN　　D．GAN

17．在计算机网络中 WAN 表示（　　）。

A．有线网　　B．无线网　　C．局域网　　D．广域网

18．为网络提供共享资源并对这些资源进行管理的计算机称之为（　　）。

A．网卡　　B．服务器　　C．工作站　　D．网桥

19．当前世界上使用最多、覆盖面最大的网络叫作（　　）。

A．Intranet　　B．Internet　　C．ARPANET　　D．MILNET

20．电子邮件 E-mail 是通过（　　）传递用户电子文件的。

A．个人计算机　　B．网络操作系统　　C．工作站　　D. 邮件收发服务器

二、Word 练习题

在“考生”文件夹下打开练习题 6 文档“Word.docx”，按照要求完成下列操作并以该文件名（Word.docx）保存文档。

书娟是海明公司的前台文秘，她的主要工作是管理各种档案，为总经理起草各种文件。新年将至，公司定于 2013 年 2 月 5 日下午 2:00，在中关村海龙大厦办公大楼五层多功能厅举办一个联谊会，重要客人名录保存在名为“重要客户名录.docx”的 Word 文档中，公司联系电话为 010-6666××××。

根据上述内容制作请柬，具体要求如下：

1．制作一份请柬，以“董事长：王海龙”名义发出邀请，请柬中需要包含标题、收件人名称、联谊会时间、联谊会地点和邀请人。

2．对请柬进行适当的排版，具体要求：改变字体，加大字号，且标题部分（“请柬”）与正文部分（以“尊敬的×××”开头）采用不相同的字体和字号；加大行间距和段间距；对必要的段落改变对齐方式，适当设置左右及首行缩进，以美观且符合中国人阅读习惯为准。

3．在请柬的左下角位置插入一幅图片（图片自选），调整其大小及位置，不影响文字排列、不遮挡文字内容。

4．进行页面设置，加大文档的上边距；为文档添加页眉，要求页眉内容包含本公司的联系电话。

5．运用邮件合并功能制作内容相同、收件人不同（收件人为“重要客户名录.docx”中的每个人，采用导入方式）的多份请柬，要求先将合并主文档以“请柬 1.docx”为文件名进行保存，在进行效果预览后再生成可以单独编辑的单个文档“请柬 2.docx”。

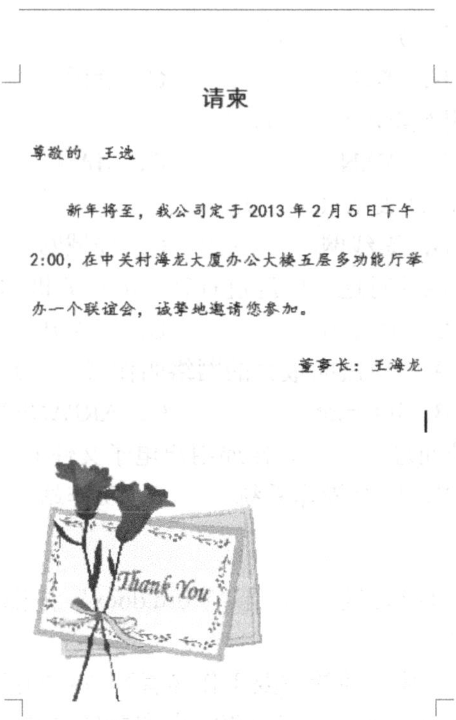
请柬
尊敬的 王选
新年将至，我公司定于 2013 年 2 月 5 日下午
2:00，在中关村海龙大厦办公大楼五层多功能厅举
办一个联谊会，诚挚地邀请您参加。
董事长：王海龙
Thank You

请柬示例

三、Excel 练习题

文涵是大地公司的销售部助理，负责对全公司的销售情况进行统计分析，并将结果提交给销售部经理。年底，她根据各门店提交的销售报表进行统计分析。

打开“计算机设备全年销量统计表.xlsx”，帮助文涵完成以下操作：

1．将“Sheet1”工作表命名为“销售情况”，将“Sheet2”工作表命名为“平均单价”。

2．在“店铺”列左侧插入一个空列，输入列标题为“序号”，并以 001、002、003……的方式向下填充该列到最后一个数据行。

3．将工作表标题跨列合并后居中并适当调整其字体、加大字号，并改变字体颜色。适当加大数据表行高和列宽，设置对齐方式及销售额数据列的数值格式（保留 2 位小数），并为数据区域增加边框线。

4．将工作表“平均单价”中的单元格区域 B3:C7 定义名称为“商品均价”。运用公式计算工作表“销售情况”中 F 列的销售额，要求在公式中通过 VLOOKUP 函数自动在工作表“平均单价”中查找相关商品的单价，并在公式中引用所定义的名称“商品均价”。

5．为工作表“销售情况”中的销售数据创建一个数据透视表，放置在一个名为“数据透视分析”的新工作表中，要求针对各类商品比较各门店每个季度的销售额。其中，“商品名称”为报表筛选字段，“店铺”为行标签，“季度”为列标签，并对“销售额”求和。最后对数据透视表进行格式设置，使其更加美观。

6．根据生成的数据透视表，在透视表下方创建一个簇状柱形图，图表中仅对各门店四个季度笔记本的销售额进行比较。

7．保存“计算机设备全年销量统计表.xlsx”文件。

四、PowerPoint 练习题

文君是新世界数码技术有限公司的人事专员，“十一”过后，公司招聘了一批新员工，需要对他们进行入职培训。人事助理已经制作了一份演示文稿的素材“新员工入职培训.pptx”。请打开该文档进行美化，要求如下：

1．将第 2 张幻灯片版式设置为“标题和竖排文字”，将第 4 张幻灯片的版式设置为“比较”，为整个演示文稿指定一个恰当的设计主题。

2. 通过幻灯片母版为每张幻灯片增加利用艺术字制作的水印效果，水印文字中应包含“新世界数码”字样，并旋转一定的角度。

3. 根据第 5 张幻灯片右侧的文字内容创建一个组织结构图，其中总经理助理为助理级别，结果应类似 Word 样例文件“组织结构图样例.docx”所示，并为该组织结构图添加任一动画效果。

4．为第 6 张幻灯片左侧的文字“员工守则”加入超链接，链接到 Word 素材文件“员工守则.docx”，并为该张幻灯片添加适当的动画效果。

5．为演示文稿设置不少于 3 种的幻灯片切换方式。

练习题 7

一、选择题

1．计算机网络的特点是（　　）。

A．运算速度快　　B．精度高　　C．资源共享　　D．内存容量大

2．关于 Internet 概念的叙述中错误的是（　　）。

A．Internet 即国际互联网络　　B．Internet 具有网络资源共享的特点

C．在中国称为因特网　　D．Internet 是局域网的一种

3．数据通信中的信道传输速率单位是 bps，它表示（　　）。

A．字节/秒　　B．二进制位/秒　　C．兆字节/秒　　D．千字节/秒

4．万维网 WWW 以（　　）方式提供世界范围的多媒体信息服务。

A．文本　　B．信息　　C．超文本　　D．声音

5．局域网组网完成后，决定网络使用性能的关键是（　　）。

A．网络的拓扑结构　　B．网络的通信协议

C．网络的传输介质　　D．网络的操作系统

6．因特网上每台计算机有一个规定的“地址”，这个地址被称为（　　）地址。

A．TCP　　B．IP　　C．Web　　D．HTML

7．每台计算机必须知道对方的（　　）才能在 Internet 上与之通信。

A．电话号码　　B．主机号　　C．IP 地址　　D.邮编与通信地址

8．在 IE 地址栏输入的“http://www.cqu.edu.cn/”中，“http”代表的是（　　）。

A．协议　　B．主机　　C．地址　　D．资源

9．在 Internet 上用于收发电子邮件的协议是（　　）。

A．TCP/IP　　B．IPX/SPX　　C．POP3/SMTP　　D．NetBEUI

10．在 Internet 上广泛使用的 WWW 是一种（　　）。

A．浏览服务模式　　B．网络主机　　C．网络服务器　　D．网络模式

11．使用“开始”菜单中的查找命令，要查找的文件名中可以使用（　　）。

A．通配符?　　B．通配符*　　C．两者都可以　　D．两者都不可以

12．Windows XP 中，当屏幕上有多个窗口时，那么活动窗口（　　）。

A．可以有多个窗口　　B．只能是固定的窗口

C．是没有被其他窗口盖住的窗口　　D．是有一个标题栏颜色与众不同的窗口

13．Windows 资源管理器中，反向选择若干文件的方法是（　　）。

A．Ctrl+单击选定需要的文件

B．Shift+单击选定需要的文件，再单击“编辑”菜单中的“反向选择”

C．用鼠标直接单击选择

D．Ctrl+单击选定不需要的文件，再单击“编辑”菜单中的“反向选择”

14．对 Windows 应用程序窗口快速重新排列（平铺或层叠）的方法是（　　）。

A．可通过工具栏按钮实现

B．可通过任务栏快捷菜单实现

C．可用鼠标调整和拖动窗口实现

D．可通过“开始”菜单下的“设置”命令实现

15．Internet 最初是由（　　）建立的。

A．Intel 公司　　B．Apple 公司　　C．Microsoft 公司　　D．美国国防部

16．你可以通过（　　）发布信息、了解信息，也可以即时与他人聊天。它就像一块巨大的公共广告栏，你可以随便张贴，也可看他人的广告；它就像一个公共的聊天室，你可以与大家同时聊天，也可以找一个人单独交谈。

A．Web　　B．BBS　　C．FTP　　D．IP 地址

17．下面哪个网络是 Internet 的最早雏形？（　　）

A．NSFNET　　B．CERNET　　C．ARPANET　　D．CSTNET

18．Internet 使用哪一种网络协议？（　　）

A．TCP/IP　　B．IPX/SPX　　C．AppleTalk　　D．NetBEUI

19．“http://www.panda.com.cn”中代表国家区域名的是（　　）。

A．www　　B．panda　　C．com　　D．cn

20．下列域名中，代表非营利组织的是（　　）。

A．org　　B．edu　　C．com　　D．net

二、Word 练习题

在“考生”文件夹下打开练习题 7 文档“Word.docx”，按照要求完成下列操作并以该文件名（Word.docx）保存文档。

1．调整纸张大小为 B5，页边距的左边距为 2 厘米，右边距为 2 厘米，装订线 1 厘米，对称页边距。

2．将文档中第一行“黑客技术”设为 1 级标题，文档中黑体字的段落设置为 2 级标题，斜体字段落设置为 3 级标题。

3．将正文部分内容设为四号字，每个段落设置为 1.2 倍行距且首行缩进 2 字符。

4．将正文第一段落的首字“很”下沉 2 行。

5．在文档的开始位置插入只显示 2 级和 3 级标题的目录，并用分节方式令其独占一页。

6．文档除目录页外均显示页码，正文开始为第 1 页，奇数页码显示在文档的底部靠右，偶数页码显示在文档的底部靠左。文档偶数页加入页眉，页眉中显示文档标题“黑客技术”；奇数页页眉没有内容。

7．将文档最后 5 行转换为 2 列 5 行的表格，倒数第 6 行的内容“中英文对照”作为该表格的标题，将表格及标题居中。

8．为文档应用一种合适的主题。

三、Excel 练习题

小李是东方公司的会计，利用自己所学的办公软件进行记账管理。为节省时间，同时又确保记账的准确性，她使用 Excel 编制了 2014 年 3 月员工工资表“Excel.xlsx”。

请你根据下列要求帮助小李对该工资表进行整理和分析（提示：本题中若出现排序问题，则采用升序方式）：

1．通过合并单元格，将表名“东方公司 2014 年 3 月员工工资表”放于整个表的上端居中，并调整字体、字号。

2．在“序号”列中分别填入 1～15，将其数据格式设置为数值、保留 0 位小数、居中。

3．将“基础工资”往右各列设置为会计专用格式、保留2位小数、无货币符号。

4．调整表格各列宽度、对齐方式，使其显示更加美观，并设置纸张大小为A4、横向，整个工作表需调整在1个打印页内。

5．参考“考生”文件夹下的“工资薪金所得税率.xlsx”，利用IF函数计算“应交个人所得税”列（提示：应交个人所得税=应纳税所得额×对应税率-对应速算扣除数）。

6．利用公式计算“实发工资”列，公式为“实发工资=应付工资合计-扣除社保-应交个人所得税”。

7．复制工作表“2014年3月”，将副本放置在原表的右侧并命名为“分类汇总”。

8．在“分类汇总”工作表中通过分类汇总功能求出各部门“应付工资合计”“实发工资”的和，每组数据不分页。

四、PowerPoint练习题

请根据提供的素材文件“ppt素材.docx”中的文字、图片设计制作演示文稿，并以文件名“ppt.pptx”存盘，具体要求如下：

1．将素材文件中每个矩形框中的文字及图片设计为1张幻灯片，为演示文稿插入幻灯片编号，与矩形框前的序号一一对应。

2．第1张幻灯片作为标题页，标题为“云计算简介”，并将其设为艺术字，有制作日期（格式：××××年××月××日），并指明制作者为“考生×××”。第9张幻灯片中的“敬请批评指正！”采用艺术字。

3．幻灯片版式至少有3种，并为演示文稿选择一个合适的主题。

4．为第2张幻灯片中的每项内容插入超级链接，单击时转到相应幻灯片。

5．第5张幻灯片采用SmartArt图形中的组织结构图来表示，最上级内容为“云计算的五个主要特征”，其下级依次为具体的五个特征。

6．为每张幻灯片中的对象添加动画效果，并设置3种以上幻灯片切换效果。

7．增大第6～8页中图片的显示比例，达到较好的效果。

练习题 8

一、选择题

1．电子邮件地址由两部分组成，用@号隔开，其中@号前为（　　）。

A．用户名　　B．机器名　　C．本机域名　　D．密码

2．在 Windows 中有两个管理系统资源的程序组，它们是（　　）。

A．“我的电脑”和“控制面板”　　B．“资源管理器”和“控制面板”

C．“我的电脑”和“资源管理器”　　D．“控制面板”和“开始”菜单

3．下列关于 E-mail 的叙述中错误的是（　　）。

A．E-mail 又称电子邮件，是一种现代化的通信手段

B．邮件服务器之间的邮件交换过程是自动完成的，对普通 E-mail 用户是完全透明的

C．要享受电子邮件服务，用户必须有一个 E-mail 账号

D．与传统邮件相比，E-mail 速度快、价格便宜，不受地域限制，但只能包含文字信息

4．互联网上的服务都基于某种协议，WWW 服务基于（　　）协议。

A．POP3　　B．SMTP　　C．HTTP　　D．TELNET

5．在 Internet 的域名中，代表计算机所在国家或地区的符号“.cn”是指（　　）。

A．中国　　B．中国台湾　　C．中国香港　　D．加拿大

6．网址字符的开头“http”表示（　　）。

A．高级程序设计语言　　B．域名

C．超文本传输协议　　D．网址

7．域名中的后缀“.gov”表示机构所属类型为（　　）。

A．军事机构　　B．政府机构　　C．教育机构　　D．商业公司

8.现在 Internet 上的电子书籍多数采用 PDF 格式存储和传递，这种格式的文件是用（　　）软件来打开并阅读的。

A．Microsoft Office　　B．Real Player

C．Adobe Acrobat Reader　　D．ACDsee

9．Outlook Express 可用来（　）邮件。

A．接收　　B．发送　　C．接收和发送　　D．以上均错

10．在电子邮件中所包含的信息（　　）。

A．只能是文字　　B．只能是文字与图形图像信息

C．只能是文字与声音信息　　D．可以是文字、声音和图形图像信息

11．下列关于数字化图书馆的论述中不正确的是（　　）。

A．是图书馆自动化的最高阶段　　B．其关键技术是多媒体信息的数字载体

C．以多媒体数据库为基础　　D．可以改变书中的内容

12．Internet 在中国被称为因特网或（　　）。

A．网中网　　B．国际互联网　　C．国际联网　　D.计算机网络系统

13.因特网上许多复杂网络和许多不同类型的计算机之间能够互相通信的基础是（　　）。

A．OSI/RM　　B．WWW　　C．HTTP　　D．TCP/IP

14．在 Internet 中“WWW”的中文名称是（　　）。

A．广域网　　B．局域网　　C．企业网　　D．万维网

15．通常把计算机网络定义为（　　）。

A．以共享资源为目标的计算机系统，称为计算机网络

B．能按网络协议实现通信的计算机系统，称为计算机网络

C．把分布在不同地点的多台计算机互联起来构成的计算机系统，称为计算机网络

D．把分布在不同地点的多台计算机在物理上实现互联，按照网络协议实现相互间的通信，以共享硬件、软件和数据资源为目标的计算机系统，称为计算机网络

16．计算机网络技术包含的两个主要技术是计算机技术和（　　）。

A．微电子技术　　B．通信技术　　C．数据处理技术　　D．自动化技术

17．计算机技术和（　　）技术相结合，出现了计算机网络。

A．自动化　　B．通信　　C．信息　　D．电缆

18．建设信息高速公路主要是为了（　　）。

A．解决城市交通拥挤的问题　　B．方便快捷地交流信息

C．监视上网计算机的活动　　D．解决失业问题

19．申请免费电子邮箱需要（　　）。

A．拿单位介绍信和身份证到民政部门申请

B．连入因特网，进入提供免费邮箱的网站进行申请

C．拿单位介绍信和身份证到邮电局申请

D．由两个有电子邮箱的朋友介绍、上网后申请

20．计算机网络最突出的优点是（　　）。

A．精度高　　B．运算速度快　　C．存储容量大　　D．共享资源

二、Word 练习题

在“考生”文件夹下打开练习题 8 文档“Word.docx”，按照要求完成下列操作并以该文件名（Word.docx）保存文档。

某高校为了丰富学生的课余生活，开展了“艺术与人生”论坛系列讲座，校学工处将于 2013 年 12 月 29 日 14:00-16:00 在校国际会议中心举办题为“大学生形象设计”的讲座。

请根据上述活动的描述，利用 Microsoft Word 制作一份宣传海报，要求如下：

1．调整文档版面，要求页面高度为 20 厘米，页面宽度为 16 厘米，上、下页边距为 5 厘米，左、右页边距为 3 厘米，并将“考生”文件夹下的图片“Word-海报背景图片.jpg”设置为海报背景。

2．根据“Word-海报参考样式.docx”文件，调整海报内容文字的字号、字体和颜色。

3．根据页面布局需要，调整海报内容中“报告题目”“报告人”“报告日期”“报告时间”“报告地点”等信息的段落间距。

4．在“报告人：”位置后面输入报告人姓名（郭云）。

5．在“主办：校学工处”位置后另起一页，并设置第 2 页的页面纸张大小为 A4 篇幅，纸张方向设置为“横向”，页边距为“普通”页边距定义。

6．在新页面的“日程安排”段落下面，复制本次活动的日程安排表（请参考“Word-活动日程安排.xlsx”文件），要求表格内容引用 Excel 文件中的内容，如若 Excel 文件中的内容发生变化，Word 文档中的日程安排信息随之发生变化。

7．在新页面的“报名流程”段落下面，利用 SmartArt 制作本次活动的报名流程（学工处报名→确认座席→领取资料→领取门票）。

8．插入报告人照片为“考生”文件夹下的“Pic2.jpg”，将该照片调整到适当位置，且不要遮挡文档中的文字内容。

9．保存本次活动的宣传海报设计为“Word.docx”。

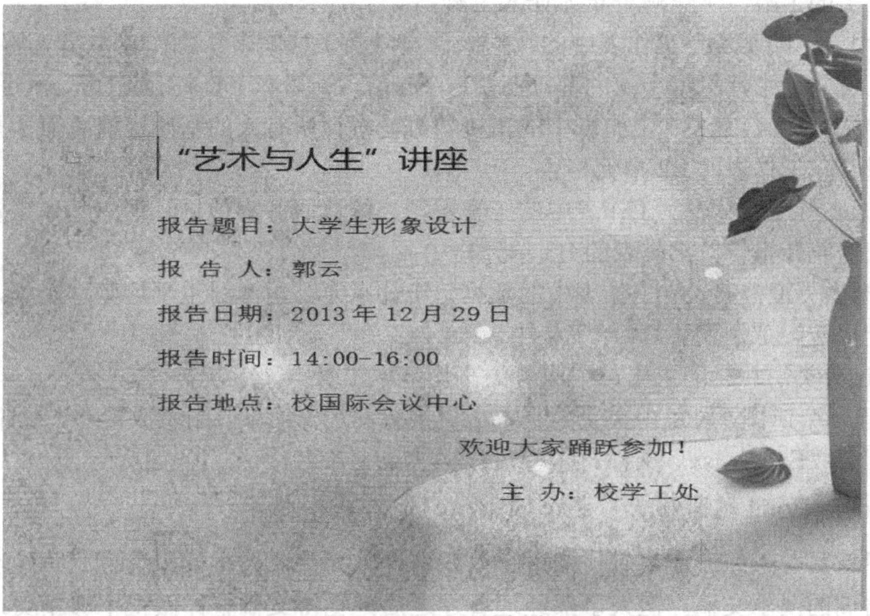
“艺术与人生”讲座
报告题目：大学生形象设计
报 告 人：郭云
报告日期：2013 年 12 月 29 日
报告时间：14:00-16:00
报告地点：校国际会议中心
欢迎大家踊跃参加！
主 办：校学工处

艺术与人生”讲座之大学生形象设计活动细则
日程安排：
“艺术与人生”讲座之大学生形象设计 日程安排
时间 主题 报告人
13:30 - 14:00 签到
14:00 - 15.30 大学生形象设计 郭云
15:30 - 16:00 现场提问 郭云
报名流程：
学工处报名
确认坐席
领取资料
领取门票
报告人介绍：
郭女士是著名艺术家。曾获多项艺术奖项，现任某文化公司总裁、省美协会员、某画院特聘画家。

宣传海报示例

三、Excel 练习题

小李在东方公司担任行政助理，年底小李进行了公司员工档案信息的分析和汇总工作。请你根据东方公司员工档案表（“Excel.xlsx”文件），按照如下要求完成统计和分析工作：

1．请对“员工档案表”工作表进行格式调整，将所有“工资列”设为保留 2 位小数的数值，适当加大行高和列宽。

2．根据身份证号，请在“员工档案表”工作表的“出生日期”列中，使用 MID 函数提取员工生日，单元格式类型为“yyyy 年 m 月 d 日”。

3．根据入职时间，请在“员工档案表”工作表的“工龄”列中，使用 TODAY 函数和 INT 函数计算员工的工龄，工作满一年才计入工龄。

4．引用“工龄工资”工作表中的数据来计算“员工档案表”工作表中员工的工龄工资，在“基础工资”列中计算每个人的基础工资（基础工资=基本工资+工龄工资）。

5．根据“员工档案表”工作表中的工资数据，统计所有人的基础工资总额，并将其填写在“统计报告”工作表的 B2 单元格中。

6．根据“员工档案表”工作表中的工资数据，统计职务为项目经理的基本工资总额，并将其填写在“统计报告”工作表的 B3 单元格中。

7．根据“员工档案表”工作表中的数据，统计东方公司本科生平均基本工资，并将其填写在“统计报告”工作表的 B4 单元格中。

8．通过分类汇总功能求出每个职务的平均基本工资。

9．创建一个饼图，对每个员工的基本工资进行比较，并将该图表放置在“统计报告”中。

10．保存“Excel.xlsx”文件。

四、PowerPoint 练习题

某公司新员工入职，需要对他们进行入职培训。为此，人事部门负责此事的小吴制作了一份入职培训的演示文稿。但人事部经理看过之后，觉得文稿整体做得不够精美，还需要再美化一下。请根据提供的“入职培训.pptx”文件，对制作好的文稿进行美化，具体要求如下：

1．将第 1 张幻灯片设置为“节标题”，并在第 1 张幻灯片中插入一幅人物剪贴画。

2．为整个演示文稿指定一个恰当的设计主题。

3．为第 2 张幻灯片上面的文字“公司制度意识架构要求”加入超链接，链接到 Word 素材文件“公司制度意识架构要求.docx”。

4．在该演示文稿中创建一个演示方案，该演示方案包含第 1、3、4 页幻灯片，并将该演示方案命名为“放映方案 1”。

5．为演示文稿设置不少于 3 种幻灯片切换方式。

6．将制作完成的演示文稿以“入职培训.pptx”为文件名进行保存。

附录 A　部分练习题参考答案

练习题 1

一、选择题

1. B　2. B　3. A　4. B　5. C　6. B　7. C　8. D　9. D　10. D　11. D　12. C
13. A　14. B　15. C　16. A　17. B　18. B　19. C　20. B

二、Word 练习题

略。

三、Excel 练习题

略。

四、PowerPoint 练习题

略。

练习题 2

一、选择题

1. D　2. C　3. D　4. B　5. C　6. C　7. A　8. B　9. B　10. A　11. C　12. B
13. A　14. D　15. B　16. B　17. C　18. D　19. D　20. A

二、Word 练习题

略。

三、Excel 练习题

略。

四、PowerPoint 练习题

略。

练习题 3

一、选择题

1. C　2. D　3. B　4. C　5. D　6. C　7. D　8. C　9. D　10. B　11. D　12. B
13. D　14. C　15. D　16. D　17. C　18. B　19. C　20. A

二、Word 练习题

略。

三、Excel 练习题

略。

四、PowerPoint 练习题

略。

练习题 4

一、选择题

1. D 2. D 3. C 4. B 5. B 6. D 7. C 8. B 9. D 10. D 11. C 12. D 13. A 14. A 15. A 16. C 17. D 18. D 19. D 20. C

二、Word 练习题

略。

三、Excel 练习题

略。

四、PowerPoint 练习题

略。

练习题 5

一、选择题

1. B 2. C 3. D 4. B 5. B 6. C 7. D 8. C 9. B 10. A 11. A 12. C 13. C 14. B 15. B 16. C 17. C 18. B 19. C 20. D

二、Word 练习题

略。

三、Excel 练习题

略。

四、PowerPoint 练习题

略。

练习题 6

一、选择题

1. C 2. C 3. A 4. A 5. B 6. C 7. C 8. D 9. C 10. D 11. D 12. A 13. D 14. C 15. A 16. A 17. D 18. B 19. B 20. D

二、Word 练习题

略。

三、Excel 练习题

略。

四、PowerPoint 练习题

略。

练习题 7

一、选择题

1. C　2. D　3. B　4. C　5. B　6. B　7. C　8. A　9. C　10. A　11. C　12. D　13. D　14. B　15. D　16. B　17. C　18. A　19. D　20. A

二、Word 练习题

略。

三、Excel 练习题

略。

四、PowerPoint 练习题

略。

练习题 8

一、选择题

1. A　2. C　3. D　4. C　5. A　6. C　7. B　8. C　9. C　10. D　11. D　12. B　13. D　14. D　15. D　16. B　17. B　18. B　19. B　20. D

二、Word 练习题

略。

三、Excel 练习题

略。

四、PowerPoint 练习题

略。

反侵权盗版声明

电子工业出版社依法对本作品享有专有出版权。任何未经权利人书面许可，复制、销售或通过信息网络传播本作品的行为，歪曲、篡改、剽窃本作品的行为，均违反《中华人民共和国著作权法》，其行为人应承担相应的民事责任和行政责任，构成犯罪的，将被依法追究刑事责任。

为了维护市场秩序，保护权利人的合法权益，我社将依法查处和打击侵权盗版的单位和个人。欢迎社会各界人士积极举报侵权盗版行为，本社将奖励举报有功人员，并保证举报人的信息不被泄露。

举报电话：（010）88254396；（010）88258888

传　　真：（010）88254397

E-mail：　dbqq@phei.com.cn

通信地址：北京市海淀区万寿路 173 信箱

电子工业出版社总编办公室

邮　　编：100036